博碩文化

博碩文化

SQL
×
Power
Automate
×
Python

自動化 Excel 與 Pandas 資料分析

陳會安 著

 超入門　 自動化　 全方位　 高效率

Excel 使用者的最佳 SQL 語言入門書

- 自動統計各個通路的業績總和
- 自動在 Excel 執行 VBA 程式
- 批次命名和移動檔案
- 將不同檔案資料合併到同一個工作表

- 顯示業績達標狀況通知
- 使用 Pandas 套件爬取 HTML 表格資料
- 撰寫 SQL 指令以建立樞紐分析表
- 讓 ChatGPT 幫你寫 SQL、Python 指令

作　　者：陳會安
責任編輯：佲詩敏

董 事 長：曾梓翔
總 編 輯：陳錦輝

出　　版：博碩文化股份有限公司
地　　址：221 新北市汐止區新台五路一段 112 號 10 樓 A 棟
　　　　　電話 (02) 2696-2869　傳真 (02) 2696-2867

發　　行：博碩文化股份有限公司
郵撥帳號：17484299　戶名：博碩文化股份有限公司
博碩網站：http://www.drmaster.com.tw
讀者服務信箱：dr26962869@gmail.com
訂購服務專線：(02) 2696-2869 分機 238、519
（週一至週五 09:30 ～ 12:00；13:30 ～ 17:00）

版　　次：2024 年 3 月初版

建議零售價：新台幣 650 元
I S B N：978-626-333-776-3
律師顧問：鳴權法律事務所 陳曉鳴律師

本書如有破損或裝訂錯誤，請寄回本公司更換

國家圖書館出版品預行編目資料

SQL × Power Automate × Python 自動化
Excel 與 Pandas 資料分析 / 陳會安著. --
新北市：博碩文化股份有限公司，2024.03
面；　公分

ISBN 978-626-333-776-3(平裝)

1.CST: 自動化 2.CST: 電子資料處理 3.CST:
Python(電腦程式語言)

312.1　　　　　　　　　　　　113002020

Printed in Taiwan

歡迎團體訂購，另有優惠，請洽服務專線
博 碩 粉 絲 團　(02) 2696-2869 分機 238、519

作者序

最近 AI 界的大事就是 2022 年底 OpenAI 推出的 ChatGPT，其橫空出世的強大聊天功能，迅速攻佔所有的網路聲量，探討其可能應用成為目前最熱門的討論主題，本書就是結合 Python X ChatGPT 讓 Excel 使用者可以輕鬆使用 SQL 語言精通 Excel 與 Python 資料分析。

本書不只可以讓你學會 Excel 與 Python 資料分析的 SQL 語言和 Python 程式設計，更可以了解如何靈活運用 ChatGPT 的 AI 技術，幫助你寫出 Python 程式和 SQL 指令敘述，輕鬆讓你成為一位 AI 溝通師。

Power Automate 是 Microsoft 微軟的低程式碼自動化工具，可以建立雲端和桌面流程來自動化執行一系列動作，能夠幫助我們自動化操控 Windows 應用程式、從 Web 網頁擷取資料和自動化處理 Excel 資料，全方位簡化你日常工作上重複且無趣的例行操作，輕鬆提昇辦公室的工作效率。

SQL 語言就是關聯式資料庫（Database）的標準查詢語言，你只需使用少少幾行的資料描述，就可以完成 Excel 相同功能的複雜操作，而且執行效能遠勝 Excel。不只如此，SQL 語言一樣支援 Excel 的資料排序、切割、篩選、合併、聚合函數、群組和樞紐分析表的分析功能，可以大幅減化資料篩選和資料清理的操作。

基本上，Excel 工作表就是資料庫的資料表，本書的目的就是讓 Excel 使用者快速升級成 SQL 資料庫的使用者，學習如何使用 SQL 語言來進行 Excel 資料分析，並且以 SQL 角度來學習使用 Python 的 Pandas 套件，在 DataFrame 物件執行資料分析，所以，這是一本 Excel 使用者學習 SQL 和 Python 資料分析的最佳工具書，也是一本 SQL 語言的入門書，不需資料庫，直接使用 Excel 工作表來學習 SQL 語言。

Excel 和 SQL 資料分析的主要差異在：Excel 資料分析需要實際執行資料分析的複雜和重複操作步驟；SQL 語言只需描述你想要的資料是什麼，就可以輕鬆取得資料分析所需的資料。不只如此，因為 Excel 工作表就是 Python 的 DataFrame 物件，DataFrame 物件不只提供對應 SQL 指令的功能，我們更可以將 DataFrame 物件作為資料表來直接執行 SQL 指令。

在內容上,本書是一本「全方位」ChatGPT+SQL+Python+Power Automate 的 Excel 自動化,首先說明 Excel 的作法,然後使用 ChatGPT 寫出對應的 SQL 指令,接著使用 Power Automate 在 Excel 工作表執行 SQL 指令,最後使用程式版 Pandas 實作 SQL 指令的 Python 程式,將 DataFrame 物件當成資料表,直接針對 DataFrame 物件執行 SQL 指令來進行資料分析。

讀完本書,你不只可以學會 Power Automate 的 Excel 自動化,寫出自己的 SQL 指令,更可以透過 SQL 指令學習程式版 Excel 的 Pandas 套件,讓你快速從 Excel 升級成資料庫,從 SQL 語言的角度來精通 Excel 與 Python 資料分析。

如何閱讀本書

本書內容是循序漸進從 Power Automate 桌面版的 Excel 自動化,Python 程式設計和 Pandas 套件的基本使用後,才真正進入 SQL 角度的 Excel 和 Python 資料分析。

在第 1~3 章是 Power Automate 基本使用和 Excel 自動化,詳細說明如何建立自動化桌面流程,和處理 Excel 工作表的資料。第 4 章說明 Python 基本語法的程式設計,和如何使用 ChatGPT 學習 Python 程式設計。在第 5 章是 Python 程式版 Excel,即 Pandas 套件的基本使用,詳細說明如何匯入 / 匯出 Excel 和爬取 HTML 表格資料。

第 6 章說明關聯式資料庫和 SQL 語言的觀念,並且說明 Excel 工作表和資料表的差異,最後說明如何使用 ChatGPT 幫助我們寫出 SQL 指令敘述。在第 7 章分別使用 Power Automate、Excel VBA 和 Python 程式在 Excel 工作表執行 SQL 指令,和如何將 SQL 查詢結果匯出成 CSV 和 Excel 檔案。

第 8~10 章是以 SQL 語言角度來詳細說明如何使用 SQL 指令和 Python 程式來處理 Excel 工作表的資料,在第 8 章說明顯示、篩選與排序 Excel 工作表的 SQL 指令,包含 WHERE 子句、聚合函數、ORDER BY 排序和 TOP 排名。第 9 章說明 SQL 指令 INSERT、INSERT/SELECT 和 UPDATE 指令來編輯 Excel 工作表與彙整資料。在第 10 章是使用 SQL 指令執行 Excel 多工作表查詢,即子查詢、JOIN 合併查詢和 UNION 聯集查詢。

第 11~12 章是以 SQL 語言角度來詳細說明 Excel 和 Python 資料清理和資料分析,在第 11 章使用 SQL 語言的 UPDATE 指令來執行 Excel 工作表的資料清理,包含

Null 空值處理、處理遺漏值、重複資料和轉換資料類型與欄位值。第 12 章使用 SQL 指令執行 Excel 工作表的資料分析與樞紐分析表，詳細說明 GROUP BY 群組查詢和如何建立 Excel 樞紐分析表。

附錄 A 是安裝 Thonny 開發環境、Python 套件安裝說明和 ChatGPT 申請與使用。

編著本書雖力求完美，但學識與經驗不足，謬誤難免，尚祈讀者不吝指正。

陳會安

於台北 hueyan@ms2.hinet.net

2023.12.30

範例檔案說明

為了方便讀者學習本書 SQL×Power Automate×Python 自動化 Excel 與 Pandas 資料分析,筆者已經將本書使用的相關檔案,都收錄在範例檔案之中,如下表所示:

資料夾	說明
ch01～ch12、appa 資料夾	本書各章 Power Automate 流程檔、Python 範例程式、ChatGPT 提示文字、SQL、Excel 和 CSV 等相關檔案

線上資源下載

Python 範例程式、Excel 範例工作表及 ChatGPT 提問模板下載:

https://www.drmaster.com.tw/Bookinfo.asp?BookID=MP22403

在 fChart 流程圖教學工具的官方網站:https://fchart.github.io/,可以下載配合本書使用的 WinPython 客製化 Python 套件,在首頁左下方點選【下載 fChartThonny6 套件】鈕,可以下載 7-Zip 格式的自解壓縮檔,其下載檔名是:fChartThonny6.exe。

fChart 流程圖教學工具網站

WinPython 客製化 Python 套件下載:

https://fchart.github.io/

關於 Thonny 開發環境安裝的進一步說明請參閱附錄 A-1 節，本書使用的 Python 套件，請參閱附錄 A-1-2 節的說明來自行安裝所需的 Python 套件，如下所示：

```
pip install pandas==2.1.2 Enter
pip install openpyxl==3.1.2 Enter
pip install lxml==4.9.3 Enter
pip install pyodbc==5.0.1 Enter
pip install pandasql==0.7.3 Enter
```

🔍 版權聲明

目錄

CHAPTER 01

RPA 與 Power Automate 基本使用

1-1 認識 Power Automate 與 RPA

RPA 的英文全名是 Robotic Process Automation，即機器人程序自動化，這是如同機器人般的自動化流程技術，一種可以自動化執行所需工作的電腦軟體或技術，微軟的 Power Automate 就是一種 RPA 工具。

💬 認識 Power Automate

微軟 Power Automate 是微軟公司推出的流程自動化工具，最早的名稱是 Microsoft Flow，可以讓我們建立跨不同應用程式和服務的自動化流程，也就是當符合特定事件時，Power Automate 就會自動執行流程的一系列操作，例如：連接雲端服務、執行應用程式、處理 Excel 資料、發送電子郵件、備份檔案和輸出 PDF 報表等。

簡單的說，Power Automate 就是一位個人專屬的機器人秘書，可以將日常工作中需要重複且固定流程的操作都丟給 Power Automate 來自動化處理，當成功將這些日常工作建立成標準的自動化流程後，即可大幅簡化日常事務，讓你將更多時間和心力放在更有價值的工作上。

💬 微軟 Power Automate 的版本

微軟 Power Automate 主要有兩個版本，如下所示：

- **Power Automate 雲端版**：一套雲端付費授權的自動化工具，可以建立跨不同應用程式和服務的自動化流程，輕鬆將公司或組織內部的工作流程自動化。Power Automate 支援超過 500 種連接器來自動化連接各種雲端服務，透過這些服務的連接來強化跨公司各部門的合作，例如：Microsoft 365、Salesforce、Google、LINE、Twitter、Zoom 和 Dropbox 等。

- **Power Automate 桌面版（或稱 Power Automate Desktop）**：這是一套 Windows 桌面的自動化工具，在 Windows 11 作業系統已是內建工具；Windows 10 可免費下載使用此工具，Power Automate 桌面版可以自動化桌面應用程式和網頁操作，將日常單調且重複的電腦操作都自動化，在桌面版提供視覺化流程設計工具，可以讓我們輕鬆建立和管理桌面自動化的工作流程。

1-2 　下載與安裝 Power Automate 桌面版

Power Automate 桌面版需要登入微軟帳號，因為相關流程資料是儲存在此帳號的 OneDrive 雲端硬碟，如果讀者尚未申請微軟帳號，請先進入 https://account.microsoft.com/ 網址申請一個微軟帳號。

💬 下載 Power Automate 桌面版

在 Windows 11 作業系統已經內建 Power Automate 桌面版（請直接搜尋 Power Automate），所以並不用自行安裝。Windows 10 使用者可以免費下載安裝程式來自行安裝 Power Automate 桌面版，其下載步驟如下所示：

Step 1 請啟動瀏覽器進入 https://flow.microsoft.com/zh-tw/desktop/，按【免費開始 >】鈕下載 Power Automate 桌面版。

Step 2 請選【Install Power Automate using the MSI installer】超連結下載 MSI 安裝程式。

Install Power Automate

Article · 10/20/2023 · 10 contributors

In this article

Install Power Automate using the MSI installer

Install Power Automate from Microsoft Store

Install Selenium IDE (optional)

Uninstall Power Automate

Step 3 再選【Download the Power Automate installer】超連結下載安裝程式檔案。

Install Power Automate using the MSI installer

1. Download the Power Automate installer . Save the file to your desktop or Downloads folder.

在本書下載的安裝程式檔名：Setup.Microsoft.PowerAutomate.exe。

💬 安裝 Power Automate 桌面版

當成功下載 Power Automate 桌面版安裝程式檔案後，我們就可以在 Windows 10 作業系統安裝 Power Automate 桌面版，其安裝步驟如下所示：

Step 1 請雙擊【Setup.Microsoft.PowerAutomate.exe】安裝程式，可以看到 Power Automate 套件的說明，按【下一步】鈕。

Step 2 可以看到安裝的詳細資訊，包含安裝路徑和套件內容，不用更改，請勾選最後一個選項同意授權後，按【安裝】鈕。

(Step 3) 當看到使用者帳戶控制，請按【是】鈕後，可以看到目前的安裝進度，請稍等一下，等到安裝完成，按【啟動應用程式】鈕可以馬上啟動 Power Automate 桌面版，請按【關閉】鈕結束安裝。

安裝成功   ✕

一切準備就緒

只要再兩個步驟即可開始使用：

1. 啟用擴充功能

選擇一個或多個連結為您慣用的瀏覽器啟用擴充功能。

Google Chrome
Microsoft Edge
Mozilla Firefox

2. 啟動電腦版 Power Automate

選取 '啟動應用程式' 以在有人參與和無人參與模式中開始自動化。

版本：2.37.123.23280   啟動應用程式   關閉

1-3 建立第一個 Power Automate 桌面流程

當成功安裝 Power Automate 桌面版後，我們就可以啟動 Power Automate 桌面版來建立你的第一個桌面流程（Desktop Flows）。

💬 啟動 Power Automate 桌面版登入微軟帳號

請注意！使用 Power Automate 桌面版需要擁有微軟帳號，如果沒有，請先進入 https://account.microsoft.com/ 網址申請好微軟帳號後，再啟動 Power Automate 桌面版來登入微軟帳號，其步驟如下所示：

Step 1 請執行「開始>Power Automate>Power Automate」命令啟動 Power Automate 桌面版，然後在欄位輸入微軟帳號後，按【登入】鈕。

Step 2 然後輸入此微軟帳號的密碼後，再按【登入】鈕。

Step 3 在選擇國家和地區後，按【開始使用】鈕。

Step 4 可以看到歡迎使用的訊息視窗，按【開始導覽】鈕可以快速瀏覽 Power Automate，請按【跳過】鈕後，再按【了解】鈕，即可看到 Power Automate 執行畫面。

💬 建立第一個 Power Automate 桌面流程

Power Automate 桌面流程基本上就是「動作」和「順序」的組合，其說明如下所示：

■ **動作**：新增流程所需的動作來建立自動化作業。

■ **順序**：我們需要正確安排執行動作的順序，才能夠成功的完成自動化作業。

現在，我們就可以使用 Power Automate 桌面版建立第一個桌面流程，可以讓使用者輸入姓名後，馬上在訊息視窗顯示歡迎訊息，即依序執行這 2 個動作來完成自動化作業，其建立步驟如下所示：

Step 1 若尚未啟動，請執行「開始 >Power Automate>Power Automate」命令啟動 Power Automate 桌面版，選【我的流程】標籤，可以看到目前並沒有任何流程，請點選左上方【+ 新流程】新增流程。

[Step 2] 在【流程名稱】欄輸入桌面流程名稱【ch1-3】（流程名稱支援中文名稱）後，按【建立】鈕建立桌面流程。

Step 3 可以在【我的流程】標籤看到新增的桌面流程。

Step 4 接著馬上就會自動啟動桌面流程設計工具，在上方標題列可以看到流程名稱，請在左邊「動作」窗格展開【訊息方塊】分類後，拖拉【顯示輸入對話方塊】動作至中間名為【Main】標籤子流程的標籤頁，即可新增此動作。

> **說明**
>
> 在 Power Automate 桌面版的桌面流程可以新增多個子流程，每一個子流程就是一頁標籤頁，預設建立名為【Main】的子流程（此子流程可視為是主流程，因為執行流程就是從此流程的第 1 個動作開始）。

Step 5 在新增動作後，馬上就會顯示動作的對話方塊來編輯參數，請在【輸入對話方塊標題】欄輸入對話方塊上方的標題文字，【輸入對話方塊訊息】欄是顯示的訊息內容，在下方是動作會產生的 2 個變數 UserInput 和 ButtonPressed，按【儲存】鈕儲存動作參數。

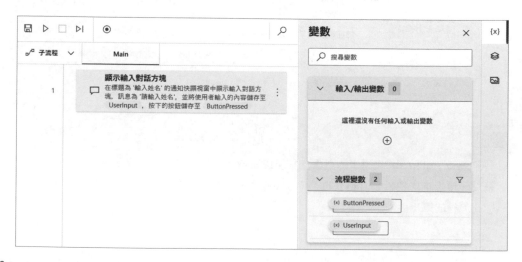

Step 6 可以看到在【Main】標籤新增的動作，在右邊「變數」窗格的「流程變數」框，可以看到此動作產生的 UserInput 和 ButtonPressed 共 2 個流程變數，UserInput 是使用者輸入的資料；ButtonPressed 是按下哪一個按鈕。

Step 7 請拖拉【訊息方塊】下的【顯示訊息】動作至中間【Main】標籤,其位置是在第 1 個動作之下來新增此動作。

Step 8 然後編輯動作參數,在【訊息方塊標題】欄輸入上方標題文字;【訊息方塊圖示】欄是顯示的圖示,例如:訊息,在【要顯示的訊息】欄是顯示的訊息文字,我們準備加上之前的 UserInput 變數,請注意!在字串中使用變數,需在變數名稱前後加上「%」符號,我們也可以點選欄位後的【{x}】來選擇變數,如下所示:

```
歡迎使用者:%UserInput%
```

選取參數

∨ 一般

訊息方塊標題: 歡迎訊息   {x} ⓘ

要顯示的訊息: 歡迎使用者: %UserInput%   {x} ⓘ

訊息方塊圖示: 資訊   ∨ ⓘ

訊息方塊按鈕: 確定   ∨ ⓘ

預設按鈕: 第一個按鈕   ∨ ⓘ

訊息方塊一律保持在最上方: ◯ ⓘ

自動關閉訊息方塊: ◯ ⓘ

> 變數已產生   ButtonPressed2

Step 9 按【儲存】鈕,可以看到在【Main】標籤新增的動作,在右邊的「變數」窗格同時也多了一個 ButtonPressed2 變數。

Step 10 現在，我們已經完成桌面流程的建立，請執行「檔案 > 儲存」命令儲存流程，然後在 Windows 工作列切換至桌面流程管理工具，即可在名為【ch1-3】的項目，點選游標所在的三角箭頭來執行此流程。

我們也可以使用桌面流程設計工具【Main】標籤上方的工具列來執行流程，第 1 個磁片圖示是儲存流程，請按第 2 個圖示的三角形按鈕來執行流程，如右圖所示：

Step 11 稍等一下，可以看到「輸入姓名」對話方塊，請在【請輸入姓名】欄輸入姓名後，按【OK】鈕。

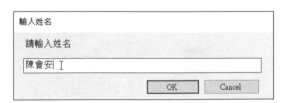

Step 12 可以看到訊息視窗顯示的歡迎訊息文字和你輸入的姓名，請按【確定】鈕繼續。

1-4 Power Automate 介面說明與匯出 / 匯入流程

Power Automate 桌面版的使用介面提供兩大工具來管理和設計流程，因為目前版本並沒有提供匯出 / 匯入流程的功能，我們只能使用複製和貼上方式來處理桌面流程的匯出與匯入。

▌1-4-1 Power Automate 桌面版使用介面

Power Automate 桌面版的使用介面主要就是兩個工具：管理流程的桌面流程管理工具，和設計流程的桌面流程設計工具。

💬 桌面流程管理工具

在 Power Automate 桌面版新增流程後，就會在桌面流程管理工具的【我的流程】標籤，看到建立的桌面流程（請關閉桌面流程設計工具），如下圖所示：

上述清單的每一個項目是一個桌面流程，在名稱後的 3 個圖示依序是執行流程、停止流程和編輯流程，點選垂直 3 個點，可以顯示更多動作的選單，讓我們重新命名流程、建立流程複本和刪除流程等操作。

💬 桌面流程設計工具

當新增流程，或在流程項目點選第 3 個圖示編輯此流程，都可以開啟桌面流程設計工具，如下圖所示：

上述 Power Automate 流程設計工具的上方標題列是功能表，最下方是狀態列，可以顯示流程資訊的子流程和動作數，在之後可以指定執行時的延遲時間（預設 100 毫秒）。在工具區標籤頁的上方是工具列，可以儲存和執行流程，在下方是三個主要窗格，其說明如下所示：

■ **動作窗格**：在動作窗格是以分類方式來顯示桌面流程支援的動作清單，因為 Power Automate 支援的動作相當的多，請活用上方搜尋欄，直接輸入關鍵字來搜尋所需的動作。

■ **工作區標籤頁**：這就是桌面流程的編輯區域，預設新增名為 Main 的子流程標籤頁，對於複雜流程，我們可以將相關動作分割成多個子流程，在主流程是使用【流程控制 > 執行子流程】動作來執行子流程。請點選子流程後的向下箭頭，再選下方【+ 新的子流程】，就可以新增子流程，如下圖所示：

■ **變數窗格**：如果沒有看到，請點選右方垂直標籤的【{x}】圖示來切換顯示變數窗格，在此窗格顯示目前流程中使用的變數，包含：輸出 / 輸入變數和流程變數（在本書主要是使用流程變數）。

在選取【Main】子流程的動作項目後，可以在後方看到垂直 3 個點，這是更多動作的選單（請注意！當在 Power Automate 選取項目後，如果在後方看到 3 個點時，就表示有提供更多操作），如下圖所示：

點選垂直 3 個點，可以看到針對此動作項目的更多動作選單，以動作項目來說，在更多動作可以編輯動作、從這裡執行此動作、上移 / 下移來調整流程中的動作順序（你也可以直接在流程中拖拉動作來調整順序），如果執行【停用動作】命令，可以讓此動作沒有作用，在執行時就會自動跳過此動作不處理，可以幫助我們進行流程測試和除錯，最後是刪除動作的命令。

▋1-4-2 匯出和匯入 Power Automate 的桌面流程

目前的 Power Automate 桌面版並沒有提供匯出 / 匯入流程的功能，我們只能使用複製和貼上操作來匯出 / 匯入桌面流程。

💬 **匯出 Power Automate 桌面流程**

我們準備使用複製和貼上操作來匯出第 1-3 節建立的桌面流程，其步驟如下所示：

Step 1 請開啟第 1-3 節流程的流程設計工具後，點選【Main】標籤的工作區後，按 Ctrl + A 鍵全選欲匯出的動作，可以看到灰底顯示選取的所有動作，然後再按 Ctrl + C 鍵複製此流程的所有動作。

Step 2 接著啟動【記事本】，按 Ctrl + V 鍵貼上內容後，再按 Ctrl + S 鍵儲存成 "ch1-3.txt" 檔案。

匯入 Power Automate 桌面流程

當成功將複製的流程動作儲存成 .txt 檔案後,我們就可以匯入 Power Automate 桌面流程,例如:"ch1-3.txt",其匯入步驟如下所示:

Step 1 在啟動記事本開啟 "ch1-3.txt" 檔案後,請先執行「編輯 > 全選」命令後,再執行「編輯 > 複製」命令複製全部內容。

Step 2 然後啟動 Power Automate 桌面版,點選左上方【+ 新流程】新增名為【Test】的新流程。

Step 3 點選 Main 標籤頁的工作區後,按 Ctrl + V 鍵貼上記事本中的內容至 Test 流程,即可匯入第 1-3 節的桌面流程。

1-5 Power Automate 的變數與資料型別

Power Automate 在執行流程時因為常常需要記住各動作和子流程之間的一些資料,例如:使用者輸入值或運算結果等,使用的是變數(Variables)。

認識變數

在日常生活中,去商店買東西時,為了比較價格,需要記下商品價格,同樣的,程式是使用變數儲存這些執行時需記住的資料,也就是將這些值儲存至變數,當變數擁有儲存值後,就可以在需要的地方取出變數值,例如:執行數學運算和比較運算等。

當我們想將零錢存起來時,可以準備一個盒子來存放這些錢,並且隨時看看已經存了多少錢,這個盒子如同一個變數,可以將目前金額存入變數,或取得變數值來看看存了多少錢,如右圖所示:

💬 Power Automate 的變數

在「變數」窗格可以顯示目前桌面流程所建立的變數,如下圖所示:

上述變數窗格的 Power Automate 變數分為兩種,其簡單說明如下所示:

■ **輸入 / 輸出變數**:這是在自動化流程之間分享資料的變數,請在此框按【+】鈕來新增變數,因為本書內容主要是建立單一流程,所以並不會使用到輸入 / 輸出變數。

- **流程變數**：這是在桌面流程各動作之間的分享資料，在新增動作時就會自動產生相關變數，當然我們也可以自行新增流程變數，請注意！在本書如果沒有特別說明，變數就是指流程變數。

現在，我們準備建立第 1-3 節桌面流程的複本後，編輯修改流程來新增名為 UserMsg 的變數，可以儲存歡迎訊息字串，其步驟如下所示：

Step 1 在【我的流程】標籤頁的【ch1-3】項目，點選垂直 3 個點的更多動作，執行【建立複本】命令。

Step 2 在【流程名稱】欄更改流程名稱成為【ch1-5】後，按【儲存】鈕。

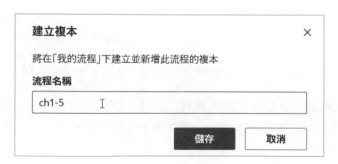

Step 3 稍等一下，等到成功儲存後，請按【關閉】鈕。

建立複本　　　　　　　　　　　　　　　×

將在「我的流程」下建立並新增此流程的複本

流程名稱

ch1-5

✔ 已儲存　　　　　關閉

Step 4 可以看到新增的流程複本，請在此項目，點選名稱後的第 3 個圖示來編輯此流程。

Step 5 請拖拉【變數 > 設定變數】動作至【顯示輸入對話方塊】動作的前方，可以看到一條插入線，即可插入成為流程的第 1 個動作。

Step 6 馬上就會顯示動作參數設定的對話方塊,首先點選【NewVar】變數名稱來更改變數名稱。

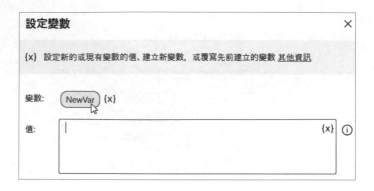

Step 7 變數名稱只能使用英文、數字和「_」底線,而且變數名稱的第 1 個字元不可是數字,請直接將變數名稱改為【UserMsg】後,在下方輸入變數值【歡迎使用者:】,按【儲存】鈕。

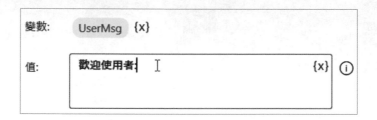

Step 8 在「變數」窗格可以看到 UserMsg 變數。

Step 9 雙擊最後 1 個【顯示訊息】動作，在【要顯示的訊息】欄改為顯示 UserMsg 變數值後（請直接點選欄位後的【{x}】來選擇變數），按【儲存】鈕，如下所示：

```
%UserMsg% %UserInput%
```

Step 10 桌面流程的執行結果和第 1-3 節完全相同，當執行完流程後，可以在「變數」窗格看到流程執行後的變數值。

請注意！ Power Automate 變數名稱在使用時，會在前後加上「%」符號，表示在此位置填入變數或運算式的值，這是一種變數表示方法，可以在執行流程時，將變數值插入至「%」符號括起的位置，簡單的說，變數就是佔用此位置來顯示其值。

💬 變數的文字值

變數擁有名稱，例如：Name 和 Height，其儲存的資料 "Tom" 和 100，稱為「文字值」（Literals），如下所示：

```
100
15.3
"Tom"
```

上述 3 個文字值（也稱為常數）的前 2 個是數值，最後一個是使用「"」括起的一序列字元值，稱為字串（Strings）。

💬 變數的資料型別

變數的資料型別（Data Types）就是變數儲存文字值的類型，可以是字串、整數或浮點數等，資料型別能夠決定變數可以執行的運算，例如：整數或浮點數變數才能執行四則運算，如果資料型別不同，我們需要先轉換成相同的資料型別後，才能執行運算。

Power Automate 變數的資料型別，其簡單說明如下表所示：

資料型別	說明
字串（String）	文字資料的字串
整數（Integer）	整數的數值資料
浮點數（Float）	有小數的數值資料
布林（Boolean）	True 或 False 的真假值
日期 / 時間（Date Time）	日期 / 時間資料
陣列（Array）	多個值的集合，Power Automate 就是清單
物件（Object）	類似 Python 字典的鍵值對，每一個鍵值就是一個屬性和對應值
檔案（File）	文字和二進位檔案
表格（Table）	表格資料的 Excel 工作表或資料庫的資料表

基本上，Power Automate 資料型別就是一種物件，例如：字串是 Texts 物件，支援 Length 屬性取得長度；isEmpty 屬性檢查是否是空字串；ToUpper 和 ToLower 屬性是轉換成英文大寫和小寫；Trimmed 屬性刪除前後空白字元，其語法如下所示：

```
%變數名稱.屬性名稱%
```

詳細資料型別物件支援的屬性說明請參閱官方文件，其 URL 網址如下所示：

URL https://learn.microsoft.com/en-us/power-automate/desktop-flows/datatype-properties

1-6 ◀ Power Automate 的條件、清單與迴圈

Power Automate 桌面流程可以使用條件動作來更改流程的執行順序,或使用迴圈動作來重複執行一序列的動作,而 Power Automate 的清單(Lists)就是對比傳統程式語言的陣列(Arrays)。

▌1-6-1 條件

Power Automate 的條件是使用 If、Else 和 Else If 動作所組成,If 動作是建立單選條件、If+Else 動作組合建立二選一條件,If+Else If+Else 動作組合建立多選一條件。

💬 **單選條件**　　　　　　　　　　　　　　　　　▏ch1-6-1.txt

我們準備修改第 1-3 節的桌面流程,新增 If 條件判斷在輸入資料後,使用者是否有按下【OK】鈕,如果有,才顯示訊息,其步驟如下所示:

Step 1 請使用【ch1-3】流程建立名為【ch1-6-1】的流程複本,然後編輯此流程,在「動作」窗格拖拉【條件 >If】動作至 2 個動作之間。

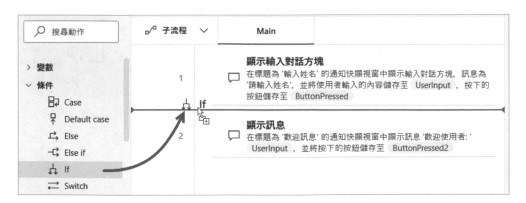

Step 2 編輯動作參數，在【第一個運算元】欄位輸入 ButtonPressed 變數（此變數值就是輸入對話方塊時按下的按鈕名稱），請注意！在動作參數的欄位輸入變數需要加上前後「%」符號，以便和字串作區分，在下方欄位的 OK 就是字串，不是變數。

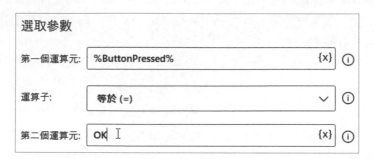

Step 3 【運算子】欄位是選大於、等於和小於等比較運算子，以此例是等於，在【第二個運算元】欄位輸入變數值等於 "OK"（因為沒有前後的「%」符號，所以這是字串，在輸入字串時也不用在前後加上「"」），這是按下【OK】鈕的變數值，然後按【儲存】鈕儲存參數。

說明

在編輯動作參數的欄位後如果看到【{x}】圖示，表示欄位可以選擇直接填入變數，點選即可選擇可用的變數（點選變數前「>」可以展開選取屬性），如下圖所示：

第一個運算元:	%ButtonPressed%		{x} ⓘ
運算子:	🔍 搜尋變數		ⓘ
第二個運算元:	名稱	類型	ⓘ
	∨ 流程變數 **3**		
	> ButtonPressed	文字值	
	> ButtonPressed2	文字值	
	> UserInput	文字值	
	選取	取消	

Step 4 當拖拉 If 動作至流程後，流程就會自動新增 End 動作，此時當條件成立，就是執行這 2 個動作之間的動作，請直接拖拉【訊息方塊 > 顯示訊息】動作至這 2 個動作之間。

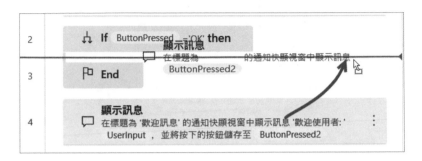

Step 5 可以看到我們編輯後的桌面流程，【顯示訊息】動作是位在 If 和 End 動作之間，即程式語言的程式區塊，當條件成立，就是執行此程式區塊的動作（可能不只一個）。

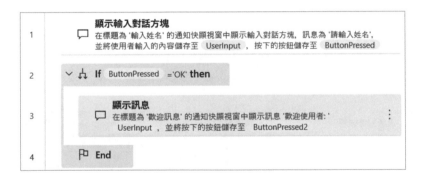

請執行桌面流程，當在輸入對話方塊，按下【Cancel】鈕，可以看到什麼事都沒有發生，只有按下【OK】鈕才會顯示訊息視窗。

💬 二選一條件　　　　　　　　　　| ch1-6-1a.txt

單選條件只是執行或不執行，問題是上述單選流程，當條件不成立時，什麼事也不會發生，此時我們可以加上 Else 動作，改建立成二選一條件，當按下【取消】鈕時，顯示另一個說明的訊息視窗。

請使用【ch1-6-1】流程建立名為【ch1-6-1a】的流程複本，然後編輯此流程，拖拉【條件 >Else】動作至【顯示訊息】動作之後，如下圖所示：

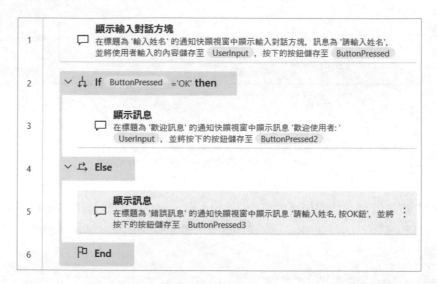

然後，再拖拉 1 個【訊息方塊 > 顯示訊息】動作至 Else 和 End 動作之間，這是條件不成立時執行的程式區塊，即可編輯動作參數，如下圖所示：

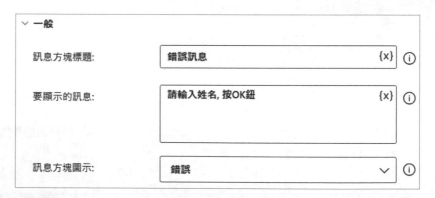

執行此桌面流程，當按下【Cancel】鈕，可以看到另一個訊息視窗，如右圖所示：

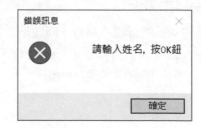

1-6-2 清單與迴圈

Power Automate 支援多種迴圈，在這一節說明【迴圈】動作的計數迴圈，和走訪清單項目的【For each】迴圈，在第 3-2-2 節說明條件迴圈。

💬 使用迴圈建立清單　　　　　　　　　　　| ch1-6-2.txt

Power Automate 變數可以儲存流程所需的單一資料，如果需要儲存大量資料，例如：6 個英文單字，使用變數需要建立 6 個變數，此時就可以使用一個清單來儲存 6 個英文單字，每一個單字是清單的一個元素（項目）。

我們準備使用【迴圈】動作來建立清單，清單元素值就是計數迴圈的計數值，其建立步驟如下所示：

Step 1 請在 Power Automate 桌面版新增名為【ch1-6-2】的桌面流程，首先新增【變數 > 建立新清單】動作，預設建立名為 List 的變數，這是一個沒有元素的空清單。

Step 2 然後拖拉【迴圈 > 迴圈】動作至【建立新清單】動作之後，就可以設定參數，【開始位置】欄是計數迴圈的起始值 1；【結束位置】是終止值 10；遞增量是每次增加的值 2 後，按【儲存】鈕。

上述【迴圈】動作稱為計數迴圈，因為迴圈會從開始位置的值開始，遞增至結束位置的值，每次增加遞增量的值，以此例是從 1 至 10，每次加 2，LoopIndex 變數值依序是 1、3、5、7、9，當再加 2 成為 11 時，因為超過結束位置值 10，所以結束迴圈的執行。同理，如果遞增量的值是 1，LoopIndex 變數值依序是 1、2、3、4、5、6、7、8、9、10。

Step 3 目前建立的桌面流程共有 3 個動作，包含自動加上的【End】動作，迴圈重複執行的程式區塊，就是位在【迴圈】和【End】動作之間的動作。

1	＋	**建立新清單** 建立新清單並儲存至 List
2	↻	迴圈 使用步驟 2 從 1 到 10 重複 LoopIndex ⋮
3	⊩	End ⋮

Step 4 因為我們準備將 LoopIndex 變數值依序新增至清單，所以請拖拉【變數 > 新增項目至清單】動作至【迴圈】和【End】動作之間，然後設定參數，在【新增項目】欄輸入迴圈的 LoopIndex 變數（別忘了前後「%」符號表示這是變數，不是字串）；在【至清單】欄輸入 List 清單變數後，按【儲存】鈕。

選取參數

∨ 一般

新增項目：　%LoopIndex%　　　　　　　　　　{x} ⓘ

至清單：　　%List%　　　　　　　　　　　　　{x} ⓘ

Step 5 最後可以看到我們建立的桌面流程。

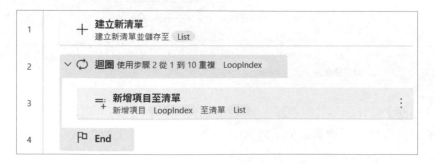

執行上述桌面流程後,可以看到重複執行【新增項目至清單】動作來新增項目至清單,最後可以在「變數」窗格看到 List 變數值,如下圖所示:

💬 For each 迴圈顯示清單項目　　　　　| ch1-6-2a.txt

在【ch1-6-2】流程是建立 List 清單變數和新增 5 個項目,我們準備修改此流程,使用 For each 迴圈來一一顯示每一個清單項目,使用的是【顯示訊息】動作,其建立步驟如下所示:

Step 1 請使用【ch1-6-2】流程建立名為【ch1-6-2a】的流程複本,然後編輯此流程,拖拉【迴圈 >For each】動作至目前流程的最後,即可編輯參數來走訪 List 清單變數,一一儲存至 CurrentItem 變數,請輸入【%List%】後,按【儲存】鈕。

選取參數

要逐一查看的值:　%List%　　　　　　　　　　　　　　{x} ⓘ

儲存至:　　　　　CurrentItem　{x}

Step 2 同樣的,【For each】動作也會自動新增【End】動作,請拖拉【訊息方塊 > 顯示訊息】動作至 For each 和 End 動作之間後,編輯此動作的參數,標題是【項目值】;顯示訊息是 CurrentItem 變數值。

∨ 一般

訊息方塊標題:　　　項目值　　　　　　　　　　　　　{x} ⓘ

要顯示的訊息:　　　項目值: %CurrentItem%　　　　　{x} ⓘ

Step 3 最後，可以看到我們修改建立的桌面流程。

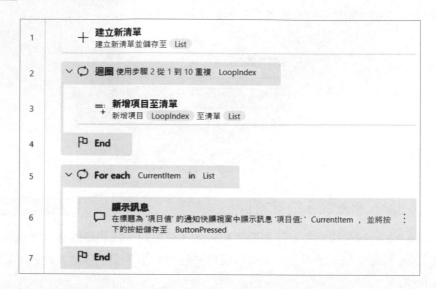

執行上述桌面流程，可以看到 For each 迴圈重複使用訊息視窗來顯示項目值，因為共有 5 個項目，所以會顯示 5 次，請持續按 5 次【確定】鈕，可以看到值依序是 1、3、5、7 和 9，如下圖所示：

Power Automate X Excel 自動化應用

2-1 自動化建立與儲存 Excel 檔案

Power Automate 針對 Excel 資料處理提供專屬【Excel】分類的動作，提供全方位 Excel 操作的自動化。我們準備將公司員工進修課程的成績資料建立成 Excel 檔案，2 位學員的 2 門課程成績，如下表所示：

學員姓名	程式設計	網頁設計
陳會安	89	76
江小魚	78	90

首先，請自行啟動 Excel 建立名為 " 學員成績資料 .xlsx" 的空白活頁簿，然後將學員成績表格轉換成 CSV 檔案 " 學員成績資料 .csv"，如右圖所示：

然後，我們就可以建立【ch2-1】桌面流程（流程檔：ch2-1.txt），讀取上述 CSV 檔案內容來匯入儲存成 Excel 檔案，此流程共有 5 個步驟的動作，如下圖所示：

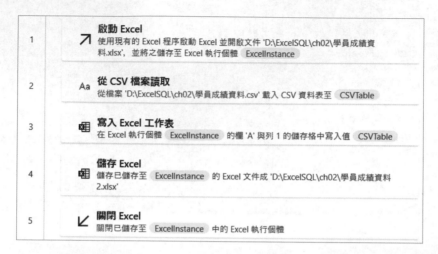

1	↗	**啟動 Excel** 使用現有的 Excel 程序啟動 Excel 並開啟文件 'D:\ExcelSQL\ch02\學員成績資料.xlsx'，並將之儲存至 Excel 執行個體　ExcelInstance
2	Aa	**從 CSV 檔案讀取** 從檔案 'D:\ExcelSQL\ch02\學員成績資料.csv' 載入 CSV 資料表至　CSVTable
3	▦	**寫入 Excel 工作表** 在 Excel 執行個體　ExcelInstance　的欄 'A' 與列 1 的儲存格中寫入值　CSVTable
4	▦	**儲存 Excel** 儲存已儲存至　ExcelInstance　的 Excel 文件成 'D:\ExcelSQL\ch02\學員成績資料2.xlsx'
5	↙	**關閉 Excel** 關閉已儲存至　ExcelInstance　中的 Excel 執行個體

- 1：【Excel> 啟動 Excel】動作可以啟動 Excel 儲存成 ExcelInstance 變數（此變數是 Excel 執行個體，可以用來區分不同的 Excel 檔案），在【啟動 Excel】欄選【並開啟後續文件】可以在啟動後開啟指定的 Excel 檔案，【文件路徑】欄就是開啟的 Excel 檔案路徑「D:\ExcelSQL\ch02\ 學員成績資料 .xlsx」（請點選欄位後的【文件夾】圖示來選擇 Excel 檔案），如下圖所示：

一般	
啟動 Excel:	並開啟後續文件
文件路徑:	D:\ExcelSQL\ch02\學員成績資料.xlsx
顯示執行個體:	⬤
以唯讀方式開啟:	◯
進階	
變數已產生　ExcelInstance	

- 2：【檔案 > 從 CSV 檔案讀取】動作可以讀取 CSV 檔案內容成為 CSVTable 變數的表格資料，就可以在之後將資料寫入 Excel 工作表，在【檔案路徑】欄是 CSV 檔案路徑；【編碼】欄是 UTF-8 編碼，如下圖所示：

- 3：【Excel> 寫入 Excel 工作表】動作可以將讀取的 CSV 資料寫入 Excel 工作表，在【要寫入的值】欄是之前讀取 CSV 資料的 CSVTable 變數，【寫入模式】欄選【於指定的儲存格】開始寫入，【資料行】是 A 欄；【資料列】是 1 列，即從 "A1" 儲存格開始寫入 CSV 資料，如下圖所示：

■ 4：【Excel> 儲存 Excel】動作是儲存或另存 Excel 檔，在【儲存模式】欄選【另存文件為】是另存 Excel 檔案，【文件格式】欄是預設，【文件路徑】欄是另存檔案的路徑，以此例是另存成 " 學員成績資料 2.xlsx"，如下圖所示：

■ 5：【Excel> 關閉 Excel】動作是關閉 Excel，在【在關閉 Excel 之前】欄選【不要儲存文件】，就是直接關閉 Excel 不儲存文件，如下圖所示：

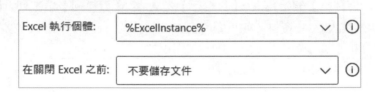

上述桌面流程的執行結果，可以在相同目錄新增匯入 CSV 資料的 Excel 檔案 " 學員成績資料 2.xlsx"，如下圖所示：

2-2 自動化在 **Excel** 工作表新增整列和整欄資料

對於已經存在的 Excel 檔案，我們可以建立 Power Automate 桌面流程開啟 Excel 檔案來新增工作表的整列和整欄資料。

▎2-2-1 在 Excel 工作表新增整列資料

在建立第 2-1 節的 Excel 檔案 " 學員成績資料 2.xlsx" 後，我們準備建立桌面流程，可以新增學員【王陽明】的成績資料：65、66 後，儲存成 " 學員成績資料 3.xlsx"。

在【ch2-2-1】桌面流程（流程檔：ch2-2-1.txt）共有 5 個步驟的動作，**此流程是改**在【關閉 Excel】動作來另存 Excel 檔案，可以在 Excel 工作表新增學員王陽明的整列成績資料，如下圖所示：

- 1：【Excel> 啟動 Excel】動作是啟動 Excel 和開啟 Excel 檔案「D:\ExcelSQL\ch02\學員成績資料 2.xlsx」。

- **2~4**：使用 3 個【Excel> 寫入 Excel 工作表】動作將【王陽明】、【65】和【66】
  資料依序寫入 "A4"、"B4" 和 "C4" 儲存格，以步驟 2 為例，請在【寫入模式】欄
  選【於指定的儲存格】，【資料行】是第 A 欄；【資料列】是第 4 列，即在 "A4" 儲
  存格寫入【要寫入的值】欄的【王陽明】值，如下圖所示：

- **5**：【Excel> 關閉 Excel】動作是另存成 " 學員成績資料 3.xlsx"（其欄位和第 2-1
  節【儲存 Excel】動作相同），如下圖所示：

上述桌面流程的執行結果，可以在相同目錄看
到寫入整列資料的 Excel 檔案 " 學員成績資料
3.xlsx"，如右圖所示：

	A	B	C
1	學員姓名	程式設計	網頁設計
2	陳會安	89	76
3	江小魚	78	90
4	王陽明	65	66

2-2-2 在 Excel 工作表新增整欄資料

對於 Excel 工作表的整欄資料，可以使用 CSV 字串轉換成清單來建立，這是使用【文字】分類的【分割文字】動作來轉換字串成為清單。我們準備建立桌面流程，可以在 Excel 檔案 " 學員成績資料 3.xlsx" 新增整欄【SQL 資料庫】成績：80、76、56後，儲存成 " 學員成績資料 4.xlsx"，CSV 字串如下所示：

```
SQL資料庫,80,76,56
```

在【ch2-2-2】桌面流程（流程檔：ch2-2-2.txt）共有 8 個步驟的動作，可以在工作表新增整欄的成績資料，如下圖所示：

- 1：【變數 > 設定變數】動作可以新增 CSVString 變數的 CSV 字串「SQL 資料庫,80,76,56」。

- 2：【文字 > 分割文字】動作可以依據分隔字元來將字串切割成清單，因為是 CSV 字串，其分隔字元是「,」符號，所以在【要分割的文字】欄位是 CSVString 變數，【分隔符號類型】欄選【自訂】後，在【自訂分隔符號】欄輸入「,」符號，此動作可以建立 TextList 清單變數，如下圖所示：

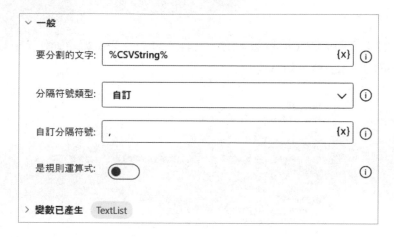

- 3：【Excel> 啟動 Excel】動作是啟動 Excel 和開啟 Excel 檔案「D:\ExcelSQL\ch02\學員成績資料 3.xlsx」。

- 4~7：【迴圈 >For each 迴圈】動作是走訪 TextList 清單變數，然後將每一個項目儲存至 CurrentItem 變數，如下圖所示：

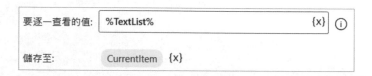

- 5：【Excel> 進階 > 從 Excel 工作表中取得欄上的第 1 個可用列】動作可以取得 Excel 工作表指定欄位的第 1 個可用列的索引，即 FirstFreeRowOnColumn 變數，以此例是 "D" 欄，如下圖所示：

一般

Excel 執行個體:	%ExcelInstance%
資料行:	D

> 變數已產生　FirstFreeRowOnColumn

- 6：【Excel> 寫入 Excel 工作表】動作可以將清單資料寫入工作表，寫入動作是依序垂直寫入欄位的儲存格資料，在【要寫入的值】欄是 CurrentItem 變數，【寫入模式】欄請選【於指定的儲存格】，【資料行】是 D 欄，即最後 1 欄，【資料列】是 FirstFreeRowOnColumn 變數的可用列索引，如下圖所示：

Excel 執行個體:	%ExcelInstance%
要寫入的值:	%CurrentItem%
寫入模式:	於指定的儲存格
資料行:	D
資料列:	%FirstFreeRowOnColumn%

- 8：【Excel> 關閉 Excel】動作是另存成 " 學員成績資料 4.xlsx"。

上述桌面流程的執行結果，可以在相同目錄看到寫入整欄資料的 Excel 檔案 " 學員成績資料 4.xlsx"，如下圖所示：

	A	B	C	D
1	學員姓名	程式設計	網頁設計	SQL資料庫
2	陳會安	89	76	80
3	江小魚	78	90	76
4	王陽明	65	66	56

2-3 ▶ 自動化讀取和編輯 Excel 儲存格資料

Power Automate 桌面流程可以讀取指定 Excel 儲存格、整個工作表、編輯修改指定儲存格的資料或匯出工作表成為 CSV 檔案。

2-3-1 讀取指定儲存格或範圍資料

我們可以使用 Excel 分類的【讀取自 Excel 工作表】動作來讀取指定儲存格或範圍的資料。在【ch2-3-1】桌面流程（流程檔：ch2-3-1.txt）共有 4 個步驟的動作，可以讀取工作表指定儲存格和儲存格範圍的資料，如下圖所示：

- 1：【Excel> 啟動 Excel】動作是啟動 Excel 和開啟 Excel 檔案「D:\ExcelSQL\ch02\學員成績資料 4.xlsx」。

- 2：第 1 個【Excel> 讀取自 Excel 工作表】動作是讀取指定儲存格的資料後，儲存至 ExcelData 變數，在【Excel 執行個體】就是讀取的 Excel 檔案，【擷取】欄選【單一儲存格的值】，可以取得指定儲存格的資料，在【開始欄】是第 A 欄；【開始列】是第 2 列，即讀取 "A2" 儲存格的值，如右圖所示：

- 3：第 2 個【Excel> 讀取自 Excel 工作表】動作是讀取指定範圍的儲存格資料後，儲存至 ExcelData2 變數，在【擷取】欄選【儲存格範圍中的值】是取得儲存格範圍的資料，在【開始欄】是第 A 欄；【開始列】是第 2 列；【結尾欄】是第 C 欄；【結尾列】是第 3 列，即讀取 "A2:C3" 儲存格範圍的資料，如下圖所示：

> **說明**
>
> 展開【進階】,可以選擇是否以文字(即字串) 來取得儲存格值,和包含欄名的標題文字,如右 圖所示:
>
>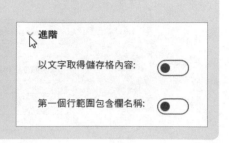

- **4**:【Excel> 關閉 Excel】動作是不儲存文件直接關閉 Excel。

上述桌面流程的執行結果,可以在「變數」窗格的【流程變數】框看到變數 ExcelData 和 ExcelData2 取得的儲存格值,如下圖所示:

雙擊【ExcelData2】變數,可以看到取得的儲存格範圍資料,這是一個 DataTable 資 料表物件,如下圖所示:

變數值

ExcelData2 (資料表)

#	Column1	Column2	Column3
0	陳會安	89	76
1	江小魚	78	90

| 2-3-2 讀取整個工作表的資料

我們可以建立桌面流程使用【從 Excel 工作表中取得第 1 個可用資料行 / 資料列】動作取得工作表可用的第 1 列和第 1 欄後，只需都減 1，就可以取得整個工作表的範圍，讓我們自動化讀取整個工作表的資料。

在【ch2-3-2】桌面流程（流程檔：ch2-3-2.txt）共有 4 個步驟的動作，可以讀取整個工作表有資料範圍的資料，如下圖所示：

- **1**：【Excel> 啟動 Excel】動作是啟動 Excel 和開啟 Excel 檔案「D:\ExcelSQL\ch02\學員成績資料 4.xlsx」。

- **2**：【Excel> 從 Excel 工作表中取得第 1 個可用資料行 / 資料列】動作可以取得工作表第 1 個可用的欄和第 1 個可用列的索引，即 FirstFreeColumn 和 FirstFreeRow 變數，如下圖所示：

- 3：【Excel> 讀取自 Excel 工作表】動作是讀取儲存格範圍的資料後，儲存至 ExcelData 變數，在【擷取】欄選【儲存格範圍中的值】，【開始欄】是第 1 欄； 【開始列】是第 1 列；【結尾欄】和【結尾列】是使用減 1 的運算式來取得儲存 格範圍，請注意！在「%」符號中不只可以是變數，也可以是數學運算式，如下 所示：

```
%FirstFreeColumn - 1%
%FirstFreeRow - 1%
```

- 4：【Excel> 關閉 Excel】動作是不儲存文件直接關閉 Excel。

上述桌面流程的執行結果，可以在「變數」窗格的【流程變數】框看到 ExcelData 變數取得的儲存格值，如右圖所示：

上述可用的範圍都是 5，減 1 就是 4，所以工作表的範圍是第 4 欄 D 和第 4 列，即 "A1:D4"。雙擊【ExcelData】變數，可以看到取得的儲存格範圍資料，這是一個 DataTable 資料表物件，如下圖所示：

變數值

ExcelData （資料表）

#	Column1	Column2	Column3	Column4
0	學員姓名	程式設計	網頁設計	SQL資料庫
1	陳會安	89	76	80
2	江小魚	78	90	76
3	王陽明	65	66	56

除了使用【從 Excel 工作表中取得第 1 個可用資料行 / 資料列】動作來找出 Excel 工作表的有資料範圍外，我們也可以在【讀取自 Excel 工作表】動作的【擷取】欄，直接選【工作表中所有可用的值】來讀取整個工作表的值（流程檔：ch2-3-2a.txt），如下圖所示：

∨ 一般

Excel 執行個體:　%ExcelInstance%　∨ ⓘ

擷取:　**工作表中所有可用的值**　∨ ⓘ

2-3-3 讀取 Excel 工作表資料儲存成 CSV 檔案

在第 2-3-2 節我們已經建立桌面流程來自動化讀取 Excel 工作表有資料範圍的資料，這是一個 DataTable 資料表物件，接著，只需新增【寫入 CSV 檔案】動作，就可以將 DataTable 資料表物件儲存成 CSV 檔案，換句話說，整個操作就是讀取 Excel 工作表來儲存成 CSV 檔案。

請將第 2-3-2 節的 ch2-3-2a.txt 流程建立成名為【ch2-3-3】的複本流程（流程檔：ch2-3-3.txt），然後在最後新增步驟 4，如下圖所示：

- 4：【檔案 > 寫入 CSV 檔案】動作可以將 DataTable 資料表物件寫入 CSV 檔案，在【要寫入的變數】欄選【ExcelData】變數；【檔案路徑】欄是 CSV 檔案路徑；【編碼】欄是 UTF-8 編碼，如下圖所示：

上述桌面流程的執行結果，可以在 Excel 檔案的相同目錄看到 CSV 檔案 " 學員成績資料 4.csv"。

2-3-4 編輯指定儲存格的資料

Power Automate 桌面流程一樣可以編輯工作表的儲存格資料，這一節我們準備開啟 Excel 檔案 " 學員成績資料 4.xlsx" 後，更改學員【王陽明】的程式設計成績是 75，網頁設計成績是 60，學員【陳會安】的網頁設計成績改成 82 後，儲存成 " 學員成績資料 5.xlsx"。

在【ch2-3-4】桌面流程（流程檔：ch2-3-4.txt）共有 5 個步驟的動作，可以編輯更新 "B4"、"C4" 和 "C2" 儲存格的資料，如下圖所示：

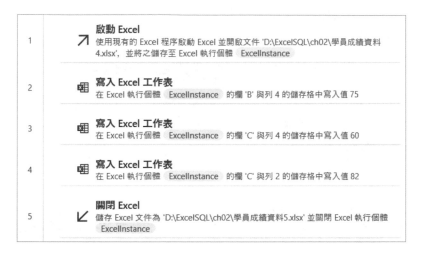

- 1：【Excel> 啟動 Excel】動作是啟動 Excel 和開啟 Excel 檔案「D:\ExcelSQL\ch02\學員成績資料 4.xlsx」。

- 2：【Excel> 寫入 Excel 工作表】動作可以更改學員【王陽明】的程式設計成績成為 75，在【要寫入的值】欄是值 75，【寫入模式】欄選【於指定的儲存格】，【資料行】是第 B 欄；【資料列】是第 4 列，即在 "B4" 儲存格寫入 75，如下圖所示：

- **3**：【Excel> 寫入 Excel 工作表】動作是更改學員【王陽明】的網頁設計成績成為 60，在【要寫入的值】欄是值 60，【寫入模式】欄選【於指定的儲存格】，【資料行】是第 C 欄；【資料列】是第 4 列，即在 "C4" 儲存格寫入 60。

- **4**：【Excel> 寫入 Excel 工作表】動作是更改學員【陳會安】的網頁設計成績成為 82，在【要寫入的值】欄是值 82，【寫入模式】欄選【於指定的儲存格】，【資料行】是第 C 欄；【資料列】是第 2 列，即在 "C2" 儲存格寫入 82。

- **5**：【Excel> 關閉 Excel】動作是另存成 " 學員成績資料 5.xlsx"。

上述桌面流程的執行結果，可以在相同目錄看到更改 3 個儲存格資料的 Excel 檔案 " 學員成績資料 5.xlsx"，如右圖所示：

	A	B	C	D
1	學員姓名	程式設計	網頁設計	SQL資料庫
2	陳會安	89	82	80
3	江小魚	78	90	76
4	王陽明	75	60	56

2-4　自動化 Excel 工作表的處理

在 Excel 檔案 " 進修班成績管理 .xlsx" 擁有 2 個工作表，分別是 2 個班級的成績資料，如右圖所示：

	A	B	C	D
1	姓名	國文	英文	數學
2	陳會安	89	76	82
3	江小魚	78	90	76
4	王陽明	75	66	66

‹　›　　　　工作表1　　工作表2　···

我們準備建立桌面流程，將【工作表 1】更名成【A 班】，然後刪除【工作表 2】的 Excel 工作表後，新增名為【B 班】的全新工作表，最後將 A 班前 2 列的資料複製至 B 班的新工作表。

在【ch2-4】桌面流程（流程檔：ch2-4.txt）共有 8 個步驟的動作，可以自動化新增、刪除和更名工作表，如右圖所示：

- 1：【Excel> 啟動 Excel】動作是啟動 Excel 和開啟 Excel 檔案「D:\ExcelSQL\ch02\
  進修班成績管理 .xlsx」。

- 2：【Excel> 進階 > 重新命名 Excel 工作表】動作可以使用索引或名稱來更名工作
  表，在【重新命名工作表】欄選【名字】是用名稱，索引是用工作表索引（從 1
  開始），【工作表名稱】欄輸入【工作表 1】；【工作表新名稱】欄輸入【A 班】來
  更名工作表，如下圖所示：

Excel 執行個體:	%ExcelInstance%	∨	ⓘ
重新命名工作表:	名字	∨	ⓘ
工作表名稱:	**工作表1**	{x}	ⓘ
工作表新名稱:	**A班**	{x}	ⓘ

■ 3：【Excel> 進階 > 刪除 Excel 工作表】動作可以使用索引或名稱來刪除工作表，在【刪除工作表】欄選【索引】使用工作表索引（從 1 開始），【工作表索引】欄輸入 2 是刪除第 2 個工作表，即【工作表 2】，如下圖所示：

■ 4：【Excel> 讀取自 Excel 工作表】動作是讀取指定範圍的儲存格資料後，儲存至 ExcelData 變數，在【擷取】欄選【儲存格範圍中的值】是取得儲存格範圍的資料，在【開始欄】是第 A 欄；【開始列】是第 1 列；【結尾欄】是第 D 欄；【結尾列】是第 2 列，即讀取 "A1:D2" 儲存格範圍，即前 2 列資料，如下圖所示：

■ 5：【Excel> 加入新的工作表】動作可以加入新工作表成為第 1 個或最後 1 個工作表，在【新的工作表名稱】欄輸入工作表名稱【B 班】，【加入工作表做為】欄選

【最後一個工作表】新增至最後；【第一個工作表】就是新增成為第 1 個工作表，如下圖所示：

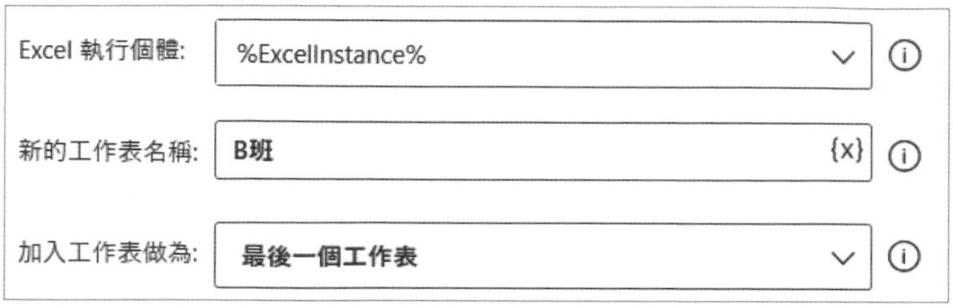

■ 6：【Excel> 設定使用中的工作表】動作可以指定目前作用中的工作表是哪一個，在【啟用工作表時搭配】欄選【名字】是用名稱，索引是用工作表索引（從 1 開始），【工作表名稱】欄輸入【B 班】，可以指定此工作表是目前作用中的工作表，如下圖所示：

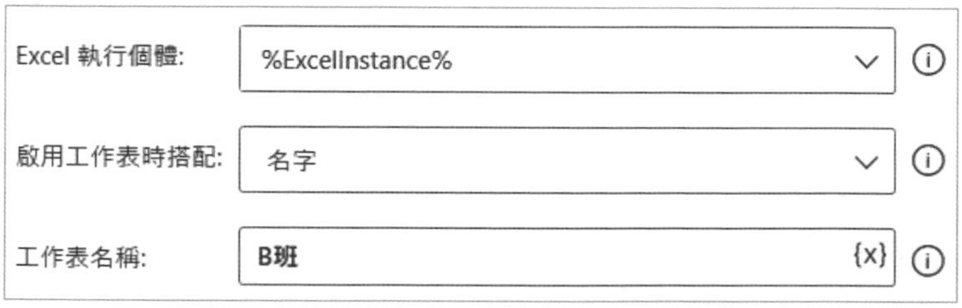

■ 7：【Excel> 寫入 Excel 工作表】動作可以將資料寫入目前作用中的【B 班】工作表，在【寫入模式】欄選【於指定的儲存格】，【資料行】是第 A 欄；【資料列】是第 1 列，即在 "A1" 儲存格寫入【要寫入的值】欄的 ExcelData 變數（其值是【A 班】工作表的前 2 列），如下圖所示：

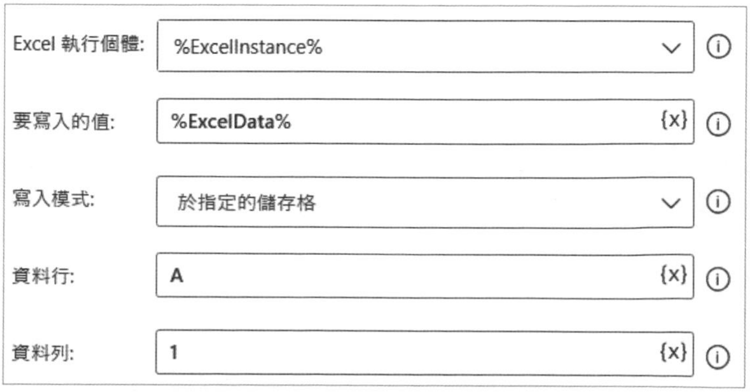

- 8：【Excel> 關閉 Excel】動作是另存成 " 進修班成績管理 2.xlsx"。

上述桌面流程的執行結果，可以在相同目錄
看到更名、刪除和新增工作表的 Excel 檔案 "
進修班成績管理 2.xlsx"，如右圖所示：

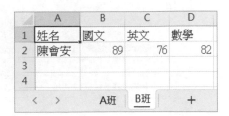

2-5 實作案例：自動化統計和篩選 Excel 工作表的資料

在 Excel 檔案 " 第一季業績資料 .xlsx" 是
三個通路第一季的業績資料，如右圖所
示：

	A	B	C	D
1	月份	網路商店	實體店面	業務直銷
2	一月	35	25	33
3	二月	24	43	25
4	三月	15	32	12

我們準備建立桌面流程計算 3 個通路的業績總和儲存至對應的 "E" 欄，並且在 "F"
欄顯示當業績總和小於等於 60 時，顯示 " 業績沒有達標 !"。

💬 自動化統計 Excel 工作表的資料　　　　ch2-5.txt

請建立【ch2-5】桌面流程，這是第 2-3-2 節
ch2-3-2a.txt 流程的複本，我們需要修改步驟 2
的【讀取自 Excel 工作表】動作，請展開【進
階】後，開啟第 2 個選項【第一個行範圍包
含欄名稱】，如右圖所示：

然後，請執行桌面流程，可以看到流程已經取得 Excel 工作表的 DataTable 物件
ExcelData，變數值擁有欄位的標題名稱，如下圖所示：

變數值

ExcelData (資料表)

#	月份	網路商店	實體店面	業務直銷
0	一月	35	25	33
1	二月	24	43	25
2	三月	15	32	12

現在,我們可以在原步驟 3 的【關閉 Excel】動作前新增步驟 3~4 的 2 個動作,如下圖所示:

1	↗	**啟動 Excel** 使用現有的 Excel 程序啟動 Excel 並開啟文件 'D:\ExcelSQL\ch02\第一季業績資料.xlsx',並將之儲存至 Excel 執行個體 ExcelInstance
2		**讀取自 Excel 工作表** 讀取工作表中所有儲存格的值,並將其存儲到 ExcelData
3		**寫入 Excel 工作表** 在 Excel 執行個體 ExcelInstance 的欄 'E' 與列 1 的儲存格中寫入值 '業績總和'
4		**啟用 Excel 工作表中的儲存格** 啟動 ExcelInstance 執行個體中 Excel 文件 'E' 資料行和 1 資料列中的儲存格

- 3:【Excel> 寫入 Excel 工作表】動作是在 E 欄新增標題文字,在【要寫入的值】欄是【業績總和】,【寫入模式】欄選【於指定的儲存格】,【資料行】是第 E 欄;【資料列】是第 1 列,即在 "E1" 儲存格寫入 " 業績總和 ",如下圖所示:

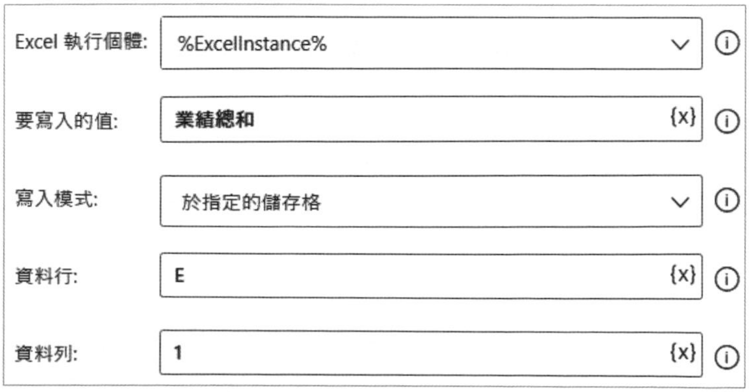

Excel 執行個體:	%ExcelInstance%
要寫入的值:	業績總和 {x}
寫入模式:	於指定的儲存格
資料行:	E {x}
資料列:	1 {x}

- **4**:【Excel> 進階 > 啟用 Excel 工作表中的儲存格】動作可以啟用作用中的儲存格，因為此欄會依序向下寫入業績總和，所以在【啟用】欄是選【絕對定位的指定儲存格】，【資料行】是第 E 欄；【資料列】是第 1 列，即開始位置是 "E1" 儲存格，如下圖所示：

然後，我們需要新增步驟 5~11 的 For each 迴圈動作來走訪 Excel 工作表的每一列，即走訪 ExcelData 變數來計算 3 個通路的業績總和，如下圖所示：

■ **5~11**：【迴圈 >For each 迴圈】動作可以走訪 Excel 工作表的 ExcelData 變數，將每一列儲存至 CurrentItem 變數，如下圖所示：

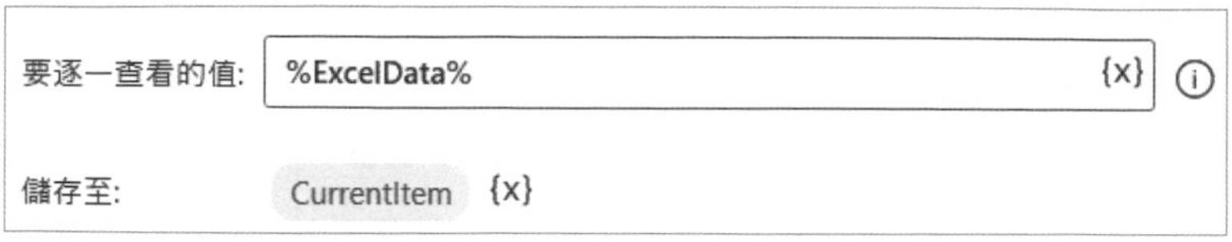

要逐一查看的值:	%ExcelData%	{x}	ⓘ
儲存至:	CurrentItem {x}		

■ **6**：【Excel> 進階 > 啟用 Excel 工作表中的儲存格】動作可以啟用作用中的儲存格，因為在步驟 5 是絕對定位在 "E1" 儲存格，所以在【啟用】欄是選【相對定位的指定儲存格】，【方向】選【向下】；【與使用中儲存格間的位移】是 1，即從開始位置的 "E1" 儲存格開始，每次向下位移一格，如下圖所示：

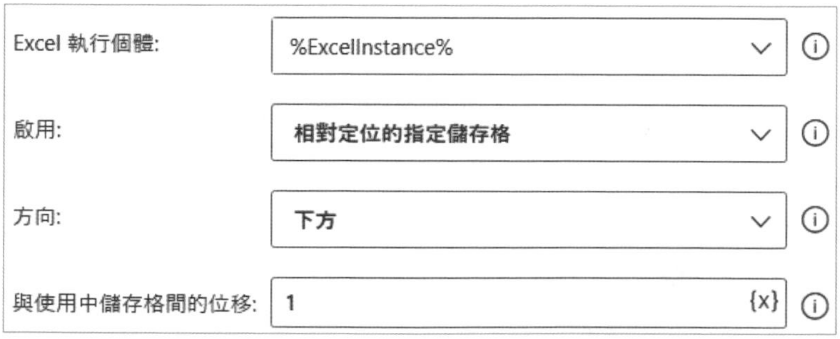

Excel 執行個體:	%ExcelInstance%	∨	ⓘ
啟用:	相對定位的指定儲存格	∨	ⓘ
方向:	下方	∨	ⓘ
與使用中儲存格間的位移:	1	{x}	ⓘ

■ **7~9**：【文字 > 將文字轉換成數字】動作可以將 3 個欄位 ' 網路商店 '、' 實體店面 ' 和 ' 業務直銷 ' 的文字資料轉換成數字變數 Item1~3，在【要轉換的文字】欄就是欄位資料，因為列是 CurrentItem 變數，我們可以使用欄位標題來取得此欄位的值，以此例就是 ' 網路商店 ' 欄位的值，如下所示：

```
%CurrentItem['網路商店']%
```

∨ 一般			
要轉換的文字:	%CurrentItem['網路商店']%	{x}	ⓘ
〉 變數已產生	Item1		

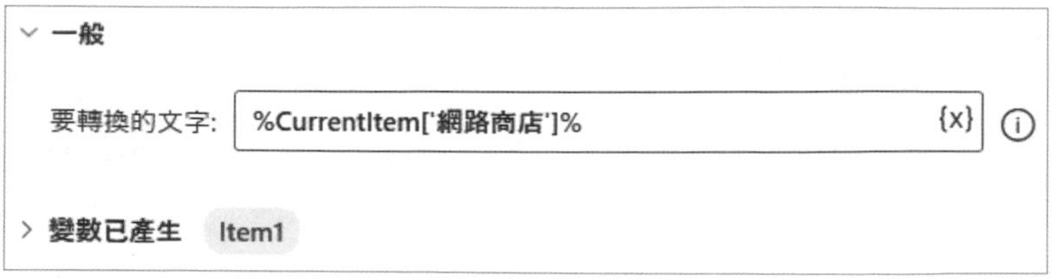

■ **10**：【Excel> 寫入 Excel 工作表】動作將 Item1~3 變數的加總寫入目前作用中的儲存格，在【要寫入的值】欄是 3 個變數的和，【寫入模式】欄選【於目前使用中儲存格】，即寫入目前作用中的儲存格，如下圖所示：

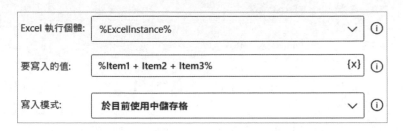

最後，在步驟 12 另存成 Excel 檔案「D:\ExcelSQL\ch02\ 第一季業績資料 2.xlsx」和關閉 Excel，如下圖所示：

上述桌面流程的執行結果，可以在相同目錄看到 Excel 檔案 " 第一季業績資料 2.xlsx"，和看到 "E" 欄的業績總和，如下圖所示：

	A	B	C	D	E
1	月份	網路商店	實體店面	業務直銷	業績總和
2	一月	35	25	33	93
3	二月	24	43	25	92
4	三月	15	32	12	59

💬 自動化篩選 Excel 工作表的資料　　　｜ch2-5a.txt

請建立【ch2-5】桌面流程的複本【ch2-5a】，我們準備加上 If 條件來判斷業績總和，當業績總和小於等於 60 時，在 "F" 欄顯示 " 業績沒有達標 !"。因為相關 Excel 動作都已經說明過，所以筆者只準備說明流程有修改的部分，首先在 For each 迴圈動作前新增步驟 5 的【設定變數】動作，如右所示：

■ **5**：【變數 > 設定變數】動作可以新增變數，這是 "F" 欄的列索引 RowIdx 值 2，即從第 2 列開始寫入資料，如下圖所示：

然後在步驟 12~14 的 For each 迴圈中新增 If 動作，和在迴圈結尾的步驟 15 增加 RowIdx 的值，可以每次加 1，如下圖所示：

■ **12~14**：【條件 >If】動作是建立單選條件，在【第一個運算元】欄位是 Item1~3 變數的和；【運算子】欄選小於或等於；【第二個運算元】是 60，如下圖所示：

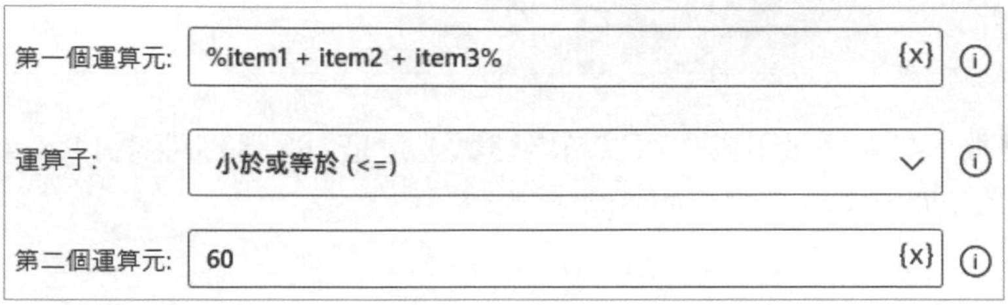

第一個運算元：	%item1 + item2 + item3%	{x}	ⓘ
運算子：	小於或等於 (<=)	∨	ⓘ
第二個運算元：	60	{x}	ⓘ

■ **13**：【Excel> 寫入 Excel 工作表】動作是在對應的 "F" 欄寫入【要寫入的值】欄位值【業績沒有達標！】，【寫入模式】欄選【於指定的儲存格】，【資料行】是第 F 欄；【資料列】是變數 RowIdx，如下圖所示：

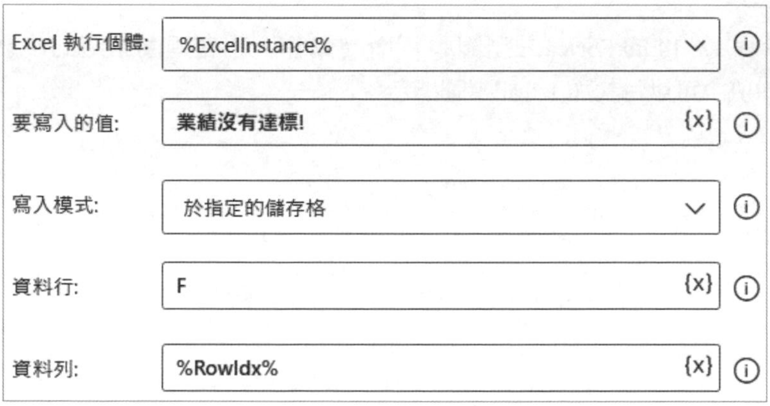

Excel 執行個體：	%ExcelInstance%	∨	ⓘ
要寫入的值：	業績沒有達標!	{x}	ⓘ
寫入模式：	於指定的儲存格	∨	ⓘ
資料行：	F	{x}	ⓘ
資料列：	%RowIdx%	{x}	ⓘ

■ **15**：【變數 > 增加變數】動作可以增加變數值，在【變數名稱】欄是欲增加值的 RowIdx 變數；【增加的量】欄的值是 1，即每次將 RowIdx 變數值加 1，如下圖所示：

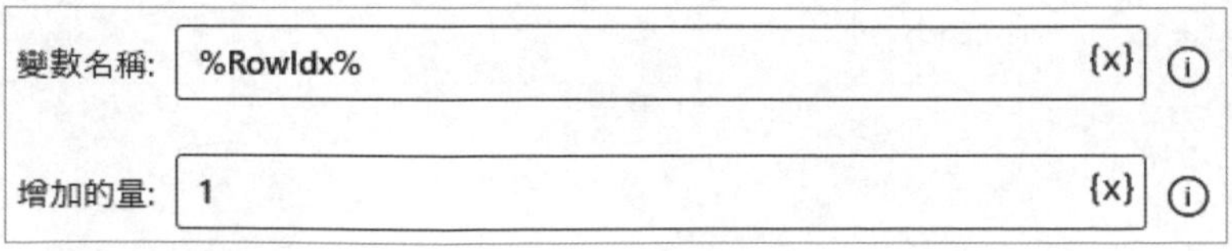

變數名稱：	%RowIdx%	{x}	ⓘ
增加的量：	1	{x}	ⓘ

最後，修改步驟 17 另存成 Excel 檔案 " 第一季業績資料 3.xlsx "。上述桌面流程的執行結果，可以在相同目錄看到 Excel 檔案 " 第一季業績資料 3.xlsx"，和看到 "F" 欄顯示業績沒有達標，如下圖所示：

	A	B	C	D	E	F	G
1	月份	網路商店	實體店面	業務直銷	業績總和		
2	一月	35	25	33	93		
3	二月	24	43	25	92		
4	三月	15	32	12	59	業績沒有達標!	

工作表1　＋

2-6　實作案例：自動化在 Excel 執行 VBA 程式

在 Excel 檔案 " 暑期進修班成績管理 .xlsm" 擁有 2 個按鈕（Excel 需啟用【開發人員】功能），首先請按【清除】鈕清除資料後，即可按【合併工作表】鈕來合併多個工作表，如下圖所示：

	A	B	C	D	E	F	G
1	姓名	國文	英文	數學			
2	陳會安	89	76	82		合併工作表	
3	江小魚	78	90	76			
4	王陽明	75	66	66			
5	王美麗	68	55	77		清除	
6	張三	78	66	92			
7	李四	88	85	65			

A班　B班　C ⋯　＋

上述【清除】鈕是執行 VBA 程序【ClearWorksheet】來清除資料，如下圖所示：

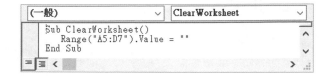

```
(一般)                    ClearWorksheet
Sub ClearWorksheet()
    Range("A5:D7").Value = ""
End Sub
```

在【合併工作表】鈕是執行 VBA 程序【MergeWorksheet】來合併 3 個工作表,如下圖所示:

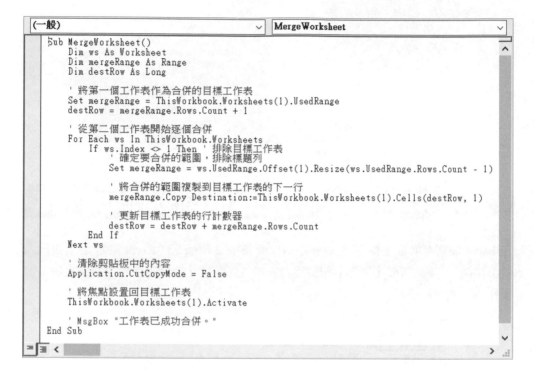

在 Power Automate 提供【執行 Excel 巨集】動作來執行 VBA 程式,我們可以建立桌面流程來模擬上述操作,在【ch2-6】桌面流程(流程檔:ch2-6.txt)共有 4 個步驟的動作,如下圖所示:

- 1：【Excel> 啟動 Excel】動作是啟動 Excel 和開啟 Excel 檔案「D:\ExcelSQL\ch02\暑期進修班成績管理 .xlsm」（副檔名是 .xlsm）。

- 2：第 1 個【Excel> 進階 > 執行 Excel 巨集】動作是執行 Excel 巨集的 VBA 程序，在【巨集】欄是 VBA 程序名稱【ClearWorksheet】，如下圖所示：

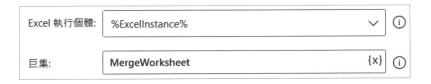

如果呼叫的程序擁有參數，請在程序名稱後加上「;」符號，再加上參數值即可。

- 3：第 2 個【Excel> 進階 > 執行 Excel 巨集】動作是執行 Excel 巨集的 VBA 程序，在【巨集】欄是 VBA 程序名稱【MergeWorksheet】，如下圖所示：

- 4：【Excel> 關閉 Excel】動作是另存成 " 暑期進修班成績管理 .xlsx" 後才關閉 Excel。

上述桌面流程的執行結果，可以在相同目錄建立 Excel 檔案 " 暑期進修班成績管理 .xlsx"（因為副檔名是 .xlsx，所以是沒有巨集的 Excel 檔案），如下圖所示：

Note

CHAPTER 03

Power Automate 自動化下載 CSV 檔案與檔案處理

3-1 自動化檔案與資料夾處理

Power Automate 檔案與資料夾處理的相關動作是屬於【檔案】和【資料夾】分類，可以執行資料夾與檔案的複製、移動、重新命名和刪除等相關的自動化操作，如下圖所示：

3-1-1 取得目錄下的檔案和資料夾清單

在【ch3-1-1】桌面流程（流程檔：ch3-1-1.txt）共有 4 個步驟的動作，可以取得指定目錄下的檔案和資料夾清單，如下圖所示：

- **1**：【變數 > 設定變數】動作可以指定變數 SourceFolder 的路徑是「D:\ExcelSQL\ch03\ 教育訓練成績」（請自行修改路徑）。

- **2**：【資料夾 > 取得資料夾中的子資料夾】動作可以取得指定路徑下的資料夾清單儲存至 Folders 變數，【資料夾】欄位是目標路徑，其值可以是變數，或點選欄位後第 1 個資料夾圖示來選擇路徑（第 2 個圖示是選變數），【資料夾篩選】欄是過濾篩選條件，「*」符號表示所有資料夾，選【包含子資料夾】可包含子資料夾下的資料夾，如下圖所示：

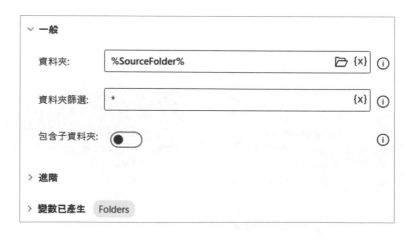

■ 3：【資料夾 > 取得資料夾中的檔案】動作可以取得指定路徑下的檔案清單儲存至 Files 變數，在【資料夾】欄位是目標路徑，【檔案篩選】欄是過濾篩選條件，「*」符號表示所有檔案，選【包含子資料夾】可包含子資料夾下的檔案，如下圖所示：

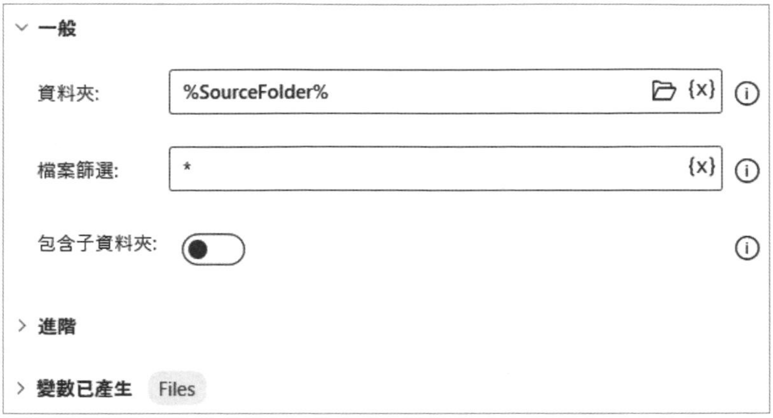

■ 4：【資料夾 > 取得資料夾中的檔案】動作和步驟 3 相同，檔案清單是儲存至 Files2 變數，檔案的篩選條件是【*.xlsx】，可以過濾篩選取出副檔名是 .xlsx 的 Excel 檔案，如下圖所示：

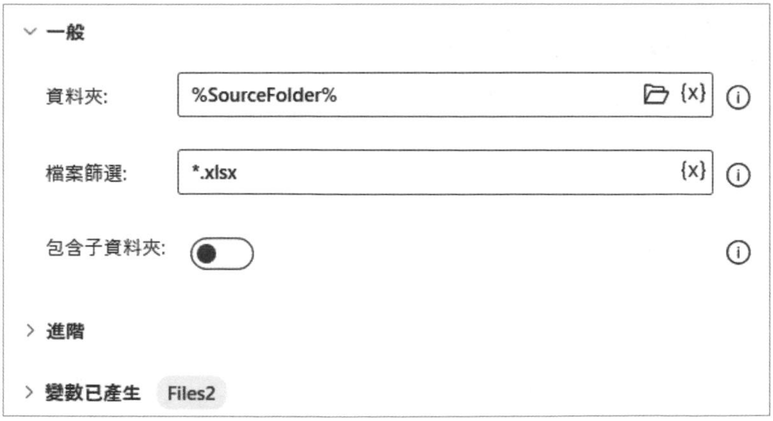

上述桌面流程的執行結果，可以在「變數」窗格檢視流程變數的值，其值就是取得的檔案和資料夾清單，如下圖所示：

上述 Files、Files2 和 Folders 變數的資料型別是清單，請雙擊變數名稱，例如：Files2，可以看到此清單的項目，每一個項目就是一個 Excel 檔案的完整路徑，如下圖所示：

上述變數 Files2 因為有篩選副檔名，所以只有 .xlsx 檔案，如果是 Files 變數，可以看到 .xlsx 和 .csv 檔案清單；Folders 變數是資料夾清單。

3-1-2 批次重新命名和移動檔案

Power Automate 建立的桌面流程可以將整個目錄下的 Excel 檔案重新命名和加上日期後，再搬移這些 Excel 檔案至另一個全新的目錄。首先請開啟 Windows 檔案總管，自行複製「ch03\examples」目錄成為「ch03\test」目錄，如右圖所示：

上述 Excel 檔案是位在「Excel」子目錄，共有【營業額 1~4.xlsx】四個 Excel 檔案，我們準備將這四個 Excel 檔名最後加上日期後，全部搬移至新建的「ch03\test\Output」目錄。

在【ch3-1-2】桌面流程（流程檔：ch3-1-2.txt）共有 8 個步驟的動作，在取得指定目錄下的檔案清單後，使用 For each 迴圈一一更名檔案加上日期後，再將更名檔案搬移至新建的 Output 目錄，如下圖所示：

- **1**：【變數 > 設定變數】動作可以指定變數 SourcePath 的路徑是「D:\ExcelSQL\ch03\test」（請自行修改路徑）。

- **2**：【資料夾 > 建立資料夾】動作是建立新資料夾，在【建立新資料夾於】欄是新資料夾的根路徑，【新資料夾名稱】欄是新建的資料夾名稱，以此例就是建立「ch03\test\Output」目錄，如下圖所示：

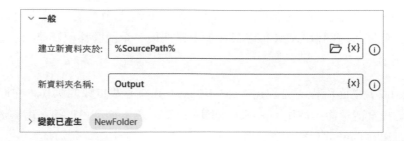

- 3:【資料夾 > 取得資料夾中的檔案】動作可以取得「ch03\test\Excel」路徑下的所有檔案清單,和儲存至 Files 變數。

- 4~6:【迴圈 >For each 迴圈】動作的迴圈是走訪 Files 清單,在取出每一個 CurrentItem 項目變數的檔案路徑後,在步驟 5 更名檔案。

- 5:【檔案 > 重新命名檔案】動作是更名檔案,欲更名的檔案是 CurrentItem 變數值,在【重新命名配置】欄選【加入日期時間】後,即可在下方指定加入目前的日期 / 時間、位置在名稱之後、分隔符號是底線、格式是 yyyyMMdd(在第 3-2-1 節有進一步說明),和不處理存在的檔案,如下圖所示:

一般	
要重新命名的檔案:	%CurrentItem%
重新命名配置:	加入日期時間
使用自訂日期時間:	⬤
要加入的日期時間:	目前日期時間
加入日期時間:	名稱之後
分隔符號:	底線
日期時間格式:	yyyyMMdd
如果檔案已存在:	不執行任何動作
> 變數已產生	RenamedFiles

■ 7：【檔案 > 移動檔案】動作可以搬移檔案，要移動的檔案是位在「Excel」目錄下的所有 Excel 檔案（*.xlsx），目的地資料夾是「Output」，如果檔案存在就覆寫檔案，如下圖所示：

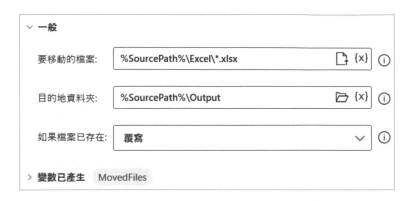

■ 8：【資料夾 > 刪除資料夾】動作是刪除「Excel」資料夾，在【要刪除的資料夾】欄是欲刪除資料夾的路徑，如下圖所示：

上述桌面流程的執行結果，可以在「Output」資料夾看到搬移至此的 Excel 檔案清單，並且在檔名後可以看到已經加上了日期，如下圖所示：

▋3-1-3 複製檔案和刪除檔案

在「ch03\test」目錄下還有 1 個 stock.xlsx 檔案,我們準備搬移此檔案至「ch03\test\Output」目錄,不過,這一節搬移檔案的作法是先複製檔案後,再刪除原來的檔案。

在【ch3-1-3】桌面流程(流程檔:ch3-1-3.txt)共有 3 個步驟的動作,改用複製和刪除檔案動作來搬移檔案,如下圖所示:

- 1:【變數 > 設定變數】動作可以指定變數 SourcePath 的路徑是「D:\ExcelSQL\ch03\test」(請自行修改路徑)。

- 2:【檔案 > 複製檔案】動作可以將 "stock.xlsx" 檔案複製至「Output」子目錄,如果檔案存在就覆寫檔案,如下圖所示:

- 3:【檔案 > 刪除檔案】動作可以將原目錄的 "stock.xlsx" 檔案刪除掉,如下圖所示:

上述桌面流程的執行結果，可以在「Output」資料夾看到搬移至此目錄的 Excel 檔案 "stock.xlsx"，如下圖所示：

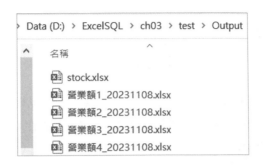

3-2 自動化日期 / 時間處理

Power Automate 日期 / 時間處理動作是屬於【日期時間】分類，可以取得今天的日期 / 時間、調整日期 / 時間和計算時間差，如右圖所示：

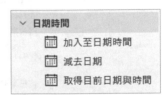

3-2-1 取得和顯示目前的日期 / 時間

在【日期時間】分類的【取得目前日期與時間】動作是取得目前的日期時間，我們需要配合【文字】分類的【將日期時間轉換為文字】動作來轉換日期 / 時間格式成為字串，除了使用預設格式外，也可以自訂日期格式，如下所示：

```
yyyy-MM-dd
```

上述英文字元 yyyy、MM 和 dd 是格式字元，可以分別是年、月和日的顯示格式，各種格式字元的說明如下表所示：

格式字元	說明
yyyy	顯示 4 位數的年份，例如：2023
MM	顯示 2 位數的月份，例如：08
dd	顯示 2 位數的日期，例如：10

格式字元	說明
hh	顯示 12 小時制的小時，例如：10
HH	顯示 24 小時制的小時，例如：20
mm	顯示時間的分鐘數，例如：10
ss	顯示時間的秒數，例如：30
dddd	顯示是星期幾，例如：星期二

在【ch3-2-1】桌面流程（流程檔：ch3-2-1.txt）共有 4 個步驟的動作，首先取得目前的日期時間後，使用 3 個【將日期時間轉換為文字】動作來顯示 3 種格式的日期 / 時間資料，如下圖所示：

- 1：【日期時間 > 取得目前日期與時間】動作可以取得目前的日期時間儲存至 CurrentDateTime 變數，在【擷取】欄可以選【目前的日期時間】，或【僅日期】，【時區】欄設定所在時區，預設是系統時區，如下圖所示：

- **2~3**：2 個【文字 > 將日期時間轉換為文字】動作是使用【標準】格式來轉換 CurrentDateTime 變數成為文字，步驟 2 是【簡短日期】格式；步驟 3 是【完整日期時間 (完整時間)】格式，以步驟 2 為例，如下圖所示：

要轉換的日期時間:	%CurrentDateTime%	{x} ⓘ
要使用的格式:	標準	⌄ ⓘ
標準格式:	簡短日期	⌄ ⓘ
樣本	2020/5/19	

> **變數已產生** FormattedDateTime

- **4**：【文字 > 將日期時間轉換為文字】動作是使用【自訂】格式來轉換 CurrentDateTime 變數成為文字，在【自訂格式】欄就是使用之前的格式字元建立的格式字串，如下圖所示：

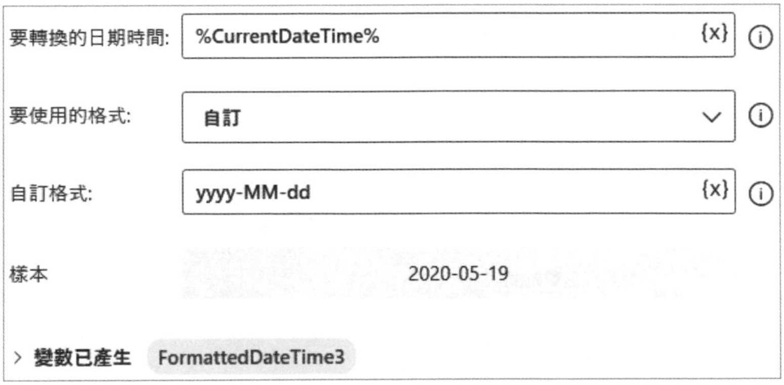

要轉換的日期時間:	%CurrentDateTime%	{x} ⓘ
要使用的格式:	自訂	⌄ ⓘ
自訂格式:	yyyy-MM-dd	{x} ⓘ
樣本	2020-05-19	

> **變數已產生** FormattedDateTime3

上述桌面流程的執行結果，可以在「變數」窗格檢視流程變數的值，FormattedDateTime 是簡短日期；FormattedDateTime2 是完整日期時間；FormattedDateTime3 是自訂日期格式，如下圖所示：

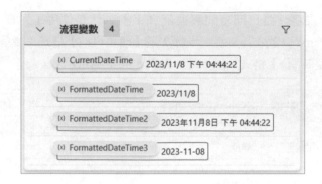

3-2-2 建立延遲指定秒數的條件迴圈

雖然 Power Automate 在【流程控制】分類下已經有提供【等候】動作來暫停指定秒數，不過，我們仍然可以自行使用【日期時間】分類的動作，配合迴圈來建立延遲指定秒數的條件迴圈。

我們準備建立【ch3-2-2】桌面流程（流程檔：ch3-2-2.txt），此流程共有 7 個步驟的動作，可以使用日期時間動作和條件迴圈來建立延遲指定秒數的桌面流程，如下圖所示：

- 1：【變數 > 設定變數】動作是指定變數 DelayTime 的值是 10，即延遲 10 秒。

- 2：【日期時間 > 取得目前日期與時間】動作可以取得目前的系統日期與時間儲存至 CurrentDateTime 變數，在【擷取】欄選【目前日期與時間】，【時區】欄設定所在的時區，如下圖所示：

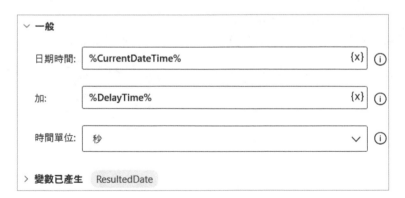

- 3：【日期時間 > 加入至日期時間】動作是用來調整日期 / 時間後，儲存至 ResultedDate 變數，在【日期時間】欄是欲調整的日期 / 時間，以此例就是 CurrentDateTime 變數值，【加】欄是增加值，DelayTime 變數的值 10，即增加 10 個單位，單位是在【時間單位】欄指定，可以是年、月份、天、小時、分鐘和秒，如下圖所示：

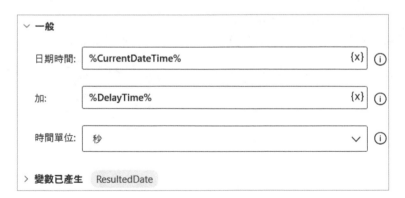

- 4~7：【迴圈 > 迴圈條件】動作可以建立條件迴圈，當條件成立就繼續執行迴圈區塊中的步驟 5~6，直到條件不成立為止，此迴圈的條件如下所示：

```
CurrentDateTime < ResultedDate
```

第一個運算元:	%CurrentDateTime%	{x} ⓘ
運算子:	小於 (<)	⌄ ⓘ
第二個運算元:	%ResultedDate%	{x} ⓘ

- 5:【日期時間 > 取得目前日期與時間】動作可以取得目前的系統日期與時間儲存至 CurrentDateTime 變數，每一次迴圈都可以取得最新的日期/時間來更新 CurrentDateTime 變數值，如下圖所示：

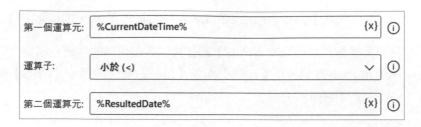

⌄ 一般		
擷取:	目前日期與時間	⌄ ⓘ
時區:	系統時區	⌄ ⓘ
⟩ 變數已產生	CurrentDateTime	

- 6:【日期時間 > 減去日期】動作可以計算【開始日期】欄和【減去日期】欄的時間差，然後儲存至 TimeDifference 變數，計算單位是【取得差異】欄，可以是天、小時、分鐘或秒，以此例是【秒】，其計算公式如下所示：

```
ResultedDate - CurrentDateTime
```

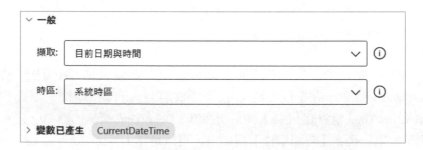

⌄ 一般		
開始日期:	%ResultedDate%	{x} ⓘ
減去日期:	%CurrentDateTime%	{x} ⓘ
取得差異:	秒	⌄ ⓘ
⟩ 變數已產生	TimeDifference	

上述桌面流程的執行結果，可以在「變數」窗格檢視整個流程執行過程的變數值，如下圖所示：

上述 TimeDifference 變數值是從約 10 秒逐漸減少至 0 秒，時間差因為流程本身執行每一動作都有延遲時間 100 毫秒，所有會產生一些誤差，等到 CurrentDateTime 變數值大於等於 ResultedDate 變數值時，就結束迴圈執行，其經過時間大約等於 DelayTime 變數值的 10 秒鐘。

3-3　實作案例：自動化依據副檔名來分類檔案

如果在資料夾下的檔案清單有多種副檔名，此時，我們可以建立 Power Automate 桌面流程來自動化分類資料夾下的檔案，例如：依據 .xlsx 和 .csv 副檔名，自動將檔案搬移至對應的 XLSX 和 CSV 子資料夾，並且更名加上今天日期。

首先請開啟 Windows 檔案總管，自行複製「ch03\ 教育訓練成績」目錄成為「ch03\test2」目錄，如右圖所示：

在上述目錄下共有 3 個 Excel 檔案和 3 個 CSV 檔案。在【ch3-3】桌面流程（流程檔：ch3-3.txt）共有 13 個動作，在步驟 1~8 取得目錄下的檔案清單後，使用 For each 迴圈走訪每一個檔案，在一一更名檔案且加上日期後，首先判斷是否是 .csv 檔案，如果是，就移動至 CSV 子目錄，如下圖所示：

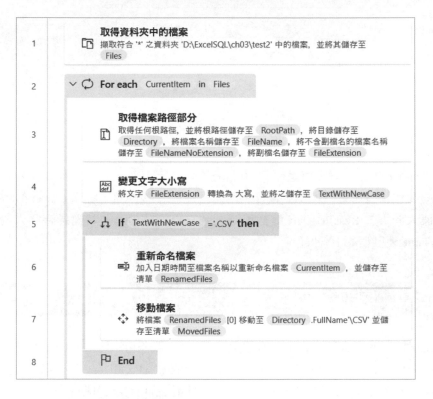

- **1**：【資料夾 > 取得資料夾中的檔案】動作是取得「D:\ExcelSQL\ch03\test2」路徑下的檔案清單儲存至 Files 變數。

- **2~13**：【迴圈 >For each 迴圈】動作的迴圈是走訪 Files 清單，在取出每一個 CurrentItem 項目變數的檔案後，即可取得副檔名和改為大寫，然後使用 2 個 If 動作來判斷是 CSV 或 Excel 檔案。

- **3**：【檔案 > 取得檔案路徑部分】動作可以取出【檔案路徑】欄的檔案資訊，即 RootPath 根路徑、Directory 目錄、FileName 檔案名稱、FileNameNoExtension 沒有副檔名的名稱和 FileExtension 副檔名，如右圖所示：

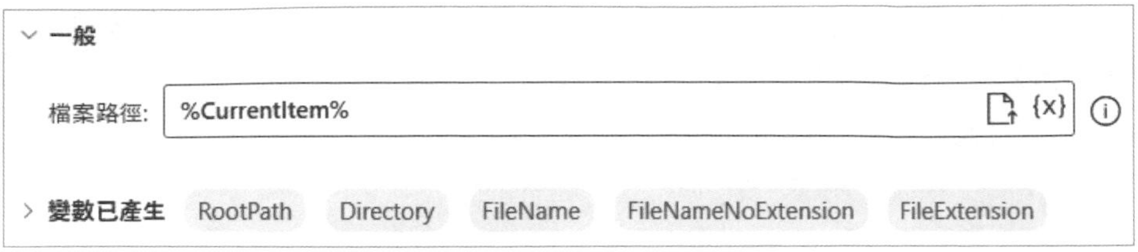

一般

檔案路徑：　%CurrentItem%

變數已產生　RootPath　　Directory　　FileName　　FileNameNoExtension　　FileExtension

- 4：【文字 > 變更文字大小寫】動作是將字串轉換成英文大寫或小寫，在【要轉換的文字】欄是副檔名的 FileExtension 變數，【轉換成】欄選【大寫】就是轉換成大寫，如下圖所示：

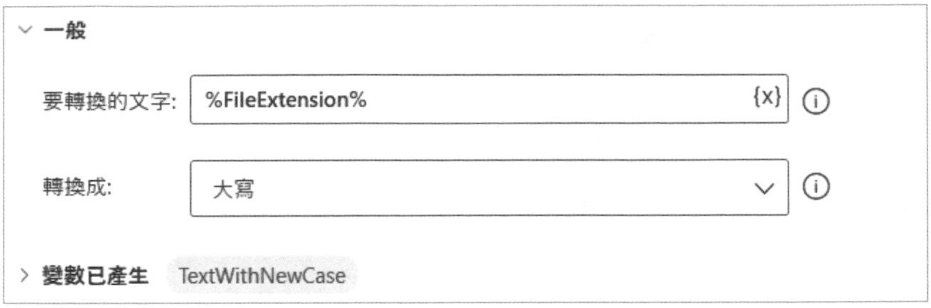

一般

要轉換的文字：　%FileExtension%

轉換成：　　　大寫

變數已產生　TextWithNewCase

- 5~8：【條件 >If】動作的單選條件，可以判斷副檔名是否等於 .CSV，如果等於，就更名和搬移至 CSV 子目錄，其條件如下圖所示：

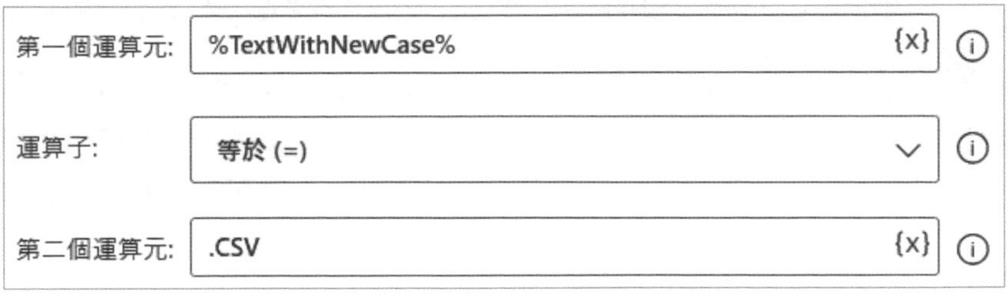

第一個運算元：　%TextWithNewCase%

運算子：　　　等於 (=)

第二個運算元：　.CSV

- 6：【檔案 > 重新命名檔案】動作是更名檔案，欲更名的檔案是 CurrentItem 變數值，在【重新命名配置】欄選【加入日期時間】後，即可在下方指定加入目前的日期 / 時間、位置在之後、分隔符號是底線、格式是 yyyyMMdd，和不處理存在的檔案。

- 7：【檔案 > 移動檔案】動作是搬移檔案至目的地的 CSV 子目錄，如果檔案存在就覆寫檔案。

在桌面流程的步驟 9~12 是分類 Excel 檔案，當副檔名等於 .XLSX 時，就更名和搬移至 XLSX 子目錄，如下圖所示：

上述桌面流程的執行結果，可以將 CSV 和 Excel 檔案分別搬移至與副檔名同名的子目錄，並且在檔名加上日期。

3-4 實作案例：自動化下載 CSV 檔案來匯入儲存至 Excel

因為目前有很多 Web 網站或政府單位的 Open Data 開放資料網站都提供直接下載資料的按鈕或超連結，除了自行手動下載資料外，我們只需找出下載的 URL 網址，就可以建立 Power Automate 桌面流程來自動下載 CSV 檔案，然後匯入儲存成 Excel 檔案。

💬 下載美國 Yahoo 的股票歷史資料

在美國 Yahoo 財經網站可以下載股票的歷史資料，例如：台積電，其 URL 網址，如下所示：

URL https://finance.yahoo.com/quote/2330.TW

上述網址最後的 2330 是台積電的股票代碼，.TW 是台灣股市，如右圖所示：

請在上述網頁選【Historical Data】標籤後，在下方左邊選擇時間範圍，右邊按【Apply】鈕顯示股票的歷史資料後，即可點選下方【Download Data】超連結，下載預設以股票名稱為名的 CSV 檔案。

請在【Download Data】超連結上，執行【右】鍵快顯功能表的【複製連接網址】命令，即可取得下載 CSV 檔案的 URL 網址，如下所示：

> **URL** https://query1.finance.yahoo.com/v7/finance/download/2330.TW?period1=16679
> 07893&period2=1699443893&interval=1d&events=history&includeAdjustedClose=true

💬 下載網路 CSV 檔案來匯入儲存成 Excel 檔案 | ch3-4.txt

在【ch3-3】桌面流程共有 8 個步驟的動作，可以下載網路的 CSV 檔案來匯入儲存成 Excel 檔案，在第一部分的步驟 1~3 是從網路下載 CSV 檔案，如下圖所示：

1	↓	**從 Web 下載** 從 'https://query1.finance.yahoo.com/v7/finance/download/2330.TW?period1=1667907893&period2=1699443893&interval=1d&events=history&includeAdjustedClose=true' 下載檔案，並將其儲存至 'D:\ExcelSQL\ch03\2330TW.csv'
2	⧗	**等候檔案** 等候檔案 'D:\ExcelSQL\ch03\2330TW.csv' 完成建立
3	Aa	**從 CSV 檔案讀取** 從檔案 'D:\ExcelSQL\ch03\2330TW.csv' 載入 CSV 資料表至 CSVTable

■ 1：【HTTP> 從 Web 下載】動作可以使用 HTTP 通訊協定以 URL 網址來下載檔案，如同瀏覽器瀏覽網頁一般，其下載資料是儲存在 DownloadedFile 變數，在【URL】欄位是取得的下載網址，【方法】是【GET】請求，在【儲存回應】欄選【儲存至磁碟 (適用於檔案)】下載檔案，【檔案名稱】欄選指定完整路徑，即可在【目的地檔案路徑】欄指定下載檔案的完整路徑，如下圖所示：

■ 2：【檔案 > 等候檔案】動作是等候檔案直到檔案已經建立或刪除，在【等候檔案完成】欄是完成條件，檔案建立是選【建立日期】；檔案刪除是選【已刪除】，【檔案路徑】欄就是等待的檔案，以此例是等待下載 CSV 檔案的建立，即完成檔案下載，如下圖所示：

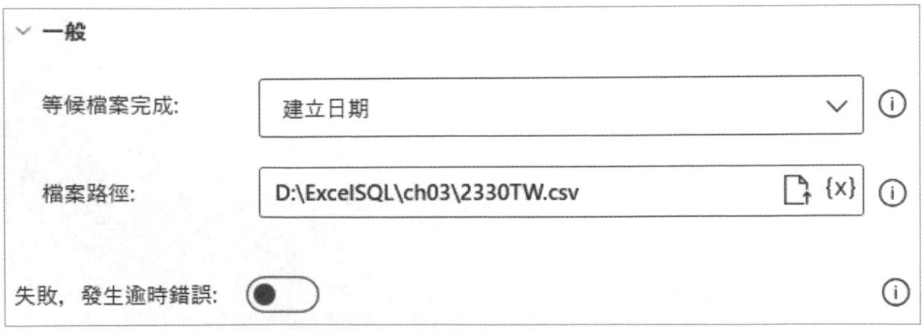

■ 3：【檔案 > 從 CSV 檔案讀取】動作是讀取下載的 CSV 檔案內容成為 CSVTable 變數的表格資料，然後在之後存入 Excel 工作表。

在步驟 4~8 的第二部分是將 CSVTable 變數寫入 Excel 檔案，如下所示：

■ 4：【Excel> 啟動 Excel】動作可以啟動 Excel 開啟存在或建立空白的活頁簿，在 【啟動 Excel】欄選【空白文件】是建立空白活頁簿，ExcelInstance 變數值就是 Excel 軟體的執行個體，如下圖所示：

■ 5：【Excel> 寫入 Excel 工作表】動作可以將讀取的 CSV 資料寫入 Excel 工作表，在【要寫入的值】欄就是之前讀取 CSV 資料的 CSVTable 變數，因為是空白活頁簿，【寫入模式】欄請選【於目前使用中儲存格】，如下圖所示：

Excel 執行個體:	%ExcelInstance%	
要寫入的值:	%CSVTable%	{x}
寫入模式:	於目前使用中儲存格	

■ 6：【Excel> 關閉 Excel】動作是關閉 Excel，在關閉前可以指定是否儲存 Excel 檔案，請在【在關閉 Excel 之前】欄選【儲存文件】，在儲存檔案後再關閉 Excel。

■ 7：【檔案 > 移動檔案】動作是移動流程建立的 Excel 檔案，因為步驟 4 是開啟空白活頁簿，預設是儲存在登入使用者的「文件」目錄，檔名是【活頁簿 1.xlsx】，在【要移動的檔案】欄的路徑中，hueya 是使用者名稱，請自行修改成你的使用

者名稱,【目的地資料夾】欄是搬移的目的地路徑,如果檔案存在就覆寫,如下圖所示:

■ 8:【檔案 > 重新命名檔案】動作是將搬移至「D:\ExcelSQL\ch03」資料夾的【活頁簿 1.xlsx】檔案改名成為【2330TW.xlsx】,如下圖所示:

上述桌面流程的執行結果,可以在「D:\ExcelSQL\ch03」資料夾看到從網路下載的 CSV 檔案 2330TW.csv,和將 CSV 檔案儲存成的 Excel 檔案:2330TW.xlsx。

CHAPTER 04

使用 ChatGPT 學習 Python 程式設計

4-1 Python 變數、資料型別與運算子

Python 是 Guido Van Rossum 開發的程式語言，這是一種優雅語法和高可讀性程式碼的程式語言，可以開發 GUI 視窗程式、Web 應用程式、系統管理工作、財務分析和大數據資料分析等各種不同應用程式。Python 語言分成 2 和 3 版，在本書是使用 Python 3 語言。

4-1-1 使用 Python 變數

變數（Variables）是用來儲存程式執行期間的暫存資料，變數值就是指定資料型別（Data Types）的資料，例如：整數、浮點數、布林和字串值等。

Python 的變數並不需要預先宣告，只需指定變數值，就可以馬上建立變數，請注意！ Python 變數在使用前一定需要指定初值（Python 程式：ch4-1-1.py），如下所示：

```
grade = 76
height = 175.5
weight = 75.5
```

上述程式碼建立整數變數 grade，因為初值是整數，同理，變數 height 和 weight 是浮點數（因為初值 175.5 和 75.5 有小數點），然後可以馬上使用 3 個 print() 函數來顯示這 3 個變數值，如下所示：

```
print("成績 = " + str(grade))
print("身高 = " + str(height))
print("體重 = " + str(weight))
```

上述 print() 函數使用 str() 函數將整數和浮點數變數轉換成字串，「+」號是字串連接運算子，在連接字串字面值和轉換成字串的變數值後，輸出 3 個變數值。另一種方式是使用「,」號分隔，此時就不需要使用 str() 函數來轉換型別，因為 print() 函數會自動轉換各參數的型別，如下所示：

```
print("成績 =", grade)
print("身高 =", height)
print("體重 =", weight)
```

▍4-1-2　Python 運算子

Python 程式需要使用運算子和變數建立運算式來執行所需的運算，以便得到程式所需的執行結果。

Python 提供算術（Arithmetic）、指定（Assignment）、位元（Bitwise）、關係（Relational）和邏輯（Logical）運算子。其預設優先順序（愈上面愈優先），如下表所示：

運算子	說明
()	括號運算子
**	指數運算子
~	位元運算子 NOT
+、-	正號、負號
*、/、//、%	算術運算子的乘法、除法、整數除法和餘數

運算子	說明
+、-	算術運算子加法和減法
<<、>>	位元運算子左移和右移
&	位元運算子 AND
^	位元運算子 XOR
|	位元運算子 OR
in、not in、is、is not、<、<=、>、>=、<>、!=、==	成員、識別和關係運算子小於、小於等於、大於、大於等於、不等於和等於
not	邏輯運算子 NOT
and	邏輯運算子 AND
or	邏輯運算子 OR

Python 運算式的多個運算子如果擁有相同的優先順序時，如下所示：

```
3 + 4 - 2
```

上述運算式的「+」和「-」運算子擁有相同優先順序，此時的運算順序是從左至右依序的進行運算，即先運算 3+4=7，然後再運算 7-2=5。請注意！Python 多重指定運算式是例外，如下所示：

```
a = b = c = 25
```

上述多重指定運算式是從右至左，先執行 c = 25，然後才是 b = c 和 a = b（所以變數 a、b 和 c 的值都是 25）。

▌4-1-3 基本資料型別

Python 的資料型別分為基本型別，和容器型別的串列、字典和元組等，在這一節是基本資料型別的整數、浮點數、布林和字串，容器型別的說明請參閱第 4-4 節。

💬 整數（Integers）

整數資料型別是指變數儲存資料是整數值，沒有小數點，其資料長度可以是任何長度，視記憶體空間而定。例如：一些整數值範例，如下所示：

```
a = 1
b = 100
c = 122
d = 56789
```

Python 變數當指定成整數值後，就可以使用變數來執行相關運算（Python 程式：ch4-1-3.py），如下所示：

```
x = 5
print(type(x)) # 顯示 "<class 'int'>"
print(x)        # 顯示 "5"
print(x + 1)    # 加法: 顯示 "6"
print(x - 1)    # 減法: 顯示 "4"
print(x * 2)    # 乘法: 顯示 "10"
print(x / 2)    # 除法: 顯示 "2.5"
print(x // 2)   # 整數除法: 顯示 "2"
print(x % 2)    # 餘數: 顯示 "1"
print(x ** 2)   # 指數: 顯示 "25"
x += 1
print(x)  # 顯示 "6"
x *= 2
print(x)  # 顯示 "12"
```

上述程式碼指定變數 x 值是整數 5 後，依序使用 type(x) 顯示資料型別、執行加法、減法、乘法、除法、整數除法、餘數和指數運算，最後 2 個 x += 1 和 x *= 2 是運算式的簡化寫法，其簡化的運算式如下所示：

```
x = x + 1
x = x * 2
```

💬 浮點數（Floats）

浮點數資料型別是指變數儲存的是整數加上小數，其精確度可以達小數點下 15 位，基本上，整數和浮點數的差異在是否有小數點，5 是整數；5.0 是浮點數，例如：一些浮點數值的範例，如下所示：

```
e = 1.0
f = 55.22
```

Python 浮點數的精確度只到小數點下 15 位。同樣的，Python 變數可以指定成浮點
數值後，使用變數來執行相關運算（Python 程式：ch4-1-3a.py），如下所示：

```
y = 2.5
print(type(y)) # 顯示 "<class 'float'>"
print(y, y + 1, y * 2, y ** 2) # 顯示 "2.5 3.5 5.0 6.25"
```

上述程式碼指定變數 y 的值是 2.5 後，顯示資料型別和執行數學運算。

💬 布林（Booleans）

Python 語言的布林（Boolean）資料型別是使用 True 和 False 關鍵字來表示，如下
所示：

```
x = True
y = False
```

除了使用 True 和 False 關鍵字外，下列變數值也視為 False，如下所示：

- **0、0.0**：整數值 0 或浮點數值 0.0。

- **[]、()、{}**：容器型別的空串列、空元組和空字典。

- **None**：關鍵字 None。

在實作上，當運算式使用關係運算子（==、!=、<、>、<=、>=）或邏輯運算子
（not、and、or）時，其運算結果是布林值。例如：邏輯運算子（Python 程式：ch4-
1-3b.py），如下所示：

```
a = True
b = False
print(type(a)) # 顯示 "<class 'bool'>"
print(a and b) # 邏輯AND: 顯示 "False"
print(a or b)  # 邏輯OR: 顯示"True"
print(not a)   # 邏輯NOT: 顯示 "False"
```

上述程式碼指定變數是布林值後，依序執行 AND、OR 和 NOT 運算。然後是 2 個變數比較的關係運算子（Python 程式：ch4-1-3c.py），如下所示：

```
a = 3
b = 4
print(a == b)  # 相等: 顯示 "False"
print(a != b)  # 不等: 顯示 "True"
print(a > b)   # 大於: 顯示 "False"
print(a >= b)  # 大於等於: 顯示 "False"
print(a < b)   # 小於: 顯示 "True"
print(a <= b)  # 小於等於: 顯示 "True"
```

💬 字串（Strings）

Python 字串（Strings）並不允許更改字串內容，所有字串變更都是建立全新的字串。字串是使用「'」單引號或「"」雙引號括起的一序列 Unicode 字元，如下所示：

```
s1 = "學習Python程式設計"
s2 = 'Hello World!'
```

上述 s1 和 s2 變數就是字串資料型別，如果字串需要跨過多行，我們可以建立多行字串（Multiline String）或稱三重引號字串，例如：在第 8 章建立的 SQL 指令字串，如下所示：

```
sql = """SELECT *
        FROM [產品$]
        WHERE 入庫日期 = #2023-01-25#;
     """
```

上述字串的前後是使用 3 個「"」雙引號或 3 個「'」單引號括起，如此字串內容就可以跨多行來建立多行字串。因為 Python 並沒有字元型別，當引號括起的字串只有 1 個時，就可視為是字元，如下所示：

```
ch1 = "A"
ch2 = 'b'
```

上述 ch1 和 ch2 變數的值是字元。當在 Python 程式建立字串後,我們可以顯示字串、計算字串長度、連接 2 個字串和格式化顯示字串內容(Python 程式:ch4-1-3d. py),如下所示:

```python
str1 = 'hello'              # 使用單引號建立字串
str2 = "python"             # 使用雙引號建立字串
print(str1)                 # 顯示 "hello"
print(len(str1))            # 字串長度:顯示 "5"
str3 = str1 + ' ' + str2    # 字串連接
print(str3)                 # 顯示 "hello python"
str4 = '%s %s %d' % (str1, str2, 12)  # 格式化字串
print(str4)                 # 顯示 "hello python 12"
```

上述程式碼建立字串變數 str1 和 str2 後,使用 print() 函數顯示字串內容,len() 函數計算字串有幾個英文或中文字元,我們可以使用加法「+」來連接字串,或使用類似 C 語言 printf() 函數的格式字串來建立字串內容,格式字元「%s」是字串;「%d」是整數;「%f」是浮點數(Python 程式:ch4-1-3e.py),如下所示:

```python
s = "world"
print("hello %s" % s)        # 輸出字串: "hello world"
num = 10
print("分數: %d" % num)       # 輸出整數: 分數: 10
print('hello {}, {:d}'.format(s, num)) # 輸出: hello world, 10
```

上述程式碼的最後是使用 format() 函數建立格式化字串。Python 字串物件提供一些方法來處理字串(Python 程式:ch4-1-3f.py),如下所示:

```python
s = "hello"
print(s.capitalize())        # 第1個字元大寫:顯示 "Hello"
print(s.upper())             # 轉成大寫:顯示 "HELLO"
print(s.rjust(7))            # 右邊填空白字元:顯示 "  hello"
print(s.center(7))           # 置中顯示:顯示 " hello "
print(s.replace('l', 'L'))   # 取代字串:顯示 "heLLo"
print('  python  '.strip())  # 刪除空白字元:顯示 "python"
```

4-2 流程控制

Python 流程控制可以配合條件運算式的條件來執行不同程式區塊（Blocks），或重複執行程式區塊的程式碼。流程控制分為兩種，如下所示：

- **條件控制**：條件控制是選擇題，分為單選、二選一或多選一，依照條件運算式的結果決定執行哪一個程式區塊的程式碼。

- **迴圈控制**：迴圈控制是重複執行程式區塊的程式碼，擁有一個結束條件可以結束迴圈的執行。

Python 程式區塊是程式碼縮排相同數量的空白字元，一般是使用 4 個空白字元，相同縮排的程式碼屬於同一個程式區塊。

4-2-1 條件控制

Python 的條件控制敘述是使用條件運算式，配合程式區塊建立的決策敘述，可以分為三種：單選（if）、二選一（if/else）或多選一（if/elif/else）。

💬 if 單選條件敘述

if 條件敘述是一種是否執行的單選題，只是決定是否執行程式區塊內的程式碼，如果條件運算式的結果為 True，就執行程式區塊的程式碼。例如：判斷氣溫決定是否加件外套的 if 條件敘述（Python 程式：ch4-2-1.py），如下所示：

```
t = int(input("請輸入氣溫 => "))
if t < 20:
    print("加件外套!")
print("今天氣溫 = " + str(t))
```

上述程式碼使用 input() 函數輸入字串後，呼叫 int() 函數轉換成整數值，當 if 條件敘述的條件成立，才執行縮排的程式敘述。更進一步，可以活用邏輯運算式，當氣溫在 20~22 度之間時，顯示「加一件簿外套！」訊息文字，如右所示：

```
if t >= 20 and t <= 22:
    print("加一件薄外套!")
```

💬 if/else 二選一條件敘述

單純 if 條件只能選擇執行或不執行程式區塊的單選題，更進一步，如果是排它情況的兩個執行區塊，只能二選一，我們可以加上 else 關鍵字，依條件決定執行哪一個程式區塊。例如：學生成績以 60 分區分是否及格的 if/else 條件敘述（Python 程式：ch4-2-1a.py），如下所示：

```
s = int(input("請輸入成績 => "))
if s >= 60:
    print("成績及格!")
else:
    print("成績不及格!")
```

上述程式碼因為成績有排它性，60 分以上是及格分數，60 分以下是不及格。

💬 if/elif/else 多選一條件敘述

Python 多選一條件敘述是 if/else 條件的擴充，在之中新增 elif 關鍵字來新增一個條件判斷，就可以建立多選一條件敘述，在輸入時，別忘了輸入在條件運算式和 else 之後的「:」冒號。

例如：輸入年齡值來判斷不同範圍的年齡，小於 13 歲是兒童；小於 20 歲是青少年；大於等於 20 歲是成年人，因為條件不只一個，所以需要使用多選一條件敘述（Python 程式：ch4-2-1b.py），如下所示：

```
a = int(input("請輸入年齡 => "))
if a < 13:
    print("兒童")
elif a < 20:
    print("青少年")
else:
    print("成年人")
```

上述 if/elif/else 多選一條件敘述從上而下如同階梯一般,一次判斷一個 if 條件,如果為 True,就執行程式區塊,並且結束整個多選一條件敘述;如果為 False,就進行下一次判斷。

💬 單行條件敘述

Python 並沒有支援條件運算式(Conditional Expressions),不過,我們可以使用單行 if/else 條件敘述來代替,其語法如下所示:

```
變數 = 變數1 if 條件運算式 else 變數2
```

上述指定敘述的「=」號右邊是單行 if/else 條件敘述,如果條件成立,就將變數指定成變數 1 的值;否則指定成變數 2 的值。例如:12/24 制的時間轉換運算式(Python 程式:ch4-2-1c.py),如下所示:

```
h = h-12 if h >= 12 else h
```

上述程式碼開始是條件成立指定的變數值或運算式,接著是 if 加上條件運算式,最後 else 之後是不成立,所以,當條件為 True,h 變數值為 h-12;False 是 h。

▎4-2-2 迴圈控制

Python 的迴圈控制敘述提供 for 計數迴圈(Counting Loop),和 while 條件迴圈。

💬 for 計數迴圈

在 for 迴圈的程式敘述中擁有計數器變數,計數器可以每次增加或減少一個值,直到迴圈結束條件成立為止。基本上,如果已經知道需要重複執行幾次,就可以使用 for 計數迴圈來重複執行程式區塊。

例如:在輸入最大值後,計算從 1 加至最大值的總和(Python 程式:ch4-2-2.py),如下所示:

```
m = int(input("請輸入最大值 =>"))
s = 0
```

```
for i in range(1, m + 1):
    s = s + i
print("總和 = " + str(s))
```

上述 for 計數迴圈需要使用內建 range() 函數，此函數的範圍不包含第 2 個參數本身，所以，1~m 範圍是 range(1, m + 1)。

💬 for 迴圈與 range() 函數

Python 的 for 計數迴圈需要使用 range() 函數來產生指定範圍的計數值，這是 Python 內建函數，可以有 1、2 和 3 個參數，如下所示：

- **擁有 1 個參數的 range() 函數**：此參數是終止值（不包含終止值），預設的起始值是 0，如下表所示：

range() 函數	整數值範圍
range(5)	0 ~ 4
range(10)	0 ~ 9
range(11)	0 ~ 10

例如：建立計數迴圈顯示值 0~4，如下所示：

```
for i in range(5):
    print("range(5)的值 = " + str(i))
```

- **擁有 2 個參數的 range() 函數**：第 1 參數是起始值，第 2 個參數是終止值（不包含終止值），如下表所示：

range() 函數	整數值範圍
range(1, 5)	1 ~ 4
range(1. 10)	1 ~ 9
range(1, 11)	1 ~ 10

例如：建立計數迴圈顯示值 1~4，如下所示：

```
for i in range(1, 5):
    print("range(1,5)的值 = " + str(i))
```

■ 擁有 **3 個參數的 range()** 函數：第 1 參數是起始值，第 2 個參數是終止值（不包含終止值），第 3 個參數是間隔值，如下表所示：

range() 函數	整數值範圍
range(1, 11, 2)	1、3、5、7、9
range(1, 11, 3)	1、4、7、10
range(1, 11, 4)	1、5、9
range(0, -10, -1)	0、-1、-2、-3、-4…-7、-8、-9
range(0, -10, -2)	0、-2、-4、-6、-8

例如：建立計數迴圈從 1~10 顯示奇數值，如下所示：

```
for i in range(1, 11, 2):
    print("range(1,11,2)的值 = " + str(i))
```

💬 **while 條件迴圈**

while 迴圈敘述需要在程式區塊自行處理計數器變數的增減，迴圈是在程式區塊開頭檢查條件，條件成立才允許進入迴圈執行。例如：使用 while 迴圈計算階層函數值（Python 程式：ch4-2-2a.py），如下所示：

```
m = int(input("請輸入階層數 =>"))
r = 1
n = 1
while n <= m:
    r = r * n
    n = n + 1
print("階層值! = " + str(r))
```

上述 while 迴圈的執行次數是直到條件 False 為止，假設 m 輸入 5，就是計算 5! 的值，變數 n 是計數器變數。如果符合 n <= 5 條件，就進入迴圈執行程式區塊，迴圈結束條件是 n > 5，在程式區塊不要忘了更新計數器變數 n = n + 1。

4-3 函數、模組與套件

Python「函數」（Functions）是一個獨立程式單元，可以將大工作分割成一個個小型工作，我們可以重複使用之前已經建立的函數，或是直接呼叫 Python 內建函數。

Python 之所以有強大功能，就是因為擁有眾多標準和網路上現成的模組（Modules）與套件（Packages）來擴充程式功能，我們可以匯入 Python 模組與套件來馬上使用其提供的功能。

4-3-1 函數

函數名稱如同變數是一種識別字，其命名方式和變數相同，程式設計者需要自行命名，在函數的程式區塊中，可以使用 return 關鍵字回傳函數值，和結束函數執行，函數參數（Parameters）列是使用介面，在呼叫時，我們需要傳入對應的引數（Arguments）。

💬 定義函數

在 Python 程式建立沒有參數列和傳回值的 print_msg() 函數（Python 程式：ch4-3-1. py），如下所示：

```python
def print_msg():
    print("歡迎學習Python程式設計!")
```

上述函數名稱是 print_msg，在名稱後的括號定義傳入的參數列，如果函數沒有參數，就是空括號，在空括號後不要忘了輸入「:」冒號。

Python 函數如果有傳回值，我們需要使用 return 關鍵字來回傳值。例如：判斷參數值是否在指定範圍的 is_valid_num() 函數，如下所示：

```python
def is_valid_num(no):
    if no >= 0 and no <= 200.0:
        return True
```

```
    else:
        return False
```

上述函數使用 2 個 return 關鍵字來回傳值，回傳 True 表示合法；False 為不合法。再來是一個執行運算的 convert_to_f() 函數，如下所示：

```
def convert_to_f(c):
    f = (9.0 * c) / 5.0 + 32.0
    return f
```

上述函數使用 return 關鍵字回傳函數的執行結果，即運算式的運算結果。

💬 函數呼叫

Python 程式碼呼叫函數是使用函數名稱加上括號中的引數列。因為 print_msg() 函數沒有傳回值和參數列，呼叫函數只需使用函數名稱加上空括號，如下所示：

```
print_msg()
```

函數如果擁有傳回值，在呼叫時可以使用指定敘述來取得回傳值，如下所示：

```
f = convert_to_f(c)
```

上述程式碼的變數 f 可以取得 convert_to_f() 函數的回傳值。如果函數回傳值為 True 或 False，例如：is_valid_num() 函數，我們可以在 if 條件敘述呼叫函數作為判斷條件，如下所示：

```
if is_valid_num(c):
    print("合法!")
else:
    print("不合法")
```

上述條件使用函數回傳值作為判斷條件，可以顯示變數值 c 是否合法。

▌4-3-2 使用 Python 模組與套件

Python 模組是單一 Python 程式檔案,即副檔名 .py 的檔案,套件是一個目錄,內含多個模組的集合,而且在根目錄包含 Python 檔案 __init__.py。

💬 匯入模組或套件

Python 程式是使用 import 關鍵字匯入模組或套件,例如:匯入名為 random 的模組,然後呼叫此模組的函數或物件的方法(即物件的函數)來產生亂數值(Python 程式:ch4-3-2.py),如下所示:

```
import random
```

上述程式碼匯入名為 random 的模組後,可以呼叫物件的 randint() 方法,產生指定範圍之間的整數亂數值,如下所示:

```
target = random.randint(1, 100)
```

上述程式碼產生 1~100 之間的整數亂數值。

💬 模組或套件的別名

在 Python 程式檔匯入模組或套件,除了使用模組或套件名稱來呼叫函數,我們也可以使用 as 關鍵字替模組取一個別名,然後使用別名來呼叫方法(Python 程式:ch4-3-2a.py),如下所示:

```
import random as R
```

```
target = R.randint(1, 100)
```

上述程式碼在匯入 random 模組時,使用 as 關鍵字取了別名 R,所以,我們可以使用別名 R 來呼叫 randint() 方法。

💬 匯入模組或套件的部分名稱

當 Python 程式使用 import 關鍵字匯入模組後,匯入的模組預設是全部內容,在實務上,我們可能只需模組的 1 或 2 個函數或物件,此時請使用 form/import 程式敘述匯入模組的部分名稱。

例如:在 Python 程式只匯入 random 模組的 randint 方法(Python 程式:ch4-3-2b.py),如下所示:

```
from random import randint
```

上述程式碼匯入 randint() 方法後,就可以直接呼叫此方法,如下所示:

```
target = randint(1, 100)
print("1~100亂數值:", target)
```

請注意! form/import 程式敘述匯入的變數、函數或物件是匯入到目前的程式檔案,成為目前程式檔案的範圍,所以在使用時並不需要使用模組名稱來指定所屬的模組,直接使用 randint() 即可。

4-4 容器型別

Python 支援的容器型別有:串列、字典和元組等,容器型別如同是一個放東西的盒子,我們可以將項目或元素的東西丟到盒子中來儲存,而不用考量記憶體空間的問題。

▎4-4-1 串列

串列(Lists)類似其他程式語言的陣列(Arrays),中文譯名有清單、串列和列表等。不同於字串不能更改,串列允許更改(Mutable)內容,可以新增、刪除、插入和更改串列項目(Items)。

💬 串列的基本使用

Python 串列是使用「[]」方括號括起的多個項目，每一個項目使用「,」逗號分隔（Python 程式：ch4-4-1.py），如下所示：

```
ls = [6, 4, 5]          # 建立串列
print(ls, ls[2])        # 顯示 "[6, 4, 5] 5"
print(ls[-1])           # 負索引從最後開始：顯示 "5"
ls[2] = "py"            # 指定字串型別的項目
print(ls)               # 顯示 "[6, 4, 'py']"
ls.append("bar")        # 新增項目
print(ls)               # 顯示 "[6, 4, 'py', 'bar']"
ele = ls.pop()          # 取出最後項目
print(ele, ls)          # 顯示 "bar [6, 4, 'py']"
```

上述程式碼首先建立 3 個項目的串列 ls，然後使用索引取出第 3 個項目（索引從 0 開始），負索引 -1 是指最後 1 個，在更改串列項目成字串 "py" 後，再使用 append() 方法在最後新增項目，pop() 方法可以取出最後 1 個項目。

💬 切割串列

Python 串列可以在「[]」方括號中使用「:」符號的語法，即指定開始和結束來切割出子串列（Python 程式：ch4-4-1a.py），如下所示：

```
nums = list(range(5))   # 建立一序列的整數串列
print(nums)             # 顯示 "[0, 1, 2, 3, 4]"
print(nums[2:4])        # 切割索引2~4(不含4)：顯示 "[2, 3]"
print(nums[2:])         # 切割索引從2至最後：顯示 "[2, 3, 4]"
print(nums[:2])         # 切割從開始至索引2(不含2)：顯示 "[0, 1]"
print(nums[:])          # 切割整個串列：顯示 "[0, 1, 2, 3, 4]"
print(nums[:-1])        # 使用負索引切割：顯示 "[0, 1, 2, 3]"
nums[2:4] = [7, 8]      # 使用切割來指定子串列
print(nums)             # 顯示 "[0, 1, 7, 8, 4]"
```

💬 走訪串列

Python 程式可以使用 for 迴圈來走訪顯示串列的每一個項目（Python 程式：ch4-4-1b.py），如下所示：

```python
animals = ['cat', 'dog', 'bat']
for animal in animals:
    print(animal)
```

上述 for 迴圈一一取出串列每一個項目和顯示出來，其執行結果如右所示：

```
cat
dog
bat
```

如果需要顯示串列各項目的索引值，我們需要使用 **enumerate() 函數**（Python 程式：ch4-4-1c.py），如下所示：

```python
animals = ['cat', 'dog', 'bat']
for index, animal in enumerate(animals):
    print(index, animal)
```

上述 enumerate() 函數有 2 個回傳值，第 1 個 index 是索引值；第 2 個是項目值，其執行結果如右所示：

```
0 cat
1 dog
2 bat
```

💬 串列推導

串列推導（List Comprehension）是一種簡潔語法來建立串列，我們可以在「[]」方括號中使用 for 迴圈產生串列項目，如果需要，還可以加上 if 條件子句來篩選出所需的項目（Python 程式：ch4-4-1d.py），如下所示：

```python
list1 = [x for x in range(10)]
```

上述程式碼的第 1 個變數 x 是串列項目，這是使用之後 for 迴圈來產生項目，以此例是 0~9，可以建立串列：[0, 1, 2, 3, 4, 5, 6, 7, 8, 9]。在方括號第 1 個 x 是變數，也可以是運算式，例如：使用 x+1 產生項目，如下所示：

```python
list2 = [x+1 for x in range(10)]
```

上述程式碼可以建立串列：[1, 2, 3, 4, 5, 6, 7, 8, 9, 10]。在 for 迴圈後還可以加上 if 條件子句，例如：只顯示偶數項目，如下所示：

```python
list3 = [x for x in range(10) if x % 2 == 0]
```

上述程式碼在 for 迴圈後是 if 條件子句，可以判斷 x % 2 的餘數是否是 0，也就是只顯示值是 0 的項目，即偶數項目，可以建立串列：[0, 2, 4, 6, 8]。同樣可以使用運算式來產生項目，如下所示：

```python
list4 = [x*2 for x in range(10) if x % 2 == 0]
```

上述程式碼可以建立串列：[0, 4, 8, 12, 16]。

4-4-2 字典

字典（Dictionaries）是一種儲存鍵值資料的容器型別，可以使用鍵（Key）來取出和更改值（Value），或使用鍵來新增和刪除項目，對比其他程式語言，就是結合陣列（Associative Array）。

💬 字典的基本使用

Python 字典是使用大括號「{}」定義成對的鍵和值（Key-value Pairs），每一對使用「,」逗號分隔，其中的鍵和值是使用「:」冒號分隔（Python 程式：ch4-4-2.py），如下所示：

```python
d = {"cat": "white", "dog": "black"}   # 建立字典
print(d["cat"])          # 使用Key取得項目: 顯示 "white"
print("cat" in d)        # 是否有Key: 顯示 "True"
d["pig"] = "pink"        # 新增項目
print(d["pig"])          # 顯示 "pink"
print(d.get("monkey", "N/A"))   # 取出項目+預設值: 顯示 "N/A"
print(d.get("pig", "N/A"))      # 取出項目+預設值: 顯示 "pink"
del d["pig"]                    # 使用Key刪除項目
print(d.get("pig", "N/A"))      # "pig"不存在: 顯示 "N/A"
```

上述程式碼建立字典變數 d 後，使用鍵 "cat" 取出值，然後使用 in 運算子檢查是否有此鍵值，接著新增 "pig" 鍵值（如果鍵值不存在，就是新增項目）和顯示此鍵值，最後使用 get() 方法使用鍵來取出值，如果鍵值不存在，就回傳第 2 個參數的預設值，del 可以刪除項目。

💬 走訪字典

Python 程式一樣可以使用 for 迴圈以鍵來走訪字典的值（Python 程式：ch4-4-2a. py），如下所示：

```python
d = {"chicken": 2, "dog": 4, "cat": 4, "spider": 8}
for animal in d:
    legs = d[animal]
    print(animal, legs)
```

上述程式碼建立字典變數 d 後，使用 for 迴圈走訪字典的所有鍵，可以顯示各種動物有幾隻腳，其執行結果如右所示：

```
chicken 2
dog 4
cat 4
spider 8
```

如果需要同時走訪字典的鍵和值，請使用 items() 方法（Python 程式：ch4-4-2b. py），如下所示：

```python
d = {"chicken": 2, "dog": 4, "cat": 4, "spider": 8}
for animal, legs in d.items():
    print("動物: %s 有 %d 隻腳" % (animal, legs))
```

上述 for 迴圈走訪 d.items()，可以回傳鍵 animal 和值 legs，其執行結果如右所示：

```
動物: chicken 有 2 隻腳
動物: dog 有 4 隻腳
動物: cat 有 4 隻腳
動物: spider 有 8 隻腳
```

💬 字典推導

字典推導（Dictionary Comprehension）是一種簡潔語法來建立字典，可以在「{}」大括號中使用 for 迴圈產生字典項目，和加上 if 條件子句來篩選出所需的項目（Python 程式：ch4-4-2c.py），如下所示：

```
d1 = {x:x*x for x in range(10)}
```

上述程式碼的第 1 個 x:x*x 是字典項目，位在「:」前是鍵；之後是值，這是使用之後 for 迴圈產生項目，以此例是 0~9，可以建立字典：{0: 0, 1: 1, 2: 4, 3: 9, 4: 16, 5: 25, 6: 36, 7: 49, 8: 64, 9: 81}。

我們還可以在 for 迴圈後加上 if 條件子句，例如：只顯示奇數的項目，如下所示：

```
d2 = {x:x*x for x in range(10) if x % 2 == 1}
```

上述程式碼在 for 迴圈後是 if 條件子句，可以判斷 x % 2 的餘數是否是 1，也就是只顯示值是 1 的項目，即奇數項目，可以建立字典：{1: 1, 3: 9, 9: 81, 5: 25, 7: 49}。

4-4-3 元組

元組（Tuple）是一種類似串列的容器型別，事實上，元組就是一個唯讀串列，一旦指定元組的項目，就不再允許更改元組的項目內容。Python 元組是使用「()」括號來建立，每一個項目使用「,」逗號分隔（Python 程式：ch4-4-3.py），如下所示：

```
t = (5, 6, 7, 8)          # 建立元組
print(type(t))            # 顯示 "<class 'tuple'>"
print(t)                  # 顯示 "(5, 6, 7, 8)"
print(t[0])               # 顯示 "5"
print(t[1])               # 顯示 "6"
print(t[-1])              # 顯示 "8"
print(t[-2])              # 顯示 "7"
for ele in t:             # 走訪項目
    print(ele, end=" ")   # 顯示 "5, 6, 7, 8"
```

上述程式碼建立元組變數 t 後，顯示型別名稱，在顯示元組內容後，使用索引取出指定的項目，最後使用 for 迴圈走訪元組的項目。

4-5 ▶ 檔案處理

Python 提供檔案處理（File Handling）的內建函數，可以將資料寫入檔案，和讀取檔案的資料。

▍4-5-1 開啟檔案來寫入和新增資料

Python 程式是使用 open() 函數開啟檔案，close() 方法關閉檔案，因為同一 Python 程式可以開啟多個檔案，所以使用回傳的檔案物件（File Object），或稱檔案指標（File Pointer）來識別是不同的檔案。

💬 開啟檔案來寫入資料

Python 程式使用 open() 函數開啟檔案後，可以呼叫 write() 方法將參數字串寫入檔案（Python 程式：ch4-5-1.py），如下所示：

```
fp = open("temp\\note.txt", "w")
fp.write("陳會安\n")
fp.write("Python")
fp.write("程式設計\n")
fp.close()
```

上述 open() 函數的第 1 個參數是檔案名稱或檔案完整路徑（請注意！路徑「\」符號在 Windows 作業系統需要使用逸出字元「\\」），"temp\\note.txt" 是路徑「temp\note.txt」，第 2 個參數是檔案開啟的模式字串，支援的開啟模式字串說明，如下表所示：

模式字串	當開啟檔案已經存在	當開啟檔案不存在
r	開啟唯讀的檔案	產生錯誤
w	清除檔案內容後寫入	建立寫入檔案
a	開啟檔案從檔尾後開始寫入	建立寫入檔案
r+	開啟讀寫的檔案	產生錯誤
w+	清除檔案內容後讀寫內容	建立讀寫檔案
a+	開啟檔案從檔尾後開始讀寫	建立讀寫檔案

上表模式字串只需加上「+」符號，就表示增加檔案更新功能，所以「r+」成為可讀寫檔案。當成功開啟檔案後，呼叫 write() 方法將參數字串寫入檔案，請注意！write() 方法預設不會換行，如需換行，請自行在字串後加上新行字元，如下所示：

```
"陳會安\n"
```

最後執行 fp.close() 方法關閉檔案後，開啟「temp\note.txt」檔案，可以看到寫入的第 2 個字串沒有換行，所以第 2 和第 3 個字串是連在一起，如右圖所示：

💬 在檔案最後新增資料

如果想在檔案現有資料的最後新增資料，例如：在 "note.txt" 檔案最後再新增一名姓名資料，請使用 "a" 模式字串來開啟新增檔案（Python 程式：ch4-5-1a.py），如下所示：

```
fp = open("temp\\note.txt", "a")
fp.write("陳允傑\n")
fp.close()
```

4-5-2 讀取檔案內容

檔案物件提供多種方法來讀取檔案內容，我們可以一行一行讀，也可以一次就讀取檔案的全部內容。

💬 使用 readline() 方法讀取 1 行內容

檔案物件的 readline() 方法可以一次只讀取 1 行內容（Python 程式：ch4-5-2.py），如下所示：

```
fp = open("temp\\note.txt", "r")
str1 = fp.readline()
print(str1)
```

```
str2 = fp.readline()
print(str2)
fp.close()
```

上述程式碼讀取目前檔案指標至此行最後 1 個字元（含新行字元「\n」）的一行內容，每呼叫 1 次可以讀取 1 行。

💬 使用 readlines() 方法和 with/as 程式區塊

檔案物件的 readlines() 方法可以讀取檔案內容成為串列，每一行是一個項目，在實務上，Python 檔案處理需要自行呼叫 close() 方法來關閉檔案，如果擔心忘了執行事後清理工作，可以使用 with/as 程式區塊讀取檔案內容（Python 程式：ch4-5-2a.py），如下所示：

```
with open("temp\\note.txt", "r") as fp:
    lst1 = fp.readlines()
    print(lst1)
```

上述程式碼建立讀取檔案內容的程式區塊（不要忘了 fp 後的「:」冒號），當執行完程式區塊，就會自動關閉檔案，可以顯示檔案內容每一行的串列，如下所示：

> ['陳會安\n', 'Python程式設計\n', '陳允傑\n']

▌4-5-3 例外處理

當程式執行時偵測出的錯誤稱為例外（Exception），Python 例外處理（Exception Handling）是建立 try/except 程式區塊，以便當 Python 程式執行時產生例外時，能夠撰寫程式碼來進行處理。

Python 例外處理程式敘述分為 try 和 except 二個程式區塊，其基本語法，如下所示：

```
try:
    # 產生例外的程式碼
except <Exception Type>:
    # 例外處理
```

上述語法的程式區塊說明，如下所示：

- **try 程式區塊**：在 try 程式區塊的程式碼是用來檢查是否產生例外，當例外產生時，就丟出指定例外類型（Exception Type）的物件。

- **except 程式區塊**：當 try 程式區塊的程式碼丟出例外，需要準備一到多個 except 程式區塊來處理不同類型的例外。

例如：如果開啟檔案不存在，就會產生 FileNotFoundError 例外，Python 程式：ch4-5-3.py 可以使用 try/except 處理檔案不存在的例外，如下所示：

```python
try:
    fp = open("myfile.txt", "r")
    print(fp.read())
    fp.close()
except FileNotFoundError:
    print("錯誤: myfile.txt檔案不存在!")
```

上述 try 程式區塊開啟和關閉檔案，如果檔案不存在，open() 函數就會丟出 FileNotFoundError 例外，然後在 except 程式區塊進行例外處理（即錯誤處理），以此例是顯示錯誤訊息。

4-6 實作案例：使用 ChatGPT 學習 Python 程式設計

ChatGPT 是人工智慧技術的產物，其背後是名為 GPT 架構的大型語言模型，可以讓我們使用自然語言進行對話，回答我們提出的任何問題。在使用前，請先參閱附錄 A 註冊 OpenAI 帳戶來使用 ChatGPT。

ChatGPT 可以和我們使用自然語言進行對話，回答我們提出的任何問題，為了能夠得到正確的答案，我們需要正確地寫出要問的問題，稱為提示文字（Prompt，或稱為提示詞）。

基本上，ChatGPT 可以在多方面幫助我們學習程式設計和寫出 Python 程式碼，讓 ChatGPT 成為你的程式設計與學習幫手。

講解程式觀念與 Python 模組的使用

如果有一些 Python 程式觀念不是很清楚,就可以詢問 ChatGPT 來講解指定的
Python 程式觀念。詳細的問題描述(ch4-6_gpt.txt),如下所示:

Q 提問

請使用繁體中文,說明什麼是 Python 串列?

A 回答

🟢 **ChatGPT**

Python中的串列(List)是一種基本的資料結構,用來儲存一系列有序的元素。串列是
一種可變的、有序的、且可重複的資料結構,可以容納不同資料型別的元素,例如數
字、字串、甚至其他串列。

在Python中,你可以使用方括號([])來創建一個串列,並在其中放入元素,每個元素
之間使用逗號分隔。以下是一個簡單的示例:

```python
# 創建一個包含不同資料型別的串列
my_list = [1, 2, "Hello", 3.14, [4, 5]]

# 存取串列中的元素
print(my_list[0])     # 輸出:1
print(my_list[2])     # 輸出:"Hello"
print(my_list[-1])    # 輸出:[4, 5]
```

上述 ChatGPT 的回答詳細說明了什麼是 Python 串列,並且舉了一些簡單的程式碼
範例,和說明 Python 串列的操作。不過,因為 GPT 模型的訓練資料擁有大量簡體
中文,所以 ChatGPT 回答的中文內容常常會有很多大陸詞彙。

我們還可以詢問 ChatGPT 指定 Python 模組 / 套件的函數 / 方法使用,將 ChatGPT
當成 Python 語法查詢字典。詳細的問題描述(ch4-6a_gpt.txt),如右所示:

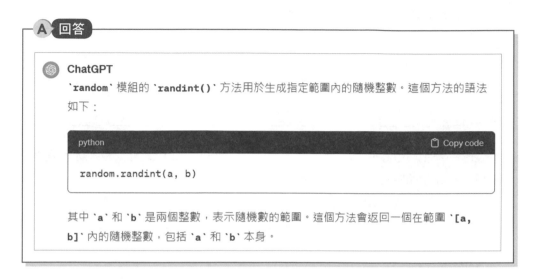

Q 提問

請問 random 模組的 randint() 方法需如何使用？

A 回答

> **ChatGPT**
>
> `random` 模組的 `randint()` 方法用於生成指定範圍內的隨機整數。這個方法的語法如下：
>
> ```python
> random.randint(a, b)
> ```
>
> 其中 `a` 和 `b` 是兩個整數，表示隨機數的範圍。這個方法會返回一個在範圍 `[a, b]` 內的隨機整數，包括 `a` 和 `b` 本身。

上述 ChatGPT 的回答除了說明模組方法的語法，還會舉出 Python 程式碼範例，如下圖所示：

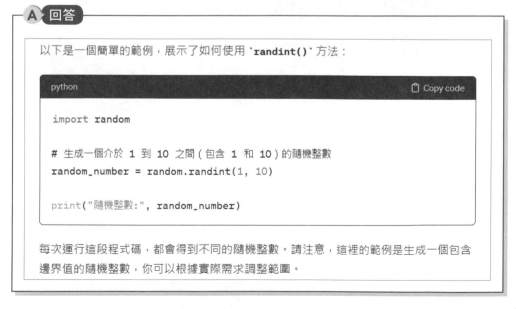

A 回答

> 以下是一個簡單的範例，展示了如何使用 `randint()` 方法：
>
> ```python
> import random
>
> # 生成一個介於 1 到 10 之間（包含 1 和 10）的隨機整數
> random_number = random.randint(1, 10)
>
> print("隨機整數:", random_number)
> ```
>
> 每次運行這段程式碼，都會得到不同的隨機整數。請注意，這裡的範例是生成一個包含邊界值的隨機整數，你可以根據實際需求調整範圍。

請點選程式框右上方的【Copy code】,將程式碼複製到剪貼簿,然後貼至 Thonny 儲存成為 ch4-6_gpt.py 檔案來測試執行。

💬 幫助我們寫出 Python 程式和函數

當你有一個想法,但是不知道 Python 程式碼要如何寫時,或不知道如何下手來寫這個程式時,都可以讓 ChatGPT 幫我們寫出一個範本程式,並且在交談過程中,一步一步修改成你希望的 Python 程式。詳細的問題描述(ch4-6b_gpt.txt),如下所示:

Q 提問

美金匯率是 1 美金等於 29.5 元台幣,請寫出一個 Python 程式可以輸入新台幣金額後,計算和顯示兌換的美金金額。

輸出格式:print("訊息文字", 變數值)

A 回答

ChatGPT
以下是一個簡單的 Python 程式,用於根據匯率將新台幣轉換為美金:

```python
# 定義匯率
exchange_rate = 29.5

# 接收用戶輸入的新台幣金額
ntd_amount = float(input("請輸入新台幣金額:"))

# 計算美金金額
usd_amount = ntd_amount / exchange_rate

# 顯示兌換結果
print("新台幣", ntd_amount, "元等於美金", usd_amount, "美元")
```

這個程式首先要求用戶輸入新台幣金額,然後使用預先定義的匯率將其轉換為美金金額。最後,它會顯示兌換的結果。請注意,這裡使用 `float()` 函數將輸入轉換為浮點數,以處理包含小數的金額。

前面 ChatGPT 回答的內容不只寫出完整可執行 Python 程式，而且還在程式碼後面進一步說明 Python 程式碼，請複製程式碼儲存成為 ch4-6a_gpt.py。

我們準備進一步將匯率轉換的程式碼建立成函數，所以讓 ChatGPT 再次改寫這個 Python 程式。詳細的問題描述（ch4-6c_gpt.txt），如下所示：

Q 提問

請重寫上述 Python 程式碼，將匯率轉換的程式碼改寫成函數，並且寫出呼叫函數的 Python 程式碼。

A 回答

🔘 **ChatGPT**
當我們將匯率轉換的程式碼轉換為函數時，可以更容易地重複使用程式邏輯。以下是一個將上述功能轉換為函數的例子：

```python
def convert_ntd_to_usd(ntd_amount, exchange_rate=29.5):
    """
    將新台幣金額轉換為美金金額的函數。

    Parameters:
    - ntd_amount (float): 輸入的新台幣金額
    - exchange_rate (float, optional): 匯率，預設值為 29.5

    Returns:
    - float: 轉換後的美金金額
    """
    usd_amount = ntd_amount / exchange_rate
    return usd_amount

                        ↓
# 使用者輸入新台幣金額
user_input = float(input("請輸入新台幣金額："))

# 呼叫函數轉換匯率
result_usd = convert_ntd_to_usd(user_input)

# 顯示結果
print("新台幣", user_input, "元等於美金", result_usd, "美元")
```

上述 ChatGPT 因為仍然在交談過程中，所以並不需要重複之前的問題，其回答已經寫出 convert_ntd_to_usd() 函數，和呼叫函數的 Python 程式碼，請複製程式碼儲存成為 ch4-6b_gpt.py。

在實務上，如果 ChatGPT 的回答你並不滿意，都可以重複問一次相同問題，因為 ChatGPT 擁有隨機性，每次都會回答出不同的答案。

💬 幫助我們進行 Python 程式碼的除錯

如果寫出的 Python 程式碼有錯誤，一樣可以讓 ChatGPT 幫助我們進行程式除錯。詳細的問題描述（ch4-6d_gpt.txt），如下所示：

Q 提問

我寫了一個 BMI 計算程式，可以執行結果並不正確，請幫我更正程式碼的錯誤，和使用程式框來顯示程式碼，如下：

```
height = float(input("請輸入您的身高（公分）：")) / 100

weight = float(input("請輸入您的體重（公斤）："))


bmi = weight / height * height


print("您的BMI值為：", bmi)
```

回答

🟢 **ChatGPT**
以下是您提供的BMI計算程式碼，經過修正後的版本。同時，我也使用程式框將程式碼呈現出來：

```python
# 請輸入您的身高（公分）：
height = float(input("請輸入您的身高（公分）：")) / 100

# 請輸入您的體重（公斤）：
weight = float(input("請輸入您的體重（公斤）："))

# 修正：BMI計算公式應為 weight / (height * height)
bmi = weight / (height * height)

# 顯示BMI值
print("您的BMI值為：", bmi)
```

修正的主要部分在於BMI的計算公式，原本是 `weight / height * height`，但正確的應該是 `weight / (height * height)`。BMI計算是體重除以身高的平方，因此需要用括號將除法部分括起來，以確保正確的運算順序。

上述 ChatGPT 的回答找出了 BMI 公式的錯誤，和提供一個正確的版本，即 ch4-6c_gpt.py。

如果在 Python 直譯執行時出現了不明白的 Python 錯誤訊息，我們也可以詢問 ChatGPT 錯誤的情況，和如何解決此錯誤。詳細的問題描述（ch4-6e_gpt.txt），如下所示：

Q 提問

我寫了一個 Python 程式，執行時出現錯誤了下列的錯誤訊息，請問我需如何處理此問題，如下：

NameError: name 'exchange_rate' is not defined

A 回答

 ChatGPT
NameError通常表示您嘗試使用未定義的變數。在您的情況下，錯誤訊息指出 'exchange_rate' 這個變數沒有被定義。這可能是因為在使用 `exchange_rate` 之前，沒有在程式碼中給它賦值。

要解決這個問題，您可以確保在使用 `exchange_rate` 之前，為它賦予一個值。在您的程式碼中，您可能忘記定義 `exchange_rate` 變數。

上述 ChatGPT 的回答指出此錯誤訊息的原因和解決方式，幫助我們找出 Python 程式的可能錯誤。

Python 程式版 Excel： Pandas 套件

CHAPTER
05

5-1 　Pandas 基本使用

Pandas 是一套高效能資料分析的 Python 套件，簡單的說，我們可以將 Pandas 視為是一套程式版 Excel 來執行資料分析。

5-1-1 認識 Pandas 的資料結構

Pandas 套件是程式版的 Excel 試算表工具，可以讓我們透過 Python 程式碼，針對表格的結構化資料執行 Excel 試算表的功能。Pandas 主要的資料結構有兩種：Series 和 DataFrame，如下圖所示：

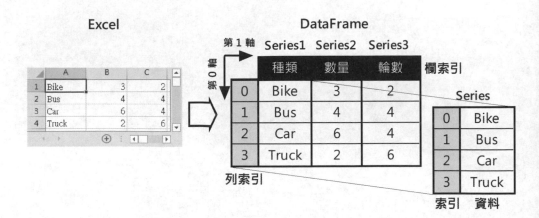

上述 Excel 儲存的車輛資料可以轉換成 DataFrame 物件，這是使用 3 個 Series 物件所組成的表格資料，如下所示：

- **Series** 物件：一個一維陣列，更正確的說，Series 是 2 個陣列的組合，一個是索引，另一個是資料。

- **DataFrame** 物件：使用多個 Series 物件組合成 Excel 試算表的表格資料，這是一個二維陣列，擁有列索引（第 0 軸）和欄索引（第 1 軸）的二種索引。

5-1-2 建立 Series 和 DataFrame 物件

在 Python 開發環境安裝 Pandas 套件的命令列指令（Anaconda 預設安裝），如下所示：

```
pip install pandas==2.1.2 Enter
```

當成功安裝 Pandas 套件後，在 Python 程式可以匯入 Pandas 套件和指定別名 pd，如下所示：

```
import pandas as pd
```

💬 使用串列建立 Series 物件　　　　　　　　　| ch5-1-2.py

Python 程式可以使用串列來建立 Series 物件，如下所示：

```python
import pandas as pd


lst = ["Bike", "Bus", "Car", "Truck"]
s = pd.Series(lst)
print(s)
```

上述程式碼建立串列 lst 後，就可以使用 lst 為參數來呼叫
pd.Series() 建立 Series 物件 s，然後使用 print() 函數顯示 Series
物件，因為沒有指定索引，預設使用自動產生的數字索引（從
0 開始），在最下方是資料型別，其執行結果如右所示：

```
0    Bike
1    Bus
2    Car
3    Truck
dtype: object
```

💬 使用 Series 物件建立 DataFrame 物件　　| ch5-1-2a.py

因為 DataFrame 物件就是多個 Series 物件所組成，我們可以使用多個 Series 物件來
建立 DataFrame 物件，如下所示：

```python
s1 = pd.Series(["Bike","Bus","Car","Truck"])
s2 = pd.Series([3,4,6,2])
s3 = pd.Series([2,4,4,6])
data = {"種類": s1, "數量": s2, "輪數": s3 }
df = pd.DataFrame(data)
print(df)
```

上述程式碼建立 3 個 Series 物件後，使用這 3 個 Series 物件
建立字典，鍵是字串的欄索引，然後呼叫 pd.DataFrame() 建立
DataFrame 物件 df，其參數是字典，因為沒有指定列索引，每
一列的第 1 個欄位是自動產生的數字索引（從 0 開始），其執
行結果如右所示：

```
    種類   數量 輪數
0   Bike  3   2
1   Bus   4   4
2   Car   6   4
3   Truck 2   6
```

💬 使用 Python 字典建立 DataFrame 物件 | ch5-1-2b.py

事實上，我們可以直接使用 Python 字典來建立 DataFrame 物件，如下所示：

```
data = {"種類": ["Bike","Bus","Car","Truck"],
        "數量": [3,4,6,2],
        "輪數": [2,4,4,6] }
df = pd.DataFrame(data)
print(df)
```

上述程式碼的執行結果和 ch5-1-2a.py 完全相同。

💬 重新更改列索引和欄索引 | ch5-1-2c.py

在建立 DataFrame 物件 df 後，我們可以使用 columns 屬性來重新指定欄索引；index 屬性是更改列索引，Python 程式是繼續 ch5-1-2b.py，如下所示：

```
...
labels = ["A","B","E","D"]
df.columns = ["Types", "Count", "Wheels"]
labels[2] = "C"
df.index = labels
print(df)
```

上述 columns 屬性值是英文字串列的欄索引，在更改 labels 串列的第 3 個元素後，使用 index 屬性指定列索引，其執行結果如右所示：

```
  Types Count Wheels
A Bike    3     2
B Bus     4     4
C Car     6     4
D Truck   2     6
```

💬 使用存在欄位作為列索引 | ch5-1-2d.py

DataFrame 物件可以使用 set_index() 方法指定存在欄位來作為列索引（reset_index() 方法可以重設成預設的數字列索引），如下所示：

```
df.set_index("種類", inplace=True)
print(df)
```

上述 set_index() 方法的第 1 個參數是作為列索引的欄位，inplace 參數值 True 是直接取代 DataFrame 物件 df，其執行結果如右所示：

```
       數量 輪數
種類
Bike    3  2
Bus     4  4
Car     6  4
Truck   2  6
```

💬 新增記錄和欄位　　　　　　　　　　　　| ch5-1-2e.py

在 DataFrame 物件可以呼叫 _append() 方法來新增 Series 物件的記錄（請注意！在 2.0 版的 DataFrame 是使用前方有「_」底線的 _append()，而不是 append() 方法），如下所示：

```
s = pd.Series({"種類":"Bicycle","數量":5,"輪數":2})
df2 = df._append(s, ignore_index=True)
print(df2.tail())
```

上述程式碼建立 Series 物件後，使用 _append() 方法新增記錄，ignore_index 參數值 True 是忽略列索引，所以會重新建立列索引，其執行結果如右所示：

```
     種類   數量 輪數
0    Bike    3  2
1    Bus     4  4
2    Car     6  4
3    Truck   2  6
4  Bicycle   5  2
```

在 DataFrame 物件只需指定一個不存在的欄索引值，就可以新增欄位，如下所示：

```
df["載客數"] = [1, 20, 4, 2]
print(df)
```

上述程式碼新增 " 載客數 " 欄索引值，欄位值是一個串列，串列的項目數就是記錄數，其執行結果如右所示：

```
    種類  數量 輪數 載客數
0  Bike   3  2   1
1  Bus    4  4  20
2  Car    6  4   4
3  Truck  2  6   2
```

💬 刪除記錄和欄位　　　　　　　　　　　　| ch5-1-2f.py

刪除記錄和欄位都是使用 drop() 方法，在本節的範例是繼續 ch5-1-2d.py 的 DataFrame 物件，首先使用 drop() 方法刪除記錄，其參數可以是列索引或索引位置，如果是串列，就是同時刪除多筆記錄，如下所示：

```
df2 = df.drop(["Bus", "Truck"])
df3 = df.drop(df.index[[0, 2]])
```

上述第 1 個 drop() 方法是刪除第 2 筆和第 4 筆記錄，第 2 個 drop() 方法是使用 index[[0, 2]] 刪除第 1 筆和第 3 筆記錄。

當使用 drop() 方法刪除欄位時，我們需要指定 axis 參數值是 1，例如：刪除整個 " 輪數 " 欄位，如下所示：

```
df4 = df.drop(["輪數"], axis=1)
```

5-1-3 顯示 DataFrame 資訊與取出資料

DataFrame 物件 df 可以使用相關方法和屬性來顯示 DataFrame 物件的基本資訊和取出資料。為了方便說明，筆者採用資料庫術語，在 DataFrame 物件的每一列是一筆記錄，每一欄是該筆記錄的欄位，如下表所示：

功能描述	屬性或方法
顯示前 5 筆、顯示後 5 筆	df.head()、df.tail()
取得列索引、欄索引和資料	df.index、df.columns、df.values
取得記錄數和形狀	len(df)、df.shape
顯示資料型別的摘要資訊	df.info()
顯示統計摘要資訊	df.describe()

💬 顯示前幾筆和後幾筆記錄 　　　　　　　　　　│ ch5-1-3.py

本節的範例是延續 Python 程式 ch5-1-2b.py，首先呼叫 head() 方法來顯示前幾筆記錄，其參數是筆數，沒有指定是預設值 5 筆；tail() 方法是後 5 筆，如下所示：

```
print(df.head(2))
print(df.tail(3))
```

前述 head() 方法指定參數值 2，表示顯示前 2 筆記錄，tail() 方法預設也是 5 筆，參數值 3，就是顯示最後 3 筆記錄，其執行結果如下所示：

```
   種類 數量 輪數
0  Bike 3 2
1  Bus  4 4
```

```
   種類 數量 輪數
1  Bus   4 4
2  Car   6 4
3  Truck 2 6
```

💬 取得 DataFrame 物件的列索引、欄索引和資料 ｜ ch5-1-3a.py

DataFrame 物件可以使用 index、columns 和 values 屬性取得列索引、欄索引和資料（不含列索引和欄索引的巢狀串列），如下所示：

```python
print(df.index)
print(df.columns)
print(df.values)
```

上述 index 是預設的列索引，可以看到執行結果是 RangeIndex 索引範圍，然後是 columns 和 values 屬性值，如下所示：

```
RangeIndex(start=0, stop=4, step=1)
Index(['種類', '數量', '輪數'], dtype='object')
[['Bike' 3 2]
 ['Bus' 4 4]
 ['Car' 6 4]
 ['Truck' 2 6]]
```

上述 values 屬性值是 2 維巢狀串列，所以可以使用串列方式來取得 DataFrame 物件的資料，如下所示：

```python
print(df.values[2])
print(df.values[1][2])
```

上述程式碼取出第 3 筆 ['Car' 6 4]，和第 2 筆第 3 欄的資料：4。

💬 顯示 DataFrame 物件的記錄數和形狀 | ch5-1-3b.py

DataFrame 物件可以使用 len() 函數取得 DataFrame 物件的記錄數，shape 屬性是形狀的幾列和幾欄，即 (列數 , 欄數)，如下所示：

```
print(len(df))
print(df.shape)
```

上述程式碼的執行結果顯示共有 4 筆，其形狀是 (4, 3)，如下所示：

```
4
(4, 3)
```

💬 顯示 DataFrame 物件的摘要資訊 | ch5-1-3b.py

DataFrame 物件可以使用 info() 和 describe() 方法顯示摘要資訊，如下所示：

```
print(df.info())
print(df.describe())
```

上述 df.info() 方法的執行結果依序是 DataFrame 物件的列索引、欄位數和各欄位的非 NULL 值，資料型別和使用的佔用的記憶體數量（下方左邊）；在右邊是 df.describe() 方法的敘述統計摘要資訊，如下所示：

```
<class 'pandas.core.frame.DataFrame'>
RangeIndex: 4 entries, 0 to 3
Data columns (total 3 columns):
 #  Column  Non-Null Count  Dtype
---  ------  --------------  -----
 0  種類     4 non-null      object
 1  數量     4 non-null      int64
 2  輪數     4 non-null      int64
dtypes: int64(2), object(1)
memory usage: 224.0+ bytes
None
```

```
          數量        輪數
count  4.000000  4.000000
mean   3.750000  4.000000
std    1.707825  1.632993
min    2.000000  2.000000
25%    2.750000  3.500000
50%    3.500000  4.000000
75%    4.500000  4.500000
max    6.000000  6.000000
```

5-1-4 選擇、篩選與排序 DataFrame 資料

在 DataFrame 物件可以選擇、篩選和排序資料。在本節範例都是使用 DataFrame 物件 df，" 輪數 " 欄位值是字串，在建立時已經使用 index 參數指定自訂的列索引，如下所示：

```
data = {"種類": ["Bike","Bus","Car","Truck"],
        "數量": [3,4,6,2],
        "輪數": ["2","4","4","6"] }
df = pd.DataFrame(data, index=["A","B","C","D"])
print(df)
```

```
   種類  數量 輪數
A  Bike   3 2
B  Bus    4 4
C  Car    6 4
D  Truck  2 6
```

💬 **使用欄索引選取單一或多個欄位**　　　| ch5-1-4.py

DataFrame 物件可以使用欄索引或欄索引串列，來選取單一欄位或多個欄位，如下所示：

```
print(df["種類"])
```

上述程式碼的執行結果可以取得單一欄位，單一欄位是 Series 物件，所以在最後顯示 Name 和 dtype 型別，如右所示：

```
A   Bike
B   Bus
C   Car
D   Truck
Name: 種類, dtype: object
```

我們也可以使用欄索引串列來同時選取多個欄位，如下所示：

```
print(df[["數量", "輪數"]].head(3))
```

上述程式碼選取 " 數量 " 和 " 輪數 " 兩個欄位後，呼叫 head() 方法顯示前 3 筆，其執行結果如右所示：

```
  數量 輪數
A  3  2
B  4  4
C  6  4
```

💬 使用列索引選取特定範圍的記錄　　　| ch5-1-4a.py

DataFrame 物件可以使用預設從 0 開始的數字列索引，或自訂列索引來選取特定範圍的記錄。首先使用預設的數字索引範圍，如下所示：

```
print(df[0:2])
```

上述程式碼的索引範圍如同分割運算子，可以選取第 1~2 筆記錄，但是不含索引值 2 的第 3 筆，其執行結果如右所示：

```
   種類 數量 輪數
A  Bike  3  2
B  Bus   4  4
```

如果是使用自訂索引標籤來選取記錄範圍，此時的範圍就會包含最後一筆，如下所示：

```
print(df["A":"C"])
```

上述程式碼的執行結果可以看到最後 1 筆的記錄 "C"，如右所示：

```
   種類 數量 輪數
A  Bike  3  2
B  Bus   4  4
C  Car   6  4
```

💬 使用 loc 和 iloc 索引器選取資料　　　| ch5-1-4b.py

在 DataFrame 二維表格定位資料時，loc 索引器可以使用列索引和欄索引來取出表格所需的子集，其語法如下所示：

```
df.loc[列索引, 欄索引]
```

上述「,」符號前後可以使用單一索引、索引串列或使用「:」範圍，loc 索引器的列索引和欄索引會包含最後 1 個索引。例如：使用 loc 索引器選取單一值和串列的資料，如下所示：

```
print(df.loc["A", "數量"])
print(df.loc[["C","D"], ["數量","輪數"]])
```

上述程式碼執行結果的第 1 個是第 1 筆記錄的第 2 個欄位值（單一值），第 2 個是第 3 和第 4 筆記錄的 2 個欄位 " 數量 " 和 " 輪數 "，如右所示：

```
3
  數量 輪數
C 6 4
D 2 6
```

然後在 loc 索引器使用範圍「:」來選取資料，如下所示：

```
print(df.loc[:, ["數量","輪數"]])
print(df.loc["B":"C", "種類":"數量"])
```

上述程式碼的第 1 個是使用範圍（「:」是整筆記錄），選取 " 數量 " 和 " 輪數 " 欄位標籤的所有記錄，第 2 個是在「,」前後都使用「:」範圍，可以選取 "B" 到 "C" 的列索引記錄，和從 " 種類 " 到 " 數量 " 的欄位，其執行結果如右所示：

```
  數量 輪數
A 3 2
B 4 4
C 6 4
D 2 6
  種類  數量
B Bus  4
C Car  6
```

iloc 索引器是使用從 0 開始的索引位置值來選取資料，其語法如下所示：

```
df.iloc[列索引位置, 欄索引位置]
```

上述索引位置除了單一值外，也可以使用「:」的範圍，如下所示：

```
print(df.iloc[3])
print(df.iloc[2:4, 1:3])
```

上述程式碼的第 1 個是索引值 3 的第 4 筆記錄，第 2 個是第 2~3 筆記錄（索引 2 和 4，不含 4）的 2 個欄位（索引 1 和 2，不含第 3），其執行結果如右所示：

```
種類   Truck
數量    2
輪數    6
Name: D, dtype: object
  數量 輪數
C 6 4
D 2 6
```

💬 使用布林條件來篩選資料　　　　　　| ch5-1-4c.py

在 DataFrame 物件的欄索引可以使用布林條件，來篩選出條件成立的記錄資料，如下所示：

```
df["輪數"] = df["輪數"].astype("int64")
print(df[df.輪數 > 3])
```

上述程式碼因為 " 輪數 " 欄位是字串，在呼叫 astype() 方法
轉換成整數後，就可以進行比較，篩選出輪數大於 3 的記錄
（【df. 輪數】是欄位的屬性寫法），其執行結果如右所示：

```
  種類 數量 輪數
B Bus  4  4
C Car  6  4
D Truck 2  6
```

💬 指定欄索引來排序記錄資料 | ch5-1-4d.py

DataFrame 物件可以指定特定欄索引來排序記錄資料，如下所示：

```
df2 = df.sort_values("數量", ascending=False)
print(df2)
```

上述 sort_values() 方法指定排序欄位是第 1 個參數 " 數量 "，
排序方式是從大到小（ascending=False），其執行結果如右
所示：

```
  種類 數量 輪數
C Car  6  4
B Bus  4  4
A Bike 3  2
D Truck 2  6
```

5-2 Pandas 資料讀取與儲存

Pandas 支援多種資料格式的讀取和儲存，可以將 DataFrame 物件匯入 / 匯出成
CSV、JSON、HTML 和 Excel 檔案，在實務上，我們只需活用匯入 / 匯出功能，就
可以使用 DataFrame 物件來轉換成不同格式的資料，其進一步說明請參閱第 5-4 節
和第 5-5 節。

💬 匯出 DataFrame 物件 | ch5-2.py

Pandas 套件可以匯出 DataFrame 物件成為多種格式檔案或資料表。匯出 DataFrame
物件 df 至檔案的相關方法說明，如下表所示：

方法	說明
df.to_csv(filename)	匯出成 CSV 格式的檔案
df.to_json(filename)	匯出成 JSON 格式的檔案

方法	說明
df.to_html(filename)	匯出成 HTML 表格標籤的檔案
df.to_excel(filename)	匯出成 Excel 檔案
df.to_sql(table, con = engine)	匯出成 SQL 資料庫的 table 參數的資料表，con 參數是資料庫連接

Python 程式是使用第 5-1-4 節的 DataFrame 物件，可以輸出成 CSV 和 JSON 檔案，首先使用 to_csv() 方法匯出 CSV 檔案，如下所示：

```
df.to_csv("vehicles.csv",index=False,encoding="big5")
```

上述方法的第 1 個參數字串是檔名，index 參數值決定是否寫入索引，預設值 True 是寫入；False 是不寫入，encoding 編碼因為有中文字，所以使用 big5 或 utf8。

接著呼叫 to_json() 方法匯出 JSON 格式檔案，如下所示：

```
df.to_json("vehicles.json",force_ascii=False)
```

上述方法的第 1 個參數字串是檔名，因為有中文欄名，所以加上參數 force_ascii= False。其執行結果可以在 Python 程式的相同目錄看到 2 個檔案：vehicles.csv 和 vehicles.json。

💬 匯入 DataFrame 物件　　　　　　　　　　　| ch5-2a.py

Python 程式可以匯入多種格式的檔案成為 DataFrame 物件 df，其相關方法的說明如下表所示：

方法	說明
pd.read_csv(filename)	匯入 CSV 格式的檔案
pd.read_json(filename)	匯入 JSON 格式的檔案
pd.read_html(filename)	匯入 HTML 檔案中 <table> 表格標籤的資料，1 個表格是 1 個 DataFrame 物件
pd.read_excel(filename)	匯入 Excel 檔案
pd.read_sql(query, engine)	匯入 SQL 資料庫的資料表，這是使用第 2 個參數的資料庫連接來執行第 1 個參數的 SQL 指令

當成功匯出 vehicles.csv 和 vehicles.json 檔案後，Python 程式可以再次分別呼叫 read_csv() 和 read_json() 方法來匯入檔案成為 DataFrame 物件，encoding 參數是編碼 big5（因為有中文欄名），如下所示：

```
df1 = pd.read_csv("vehicles.csv", encoding="big5")
df2 = pd.read_json("vehicles.json")
print(df1)
print(df2)
```

5-3 ▶ Pandas 常用的資料處理

Pandas 的 DataFrame 物件提供相關方法來幫助我們執行一些常用的資料處理。

💬 在 DataFrame 物件處理日期範圍　　　　　　| ch5-3.py

在 CSV 檔案 "2330.TW.csv" 是 2017-01-09~2017-01-13 共 5 天的股價資料，這些股價資料並沒有日期欄位，我們可以使用 date_range() 方法產生所需的日期範圍，如下所示：

```
dates_d = pd.date_range("20170109", periods=5, freq="D")
print(dates_d)
```

上述方法的第 1 個參數是開始日，periods 參數是指定產生之後幾個日期，freq 參數 D 是日；M 是月，其執行結果可以產生 5 天的日期串列，如下所示：

```
DatetimeIndex(['2017-01-09', '2017-01-10', '2017-01-11', '2017-01-12',
               '2017-01-13'],
              dtype='datetime64[ns]', freq='D')
```

現在，我們可以使用上述日期串列來新增 DataFrame 物件的日期欄位，如下所示：

```
df = pd.read_csv("2330.TW.csv")
df["Date"] = dates_d
print(df)
```

上述程式碼的執行結果，如下所示：

```
   Open  High   Low  Close  Adj Close   Volume      Date
0  184.0 185.0 183.0 184.0      184.0 18569000 2017-01-09
1  184.5 185.5 183.5 184.0      184.0 20198000 2017-01-10
2  185.0 185.0 181.5 182.0      182.0 29107000 2017-01-11
3  182.5 185.5 182.5 184.5      184.5 41130000 2017-01-12
4  180.5 182.5 180.5 181.5      181.5 52352000 2017-01-13
```

💬 在 DataFrame 物件計算百分比的改變　　　｜ ch5-3a.py

DataFrame 物件的欄位可以呼叫 pct_change() 方法顯示與前一筆記錄的百分比變化，如下所示：

```
df = pd.read_csv("2330.TW.csv")
print(df["Volume"].pct_change())
```

上述程式碼顯示 "Volume" 成交量的百分比變化，其執行結果如右所示：

```
0         NaN
1    0.087727
2    0.441083
3    0.413062
4    0.272842
Name: Volume, dtype: float64
```

💬 在 DataFrame 物件找出唯一值　　　｜ ch5-3b.py

DataFrame 物件提供欄位值計算的三種方法，其說明如下表所示：

方法	說明
unique()	找出欄位中的唯一值
nunique()	欄位的不同值有幾種
value_counts()	計算每一種值出現的次數

Python 程式在載入 CSV 檔案後，依序測試上表的 3 種方法，如下所示：

```
df = pd.read_csv("2330.TW.csv")
print(df["Close"].unique())
print("----------------")
```

```
print(df["Close"].nunique())
print("---------------")
print(df["Close"].value_counts())
```

上述程式碼在讀取股票資料後,顯示收盤價的不同值、
有幾種和出現幾次(5 筆中有 2 筆都是 184.0),其執行
結果如右所示:

```
[184. 182. 184.5 181.5]
---------------
4
---------------
Close
184.0   2
182.0   1
184.5   1
181.5   1
Name: count, dtype: int64
```

💬 合併多個 DataFrame 物件　　　　　　| ch5-3c.py

DataFrame 物件的 concat() 方法可以使用記錄或欄位來合併多個 DataFrame 物件。
首先是使用記錄方式來合併,如下所示:

```
df1 = pd.DataFrame({"Name":["A", "B"],"Value":[11, 12]})
df2 = pd.DataFrame({"Name":["C"],"Value":[23]})
df3 = pd.concat([df1, df2], ignore_index=True)
print(df3)
```

上述程式碼建立 DataFrame 物件 df1 和 df2 後,呼叫 concat() 方
法合併 2 個 DataFrame 物件,ignore_index=True 忽略列索引,
其執行結果是合併記錄,如右所示:

```
  Name Value
0  A    11
1  B    12
2  C    23
```

然後,使用 concat() 方法來合併欄位,如下所示:

```
df4 = pd.DataFrame({"Name":["A","B"],"Value":[11, 12]})
df5 = pd.DataFrame({"Size":["XL","L"]})
df6 = pd.concat([df4, df5], axis=1)
print(df6)
```

上述程式碼建立 DataFrame 物件 df4 和 df5 後,呼叫 concat() 方
法合併 2 個 DataFrame 物件,axis=1 是合併欄位,其執行結果
如右所示:

```
  Name Value Size
0  A    11   XL
1  B    12   L
```

💬 在 DataFrame 物件群組計算統計資料　　　| ch5-3d.py

群組（Grouping）是先將資料依條件分類成群組後，再套用 mean()（平均）、count()
（計數）和 median()（中位數）等方法在各群組計算出統計資料。首先匯入 CSV 檔
案，如下所示：

```
df = pd.read_csv("batchSales.csv")
print(df)
```

上述程式碼建立 DataFrame 物件 df 後，顯示測試資料，
其執行結果如右所示：

```
  BatchNo Price  Rev
0    a    100 32434
1    a     80 16543
2    b    120  1564
3    b    130 16543
4    b    200  5000
5    c    360 32434
6    c    250  3456
```

然後，使用 groupby() 方法以參數 "BatchNo" 來群組資料，就可以計算出各群組的平
均值，如下所示：

```
df2 = df.groupby("BatchNo").mean()
print(df2)
```

上述 mean() 方法是計算平均值，其執行結果如右所示：

```
         Price        Rev
BatchNo
a         90.0 24488.500000
b        150.0  7702.333333
c        305.0 17945.000000
```

5-4　實作案例：使用 Pandas 匯入 / 匯出 Excel 資料

在 Pandas 套件是使用 openpyxl 套件來匯入 / 匯出 Excel 資料，Python 開發環境安裝
openpyxl 套件的命令列指令，如下所示：

```
pip install openpyxl==3.1.2 [Enter]
```

5-4-1 匯入 Excel 資料

在安裝好 openpyxl 套件後,就可以使用 Pandas 匯入 / 匯出 Excel 資料,這一節是將 Excel 工作表匯入 DataFrame 物件;在下一節是將 DataFrame 物件寫入 Excel 檔案。

💬 匯入單一、多個和全部 Excel 工作表　　　　　| ch5-4-1.py

Pandas 是使用 read_excel() 方法來匯入 Excel 工作表成為 DataFrame 物件,可以匯入 Excel 檔案 " 進修班成績管理 .xlsx" 的【A 班】工作表,如下所示:

```
df = pd.read_excel("進修班成績管理.xlsx", sheet_name="A班")
print(df)
```

上述 read_excel() 方法的第 1 個參數是 Excel 檔案路徑,在此檔案共有 A~C 班三個工作表,在 sheet_name 參數指定匯入哪一個工作表,其執行結果可以看到【A 班】工作表的 DataFrame 物件,如右所示:

	姓名	國文	英文	數學
0	陳會安	89	76	82
1	江小魚	78	90	76
2	王陽明	75	66	66

當 sheet_name 參數值是串列時,就是同時匯入 Excel 檔案的多個工作表,我們可以使用工作表索引(從 0 開始)或工作表名稱來指明匯入哪些 Excel 工作表,以此例是依序匯入【B 班】(索引值 1)和【C 班】二個工作表,如下所示:

```
df2 = pd.read_excel("進修班成績管理.xlsx", sheet_name=[1, "C班"])
print(df2[1])    # 字典
print(df2["C班"])
```

上述 read_excel() 方法的回傳值是以索引或名稱為鍵的字典,df2[1] 是匯入的第 1 個工作表;df2["C 班 "] 是匯入的第 2 個工作表,其執行結果如右所示:

	姓名	國文	英文	數學
0	陳小安	80	75	78
1	李四	66	58	42
	姓名	國文	英文	數學
0	陳允傑	95	90	89
1	陳允如	88	85	90

如果 sheet_name 參數值是 None，read_excel() 方法就是匯入 Excel 檔案的所有工作
表，如下所示：

```
df3 = pd.read_excel("進修班成績管理.xlsx", sheet_name=None)
print(df3)
```

上述程式碼的執行結果可以看出 df3 是 DataFrame 物件的字典。

💬 在 Excel 工作表指定索引欄、匯入欄位和標題列　｜ ch5-4-1a.py

在 read_excel() 方法可以使用 index_col 參數指定 DataFrame 物件的列索引是 Excel
工作表的哪一欄（從 0 開始），usecols 參數值的串列是匯入的欄位清單，如下所示：

```
df = pd.read_excel("進修班成績管理.xlsx",
                   usecols=['姓名', '國文', '數學'],
                   index_col=0)
```

上述 read_excel() 方法沒有 sheet_name 參數，預設匯入第 1 個
Excel 工作表，其執行結果可以看到列索引是 "A" 欄；匯入欄位
只有 3 個（含列索引），如右所示：

```
     國文 數學
姓名
陳會安 89 82
江小魚 78 76
王陽明 75 66
```

💬 更改匯入資料的欄位資料型別　　　　　　　　　　｜ ch5-4-1b.py

在匯入 Excel 工作表時，read_excel() 方法可以使用 dtype 參數更改欄位的資料型
別，這是一個以欄名為鍵；型別為值的字典，如下所示：

```
df = pd.read_excel("進修班成績管理.xlsx",
                   dtype={
                       "姓名": str,
                       "國文": int,
                       "英文": int,
                       "數學": float
                   })
```

上述 dtype 屬性值是字典，鍵是欄名；值是 str 字串、int 整數和 float 浮點數，其執行結果可以看到最後 1 欄有小數點，因為已經改成了浮點數，如右所示：

```
   姓名 國文 英文   數學
0 陳會安 89 76 82.0
1 江小魚 78 90 76.0
2 王陽明 75 66 66.0
```

💬 轉換工作表儲存格資料成為 NaN ｜ ch5-4-1c.py

如果工作表的有些儲存格值可視為空值時，Python 程式在匯入時就可以轉換成 NaN，在 read_excel() 方法是使用 na_values 參數指定需轉換的值串列，請注意！轉換操作只支援 str 字串型別的資料，如下所示：

```python
df = pd.read_excel("進修班成績管理.xlsx",
                dtype={
                    "姓名": str,
                    "國文": str,
                    "英文": str,
                    "數學": str
                },
                na_values=["江小魚", "66"])
```

上述 dtype 參數將欄位都轉換成字串，na_values 參數值是 NaN 值的特定儲存格值，也就是說，當儲存格值是 " 江小魚 " 或 "66" 時，就會轉換成 NaN 值，其執行結果如右所示：

```
   姓名 國文 英文   數學
0 陳會安 89  76  82
1  NaN 78  90  76
2 王陽明 75 NaN NaN
```

▌5-4-2 匯出 Excel 資料

Pandas 可以將 DataFrame 物件匯出成 Excel 工作表，或將多個 DataFrame 物件匯出至同一個 Excel 活頁簿，此時一個工作表就是一個 DataFrame 物件。

💬 匯出單一 Excel 工作表 ｜ ch5-4-2.py

在 DataFrame 物件是呼叫 to_excel() 方法匯出成為單一 Excel 工作表，首先建立 DataFrame 物件 df，和使用 astype() 方法轉換欄位的資料型別，"string" 是字串；"int64" 是整數，如右所示：

```
data = {"種類": ["Bike","Bus","Car","Truck"],
        "數量": [3,4,6,2],
        "輪數": ["2","4","4","6"] }
df = pd.DataFrame(data, index=["A","B","C","D"])
df["種類"] = df["種類"].astype("string")
df["輪數"] = df["輪數"].astype("int64")
print(df.info())
```

上述 info() 方法可以顯示 DataFrame 物件的
欄位資訊，如右所示：

```
<class 'pandas.core.frame.DataFrame'>
Index: 4 entries, A to D
Data columns (total 3 columns):
 #  Column  Non-Null Count  Dtype
---  ------  --------------  -----
 0  種類      4 non-null      string
 1  數量      4 non-null      int64
 2  輪數      4 non-null      int64
dtypes: int64(2), string(1)
memory usage: 128.0+ bytes
None
```

然後，呼叫 to_excel() 方法匯出成 Excel 檔案的工作表，如下所示：

```
df.to_excel("車輛資料.xlsx", sheet_name="車輛")
```

上述 to_excel() 方法的第 1 個參數是 Excel 檔案路
徑，sheet_name 參數是工作表名稱，其執行結果可
以建立 Excel 檔案 " 車輛資料 .xlsx" 的【車輛】工
作表，如右圖所示：

	A	B 種類	C 數量	D 輪數
2	A	Bike	3	2
3	B	Bus	4	4
4	C	Car	6	4
5	D	Truck	2	6

車輛 ＋

上述 Excel 工作表的 "A" 欄是列索引，我們可以加
上 index 參數值 False 不儲存列索引，如下所示：

```
df.to_excel("車輛資料2.xlsx", sheet_name="車輛",
            index=False)
```

	A 種類	B 數量	C 輪數
2	Bike	3	2
3	Bus	4	4
4	Car	6	4
5	Truck	2	6

車輛

💬 **匯出多個 DataFrame 物件至同一個 Excel 檔案** | `ch5-4-2a.py`

如果準備匯出多個 DataFrame 物件至同一個 Excel 檔案，此時就需要改用 ExcelWriter 物件來寫入 DataFrame 物件至 Excel 檔案。在本節的 Python 程式是繼續 ch5-4-2.py，除了建立 df 外，再從 DataFrame 物件 df 取出 2 個欄位來建立成 df2，如下圖所示：

```
df2 = df[["種類", "輪數"]]
print(df2)
```

上述程式碼建立的 df2 只有原 df 的前 2 欄，其執行結果如右所示：

```
   種類  輪數
A  Bike   2
B  Bus    4
C  Car    4
D  Truck  6
```

現在共有 2 個 DataFrame 物件，我們可以使用 with/as 程式區塊建立 ExcelWriter 物件 writer，其參數是 Excel 檔案路徑，如下所示：

```
with pd.ExcelWriter("車輛資料3.xlsx") as writer:
    df.to_excel(writer, sheet_name="車輛1")
    df2.to_excel(writer, sheet_name="車輛2")
```

上述程式碼因為有 2 個 DataFrame 物件需要匯出，所以分別呼叫 to_excel() 方法將 DataFrame 物件匯出成 Excel 工作表，其執行結果可以建立 Excel 檔案 " 車輛資料 3.xlsx"，此檔案共有 2 個工作表，如右圖所示：

	A	B	C	D
1		種類	輪數	
2	A	Bike	2	
3	B	Bus	4	
4	C	Car	4	
5	D	Truck	6	

‹ › 車輛1 車輛2

5-5 實作案例：使用 Pandas 爬取 HTML 表格資料

Pandas 需要使用 lxml 套件來爬取 HTML 表格資料，我們在 Python 開發環境安裝 lxml 套件的命令列指令，如下所示：

```
pip install lxml==4.9.3 Enter
```

在這一節我們的目標 HTML 網頁共有 2 個 HTML 表格資料，其 URL 網址如下所示：

URL　https://fchart.github.io/test/sales.html

一至四月的每月存款金額		五至八月的每月存款金額	
月份	存款金額	月份	存款金額
一月	NT$ 5,000	五月	NT$ 5,500
二月	NT$ 1,000	六月	NT$ 1,500
三月	NT$ 3,000	七月	NT$ 3,500
四月	NT$ 1,000	八月	NT$ 1,500
存款總額	NT$ 10,000	存款總額	NT$ 12,000

💬 爬取 HTML 網頁的所有 HTML 表格資料　　　| ch5-5.py

Pandas 是呼叫 read_html() 方法來爬取 HTML 網頁中的 HTML 表格資料，此方法可以爬取 HTML 網頁中的所有 HTML 表格資料（<table> 表格標籤），如下所示：

```
tables = pd.read_html("https://fchart.github.io/test/sales.html")
print("表格數:", len(tables))
df = tables[0]
print(df)
```

上述 read_html() 方法的參數是 HTML 表格資料的 URL 網址，因為有多個表格，所以回傳值是 DataFrame 物件串列，一個表格是一個 DataFrame 物件，然後呼叫 len() 函數取得表格數，和顯示索引 0 的第 1 個 DataFrame 物件（即第 1 個 HTML 表格），其執行結果如右所示：

```
表格數: 2
     月份     存款金額
0    一月   NT$ 5,000
1    二月   NT$ 1,000
2    三月   NT$ 3,000
3    四月   NT$ 1,000
4  存款總額  NT$ 10,000
```

上述執行結果顯示共爬取到 2 個 HTML 表格，和顯示索引值 0 的第 1 個 HTML 表格。索引值 1 就是第 2 個 HTML 表格，如下所示：

```
df2 = tables[1]
print(df2)
```

上述程式碼的執行結果可以顯示第 2 個 HTML 表格，如右
所示：

```
      月份      存款金額
0   五月   NT$ 5,500
1   六月   NT$ 1,500
2   七月   NT$ 3,500
3   八月   NT$ 1,500
4 存款總額  NT$ 12,000
```

💬 爬取 HTML 網頁指定的 HTML 表格資料　　　　| ch5-5a.py

Pandas 的 read_html() 方法預設是爬取全部 HTML 表格資料，如果只需特定表格，
我們可以使用 match 參數來篩選出欲爬取的 HTML 表格，如下所示：

```
tables = pd.read_html("https://fchart.github.io/test/sales.html",
                      match="六")
print("表格數:", len(tables))
df = tables[0]
print(df)
```

上述 match 參數值是表格中的特定內容，以此例是篩選
包含有 " 六 " 子字串的 HTML 表格，以此例就是第 2 個
HTML 表格，其執行結果如右所示：

```
表格數: 1
      月份      存款金額
0   五月   NT$ 5,500
1   六月   NT$ 1,500
2   七月   NT$ 3,500
3   八月   NT$ 1,500
4 存款總額  NT$ 12,000
```

6-1　Excel 工作表與關聯式資料庫

目前市面上的資料庫系統 SQL Server、MySQL、SQLite 和 Access 都是一種「關聯式資料庫」（Relational Database），在本書的內容是將 Excel 活頁簿升級成資料庫，讓我們將 Excel 工作表當成資料表來執行 SQL 指令，然後透過 SQL 指令學習對應的 Python 資料分析。

6-1-1　關聯式資料庫的資料表

關聯式資料庫是使用二維表格的「資料表」（Table）來儲存記錄資料，在同一個資料庫可以擁有 1 至多個資料表。例如：原來是使用 Excel 活頁簿 " 學生資料 .xlsx" 管理學生資料，因為【學生資料】工作表是一個二維表格，我們可以轉換成關聯式資料庫的【學生】資料表，如下圖所示：

在上述 Excel 工作表【學生資料】的第一列是欄位名稱,這是學號、姓名、地址、電話和生日的學生資料。

💬 將 Excel 工作表的表格資料轉換成資料表

Excel 工作表的每一欄(A~E)是對應資料表每一筆記錄的欄位,共有 5 個欄位。請注意! Excel 並不用考量資料類型和欄位大小,但是資料表的欄位就需要定義欄位大小和資料類型(如同變數的資料型別)。在 Excel 工作表除標題列之外的每一列(2~8),都是 1 筆記錄。

事實上,我們只需擁有現成的 Word 表格或 Excel 工作表,都可以轉換成資料表,其注意事項如下所示:

- 資料表擁有多少個欄位才能儲存完整的二維表格。

- 每一個欄位使用哪一種資料類型儲存最適合。

- 每一個欄位大小是否足以儲存所需資料,包含現在和未來的需求。

現在，Excel 的【學生資料】工作表已經轉換成【學生】資料表，標題列是欄位名稱，在「:」之後是資料類型和欄位大小，如下圖所示：

學生

學號:char(5)	姓名:char(10)	地址:char(50)	電話:char(15)	生日:date
S0201	周傑倫	新北市板橋區中山路一段10號	02-11111111	2000/10/3
S0202	林俊傑	台北市光復南路1234號	02-22222222	2000/2/2
S0203	張振嶽	桃園市中正路1000號	03-33333333	2000/3/3
S0204	許慧幸	台中市台中港路三段500號	03-44444444	2000/4/4
S0207	蕭亞宣	台南市中正東路1200號	04-55555555	2000/3/3
S0208	王心玲	高雄市四維路1000號	05-66666666	2000/6/6
S0206	蔡一玲	台北市羅斯福路1500號	02-99999999	2000/9/9

為了方便說明，在資料表的標題列通常只會標示欄位名稱，並不會加上資料類型和尺寸，這就是 Excel 工作表的第一列標題列。

💬 資料表的主鍵

當成功將 Excel 工作表轉換成資料表後，我們需要注意 " 學號 " 這個欄位，" 學號 " 欄位並沒有重複值，而且，知道學號【S0201】，就知道是學生【周傑倫】；學號【S0203】，就知道是學生【張振嶽】。但是，如果知道生日欄位值，並不能決定是哪一位學生，例如：知道生日值【2000/3/3】，可能是學生【張振嶽】或【蕭亞宣】。

從上述欄位值的觀察，可以知道 " 學號 " 欄位擁有唯一值的特性，可以代表這位學生，所以，我們可以選擇 " 學號 " 欄位作為【學生】資料表的主鍵（Primary Key），主鍵就是用來識別資料表唯一記錄的欄位資料（在 Excel 工作表並沒有主鍵欄位）。

6-1-2 關聯式資料庫的關聯性

關聯式資料庫的關聯性（Relationship）就是在各資料表之間，使用欄位值所建立的關係，我們可以透過欄位值建立的關係來存取其他資料表的記錄資料。例如：在【學生】資料表和【社團活動成員】資料表之間有欄位值建立的關係，如下圖所示：

學生資料表

學號	姓名	地址	電話	生日
S0201	周傑倫	新北市板橋區中山路1號	02-11111111	2000/10/3
S0202	林俊傑	台北市光復南路1234號	02-22222222	2000/2/2
S0203	張振嶽	桃園市中正路1000號	03-33333333	2000/3/3
S0204	許慧幸	台中市台中港路三段500號	03-44444444	2000/4/4

學號	暱稱	職稱
S0201	周董	社長
S0204	小慧	副社長
S0206	阿玲	社員
S0208	小玲	社員

社團活動成員資料表

上述【學生】資料表使用 " 學號 " 欄位作為主鍵，在下方【社團活動成員】資料表也有相同學號資料的欄位（欄位名稱可相同；也可不相同），這個欄位值就是連接 2 個資料表建立關係的關聯欄位。

因為資料表是透過欄位值建立連接，當在【學生】資料表找到學生【周傑倫】時，可以同時在【社團活動成員】資料表找到一筆暱稱和職稱，這就是「一對一」關聯性。

基本上，關聯式資料庫就是將資料庫儲存的資料進行分類，將不同類別分別建立成多個資料表，其主要目的是避免資料重複，例如：擁有重複資料的【選課】資料表，如下圖所示：

選課資料表

學號	姓名	電話	課程編號	課程名稱	學分	生日
S0201	周傑倫	02-11111111	CS101	程式設計	2	2000/10/3
S0202	林俊傑	02-22222222	CS302	資料庫系統	3	2000/2/2
S0202	林俊傑	02-22222222	CS101	程式設計	3	2000/2/2
S0203	張振嶽	03-33333333	CS101	程式設計	3	2000/3/3
S0203	張振嶽	03-33333333	CS302	資料庫系統	3	2000/3/3
S0203	張振嶽	03-33333333	CS201	網頁設計	2	2000/3/3
S0204	許慧幸	03-44444444	CS201	網頁設計	2	2000/4/4

上述資料表的學生每選的一門課是一筆記錄，在同一位學生的選課記錄中的學生資料都是重複的，例如：學生【張振嶽】選了三門課，此時如果需更改學生【張振嶽】的電話號碼，需要同時修改 3 筆記錄，這是因為資料重複導致的問題。

為了避免欄位資料重複，我們可以將上述資料表分割成上方的【學生】和下方的【選課】兩個資料表，如下圖所示：

學生資料表

學號	姓名	電話	生日
S0201	周傑倫	02-11111111	2000/10/3
S0202	林俊傑	02-22222222	2000/2/2
S0203	張振嶽	03-33333333	2000/3/3
S0204	許慧幸	03-44444444	2000/4/4

學號	課程編號	課程名稱	學分
S0201	CS101	程式設計	3
S0202	CS302	資料庫系統	3
S0202	CS101	程式設計	3
S0203	CS101	程式設計	3
S0203	CS302	資料庫系統	3
S0203	CS201	網頁設計	2
S0204	CS201	網頁設計	2

選課資料表

上述 2 個資料表使用 " 學號 " 欄位值建立 2 個資料表之間的關係，在【學生】資料表的欄位資料沒有重複值，一位學生對應多筆選課記錄，這就是「一對多」關聯性。現在，我們修改學生【張振嶽】的電話號碼，就只需修改 1 筆記錄。

> **說明**
>
> 請注意！在【選課】資料表的 " 學號 " 欄位仍然有重複資料，為什麼不將它也刪除掉，因為避免資料重複的意義是儘可能減少欄位資料重複到剩下學生資料表的主鍵欄位，以此例學生資料表的主鍵是 " 學號 " 欄位，我們共減少 " 姓名 "、" 電話 " 和 " 生日 " 欄位的資料重複。
>
> 因為 " 學號 " 欄位是建立關係的關聯欄位，如果連此欄位都刪除掉，那麼 2 個資料表之間就沒有任何連接依據。

6-1-3 關聯式資料庫的操作

關聯式資料庫的資料表存取操作有：插入、更新、刪除和選擇操作。

💬 插入操作（Insert Operation）

資料表的插入操作就是在資料表新增一筆記錄，例如：新增學生 S0207，如下圖所示：

學號	姓名	電話	生日
S0201	周傑倫	02-11111111	2000/10/3
S0202	林俊傑	02-22222222	2000/2/2
S0203	張振嶽	03-33333333	2000/3/3
S0204	許慧幸	03-44444444	2000/4/4

 插入

學號	姓名	電話	生日
S0201	周傑倫	02-11111111	2000/10/3
S0202	林俊傑	02-22222222	2000/2/2
S0203	張振嶽	03-33333333	2000/3/3
S0204	許慧幸	03-44444444	2000/4/4
S0207	蕭亞宣	04-55555555	2000/3/3

💬 更新操作（Update Operation）

資料表的更新操作是更新指定記錄的欄位值，例如：更新學號 S0204 的生日從 2000/4/4 改為 2000/5/5，如下圖所示：

學號	姓名	電話	生日
S0201	周傑倫	02-11111111	2000/10/3
S0202	林俊傑	02-22222222	2000/2/2
S0203	張振嶽	03-33333333	2000/3/3
S0204	許慧幸	03-44444444	2000/4/4
S0207	蕭亞宣	04-55555555	2000/3/3

 更新

學號	姓名	電話	生日
S0201	周傑倫	02-11111111	2000/10/3
S0202	林俊傑	02-22222222	2000/2/2
S0203	張振嶽	03-33333333	2000/3/3
S0204	許慧幸	03-44444444	2000/5/5
S0207	蕭亞宣	04-55555555	2000/3/3

💬 刪除操作（Delete Operation）

資料表的刪除操作是刪除指定的記錄，例如：刪除學號 S0204 的學生記錄，如右圖所示：

學號	姓名	電話	生日
S0201	周傑倫	02-11111111	2000/10/3
S0202	林俊傑	02-22222222	2000/2/2
S0203	張振嶽	03-33333333	2000/3/3
S0204	許慧幸	03-44444444	2000/4/4
S0207	蕭亞宣	04-55555555	2000/3/3

刪除 →

學號	姓名	電話	生日
S0201	周傑倫	02-11111111	2000/10/3
S0202	林俊傑	02-22222222	2000/2/2
S0203	張振嶽	03-33333333	2000/3/3
S0207	蕭亞宣	04-55555555	2000/3/3

💬 選擇操作（Select Operation）

資料表的選擇操作是選取資料表中特定範圍的資料，例如：選擇學生【林俊傑】的
這筆記錄，如下圖所示：

學號	姓名	電話	生日
S0201	周傑倫	02-11111111	2000/10/3
S0202	林俊傑	02-22222222	2000/2/2
S0203	張振嶽	03-33333333	2000/3/3
S0207	蕭亞宣	04-55555555	2000/3/3

選擇 →

學號	姓名	電話	生日
S0202	林俊傑	02-22222222	2000/2/2

6-2 認識 SQL 語言

SQL（Structured Query Language）的全名是結構化查詢語言，在本書簡稱為 SQL
語言，SQL 語言是一種第四代程式語言，可以用來查詢或編輯關聯式資料庫的記
錄資料，在 1980 年成為「ISO」（International Organization for Standardization）和
「ANSI」（American National Standards Institute）的標準資料庫語言。

SQL 語言的版本分為 1989 年的 ANSI-SQL 89 和 1992 年制定的 ANSI-SQL 92，也
稱為 SQL 2，這是目前關聯式資料庫的標準語言，ANSI-SQL 99 稱為 SQL 3，適用
在物件關聯式資料庫的 SQL 語言。

早在 1970 年，E. F. Codd 建立關聯式資料庫模型時，就提出一種構想的資料庫語
言，一種完整和通用的資料庫存取語言，雖然當時並沒有真正建立語法，但這便是
SQL 的起源。

1974 年 Chamberlin 和 Boyce 建立 SEQUEL 的語言，這是 SQL 的原型。IBM 稍加修改後作為其關聯式資料庫管理系統的資料庫語言，稱為 System R，1980 年 SQL 的名稱正式誕生，從那天開始，SQL 逐漸壯大成為一種標準的關聯式資料庫語言。在本書中是使用 Access 和 SQLite 資料庫的 SQL 語言。

SQL 語言能夠使用很少指令和直覺語法，單以記錄存取操作和資料查詢指令來說，SQL 指令只有 4 個，如下表所示：

指令	說明
INSERT	在資料表插入一筆新記錄
UPDATE	更新資料表記錄，這些記錄是已經存在的記錄
DELETE	刪除資料表記錄
SELECT	查詢資料表記錄，可以使用條件查詢符合條件的記錄

上述 SQL 資料庫操作指令有三個：INSERT、DELETE 和 UPDATE。請注意！Power Automate 是使用 OLE DB 連線 Excel 檔案，而 OLE DB 只支援 SQL 新增和更新記錄，並不支援 DELETE 刪除指令來刪除記錄。

6-3 實作案例：使用 ChatGPT 學習資料庫觀念

ChatGPT 可以作為學習資訊科技的好幫手，提供我們學習資料庫理論、方法與方向，當學習資料庫理論時有任何問題，都可以直接詢問 ChatGPT 來獲得解答。

首先詢問 ChatGPT 學習關聯式資料庫理論的步驟，因為 ChatGPT 善於抓重點和條列步驟，在詢問時記得指明項目數和一步一步的條列，其詳細的問題描述（ch6-3_gpt.txt），如下所示：

Q 提問

請使用繁體中文，一步一步列出 2 步學習關聯式資料庫理論與實作的方法？

回答

> 🟢 **ChatGPT**
>
> 當然,以下是學習關聯式資料庫理論實作的兩個步驟:
>
> ### 步驟一:了解資料庫設計基本概念
>
> 1. **學習實體關係模型 (ER Model):**
>   - 了解實體、屬性和關係的概念。
>   - 熟悉 ER 圖的繪製方法,了解實體與實體之間的關係。
>   - 掌握正規化的基本概念,包括第一正規化、第二正規化和第三正規化。
> 2. **瞭解 SQL 語言:**
>   - 學習 SQL 的基本語法,包括 SELECT、INSERT、UPDATE、DELETE 等。
>   - 熟悉資料定義語言 (DDL) 和資料操作語言 (DML) 的使用。
>   - 了解 SQL 查詢的基本結構,包括條件選擇、排序、群組和聚合函數的應用。

上述 ChatGPT 的回答是學習關聯式資料庫理論的步驟一,然後是實作的步驟二,如下圖所示:

A **回答**

> ### 步驟二:實際應用關聯式資料庫理論
>
> 1. **建立實際資料庫:**
>   - 安裝一個常用的關聯式資料庫系統,例如 MySQL、PostgreSQL 或 SQLite。
>   - 使用資料定義語言 (DDL) 創建資料庫、表格、索引等結構。
>   - 設定適當的主鍵和外鍵約束,以確保資料的完整性。
> 2. **進行資料操作:**
>   - 使用資料操作語言 (DML) 插入、更新和刪除資料。
>   - 撰寫複雜的 SQL 查詢,包括多表連接、子查詢等。
>   - 實際操作資料庫,模擬真實世界的應用場景,以加深對關聯式資料庫理論的理解。
>
> 這兩個步驟將提供一個良好的基礎,讓你能夠理解並應用關聯式資料庫理論。在實作的過程中,不斷地瞭解資料庫的設計原則和最佳實踐,並透過解決實際的問題來強化你的知識。

目前 ChatGPT 回答的是大方向，我們可以縮小問題，只針對學習 SQL 語言來詢問。ChatGPT 詳細的問題描述（ch6-3a_gpt.txt），如下所示：

Q 提問

請以繁體中文，使用 200 個字列出 3 項學習 SQL 語言的步驟？

A 回答

 ChatGPT
學習SQL的步驟：

1. **瞭解基本概念：** 開始前，瞭解SQL的基本概念，包括資料表、欄位、索引等。熟悉資料型別、主鍵、外鍵等基礎知識，有助於理解SQL資料庫結構。

2. **學習基本語法：** 掌握SQL的基本語法，包括SELECT、FROM、WHERE、GROUP BY、ORDER BY等指令。透過簡單的查詢，學習如何擷取資料，操縱資料表。深入了解條件過濾、排序、分組等操作。

3. **實際應用與練習：** 透過實際專案或練習題，深化對SQL的理解。嘗試建立資料表、插入資料、更新、刪除，並進行複雜查詢。透過實際應用，提升SQL技能，並了解資料庫設計的實際需求。

在 SQL 語言的學習過程中，如果發現有些觀念或專有名詞不清楚其意義，我們都可以詢問 ChatGPT，例如：SQL 語言的聚合函數。ChatGPT 詳細的問題描述（ch6-3b_gpt.txt），如下所示：

Q 提問

請使用繁體中文，說明什麼是 SQL 語言的聚合函數？

A 回答

 ChatGPT

SQL語言的聚合函數是用來對資料進行彙總運算的函數，通常應用在**SELECT**語句的查詢中。這些函數可對一組數據值進行計算，並返回單一結果。主要的**SQL**聚合函數包括：

1. **COUNT**：計算選定列的行數，可用於統計某欄位的記錄數量。
2. **SUM**：對數值列進行總和計算，返回總和結果。
3. **AVG**：計算數值列的平均值，返回平均數。
4. **MIN**：找出數值列中的最小值，返回最小值結果。
5. **MAX**：找出數值列中的最大值，返回最大值結果。

這些聚合函數能夠提供對資料的摘要統計資訊，有助於分析和理解大量數據。在使用時，通常與**GROUP BY**語句結合，以便對特定群組進行聚合計算，如計算每個類別的平均值或總數。

上述 ChatGPT 的回答詳細說明什麼是聚合函數、常用的聚合函數和功能說明。同理，我們可以詢問 ChatGPT 幫我們比較資料庫和 Excel 活頁簿。ChatGPT 詳細的問題描述（ch6-3c_gpt.txt），如下所示：

Q 提問

請使用繁體中文，說明資料庫和 Excel 活頁簿之間資料組織方式的 2 項主要差異？

A 回答

 ChatGPT

資料庫和 Excel 活頁簿之間有兩個主要差異，涉及到資料組織方式：

1. **資料結構：**
   - **資料庫：** 資料庫使用表格（Table）來組織資料，每個表格包含多個記錄（Rows）和欄位（Columns）。表格中的每一列代表一條記錄，每一欄代表一個屬性或字段。資料庫透過關聯性（Relationships）連接不同表格，實現複雜的資料結構。
   - **Excel 活頁簿：** Excel 使用工作表（Worksheet）組織資料，其中數據以儲存格形式排列。每個儲存格可以包含文字、數值、日期等，並以列和欄的形式排列。雖然可以建立多個工作表，但它們之間的連接較為基本，缺乏複雜的資料庫關聯性。
2. **數據容量和性能：**
   - **資料庫：** 專為大量數據而設計，支援高效的查詢和快速檢索。資料庫管理系統（DBMS）如 MySQL、SQL Server、Oracle 等，能處理大型資料集，保證資料的完整性和安全性。
   - **Excel 活頁簿：** 雖然可以處理中小型數據，但當數據量增加時，性能可能下降，並有可能受到儲存和計算資源的限制。Excel 通常適用於較小規模的數據分析和複雜計算。

6-4 實作案例：使用 ChatGPT 寫出 SQL 指令敘述

ChatGPT 可以幫助我們寫出 SQL 指令敘述，只需在提示文字提供資料表的欄位定義資料（Excel 就是工作表第一列的欄位標題文字），就可以使用自然語言描述你想要得到的資料，然後讓 ChatGPT 幫助我們寫出符合需求的 SQL 指令敘述。

使用 ChatGPT 寫出單一資料表查詢的 SQL 指令敘述

在 ChatGPT 只需提供資料表的欄位定義資料，即資料庫綱要，就可以使用自然語言的描述來寫出 SQL 指令敘述。詢問 ChatGPT 寫出 SQL 指令的詳細問題描述（ch6-4_gpt.txt），如下所示：

Q 提問

你是 SQL 專家，現在有一個名為 [圖書資料 $] 的資料表，擁有書號、書名和定價三個欄位，請寫出 SQL 指令敘述查詢圖書的定價大於等於 500 元的圖書資料。

A 回答

ChatGPT

當然，我可以幫你寫出相應的SQL查詢指令。假設你的資料表名稱是[圖書資料$]，以下是查詢圖書定價大於等於500元的SQL指令：

```sql
SELECT 書號, 書名, 定價
FROM [圖書資料$]
WHERE 定價 >= 500;
```

這個指令使用 `SELECT` 來選取特定欄位，包括書號、書名和定價。`FROM [圖書資料$]` 表示我們從名稱為[圖書資料$]的資料表中進行查詢。`WHERE 定價 >= 500` 條件則用來過濾出定價大於等於500元的圖書資料。

上述「sql」窗格就是 ChatGPT 寫出的 SQL 指令敘述，最後的「；」分號是用來表示 SQL 指令敘述的結尾。點選右上方【Copy code】就可以複製 ChatGPT 寫出的 SQL 指令字串，其中的 [圖書資料 $] 資料表就是 Excel 名為【圖書資料】的工作表。

不只如此，我們還可以在交談過程中，逐步修改 SQL 指令敘述。請繼續交談過程，我們準備修改 SQL 指令敘述只顯示 2 個欄位。ChatGPT 詳細的問題描述（ch6-4a_gpt.txt），如下所示：

Q 提問

請修改上述 SQL 指令，只顯示書號和書名二個欄位。

A 回答

 ChatGPT
當然，如果你只想顯示書號和書名這兩個欄位，可以修改 `SELECT` 子句，如下所示：

```sql
SELECT 書號, 書名
FROM [圖書資料$]
WHERE 定價 >= 500;
```

這樣就只會顯示書號和書名兩個欄位的資訊，而不包含定價。

更進一步可以加上條件,請繼續交談過程,我們準備修改 SQL 指令敘述增加書名條件。ChatGPT 詳細的問題描述(ch6-4b_gpt.txt),如下所示:

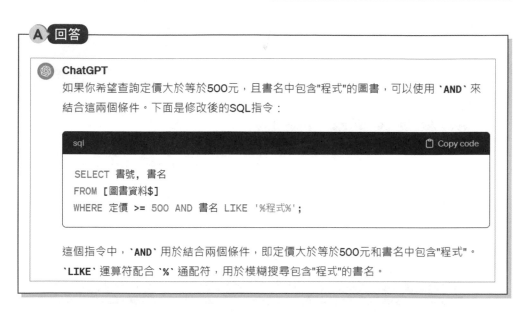

Q 提問

請改寫上述 SQL 指令,其條件除了定價大於等於 500 元,而且 [書名] 欄位需要有 " 程式 " 的圖書。

A 回答

ChatGPT

如果你希望查詢定價大於等於500元,且書名中包含"程式"的圖書,可以使用 `AND` 來結合這兩個條件。下面是修改後的SQL指令:

```sql
SELECT 書號, 書名
FROM [圖書資料$]
WHERE 定價 >= 500 AND 書名 LIKE '%程式%';
```

這個指令中,`AND` 用於結合兩個條件,即定價大於等於500元和書名中包含"程式"。`LIKE` 運算符配合 `%` 通配符,用於模糊搜尋包含"程式"的書名。

上述 SQL 指令敘述增加 AND 的書名條件,這是使用 LIKE 運算子建立包含子字串 " 程式 " 的條件。

💬 使用 ChatGPT 寫出多資料表合併查詢的 SQL 指令敘述

多資料表查詢主要是指 SQL 合併查詢的 JOIN 指令，我們可以使用合併欄位來合併多個資料表的記錄資料，例如：INNER JOIN 內部合併查詢。ChatGPT 詳細的問題描述（ch6-4c_gpt.txt），如下所示：

Q 提問

你是 SQL 專家，請寫出 SQL 指令敘述，可以使用內部合併查詢從 [學生 $] 資料表取出學號與姓名欄位，[班級 $] 資料表取出課程編號與教授編號欄位來顯示學生上課資料，合併條件欄位是學號，學生和班級的資料庫綱要，如下所示：

[學生$] (學號, 姓名,性別,電話,生日)

　主鍵是[學號]。

[班級$] (教授編號,學號,課程編號,上課時間,教室)

　主鍵是[教授編號],[課程編號],[學號]。

A 回答

 ChatGPT

你可以使用內部合併 (INNER JOIN) 來實現上述需求。以下是相應的SQL指令：

```sql
SELECT 學生.學號, 學生.姓名, 班級.課程編號, 班級.教授編號
FROM [學生$] AS 學生
INNER JOIN [班級$] AS 班級 ON 學生.學號 = 班級.學號;
```

這個指令使用 `INNER JOIN` 將 [學生$] 資料表和 [班級$] 資料表根據學號進行合併。`AS 學生` 和 `AS 班級` 用於為資料表指定別名，這樣在查詢中可以更容易引用它們。選取的欄位包括 [學生$] 中的學號和姓名，以及 [班級$] 中的課程編號和教授編號。

上述回答的就是 INNER JOIN 指令的內部合併查詢。請繼續目前的 ChatGPT 交談過程，我們可以詢問 ChatGPT 來修改目前寫出的 SQL 指令敘述，再進一步合併【課程 $】資料表。ChatGPT 詳細的問題描述（ch6-4d_gpt.txt），如下所示：

 提問

請改寫上述 SQL 指令敘述，再次執行 INNER JOIN 合併查詢來取得 [課程 $] 資料表的詳細資料，課程的資料庫綱要，如下所示：

[課程$] (課程編號, 名稱, 學分)　主鍵是[課程編號]。

A **回答**

> 🌀 **ChatGPT**
>
> 如果你想要再次擴展內部合併查詢，將 [課程$] 資料表的詳細資料加入，可以這樣修改 SQL指令：

```sql
SELECT 學生.學號, 學生.姓名, 班級.課程編號, 班級.教授編號, 課程.名稱, 課程.學分
FROM ([學生$] AS 學生
INNER JOIN [班級$] AS 班級 ON 學生.學號 = 班級.學號)
INNER JOIN [課程$] AS 課程 ON 班級.課程編號 = 課程.課程編號;
```

> 這個指令進行了兩次內部合併。首先，將 [學生$] 和 [班級$] 根據學號進行合併，然後再將結果和 [課程$] 根據課程編號進行合併。這樣就可以獲得包含學生、班級和課程的完整資訊。

使用 ChatGPT 詢問 SQL 函數的使用

因為 SQL 指令需要使用 SUM() 聚合函數,我們可以直接詢問 ChatGPT 關於 SUM()
聚合函數的使用。ChatGPT 詳細的問題描述(ch6-4e_gpt.txt),如下所示:

Q 提問

你是 SQL 專案,請問在 SQL 指令如何使用 SUM() 聚合函數來計算 [課程 $] 資料表 [學分] 欄位的總學分數?

A 回答

ChatGPT

要使用 `SUM()` 聚合函數計算 [課程$] 資料表中 [學分] 欄位的總學分數,可以使用以下的 SQL 指令:

```sql
SELECT SUM(學分) AS 總學分
FROM [課程$];
```

這個指令中,`SUM(學分)` 表示對 [課程$] 資料表中的學分欄位進行總和計算。`AS 總學分` 是為結果指定一個別名,使查詢結果中的總學分數的欄位名稱更易讀。

SQL 語言內建有一些字串處理函數，我們可以直接詢問 ChatGPT 描述所需處理，讓 ChatGPT 幫助我們寫出 SQL 指令。ChatGPT 詳細的問題描述（ch6-4f_gpt.txt），如下所示：

 提問

你是 SQL 專案，請問在 SQL 指令如何使用字串函數，可以將 [學生 $] 資料表的 [英文姓名] 欄位改為英文大寫來顯示？

A **回答**

> ⚙ **ChatGPT**
> 要將 [學生$] 資料表中的 [英文姓名] 欄位改為英文大寫，你可以使用 `UPPER()` 字串函數。以下是相應的 **SQL** 指令：
>
> ```sql
> SELECT 學號, UPPER(英文姓名) AS 大寫英文姓名
> FROM [學生$];
> ```
>
> 這個指令中，`UPPER(英文姓名)` 將 [英文姓名] 欄位的值轉換為大寫。`AS 大寫英文姓名` 是為結果指定一個別名，使查詢結果中的新欄位名稱更易讀。

上述 ChatGPT 回答 SQL 指令是使用 UPPER() 函數,這是 SQLite 和 MySQL 的 SQL 函數,如果是 Access 的 SQL 語言,請繼續交談過程,請 ChatGPT 改寫成 Access SQL 版本。ChatGPT 詳細的問題描述(ch6-4g_gpt.txt),如下所示:

 提問

請改寫 SQL 指令,改用 Access 的 SQL 語言來將 [英文姓名] 欄位改為英文大寫來顯示?

回答

ChatGPT
在 Microsoft Access 的 SQL 語言中,可以使用 `UCASE()` 函數來將字串轉換為大寫。以下是將 [學生$] 資料表中的 [英文姓名] 欄位改為英文大寫的 SQL 指令:

```sql
SELECT 學號, UCASE(英文姓名) AS 大寫英文姓名
FROM [學生$];
```

這個指令中,`UCASE(英文姓名)` 將 [英文姓名] 欄位的值轉換為大寫。`AS 大寫英文姓名` 是為結果指定一個別名,使查詢結果中的新欄位名稱更易讀。請注意,Access 使用 `UCASE()` 函數來表示轉換為大寫,而不同於標準 SQL 中的 `UPPER()`。

CHAPTER

07

在 Excel 工作表執行 SQL 指令

7-1 使用 Power Automate 在 Excel 執行 SQL 指令

SQL 語言是關聯式資料庫主要使用的資料庫語言，Excel 工作表就像是資料庫的一個資料表，Power Automate 桌面流程支援在 Excel 工作表使用 SQL 語言來查詢資料，其執行效率超過直接處理 Excel 工作表。

Power Automate 桌面流程是使用位在【資料庫】分類的 3 個動作來執行 SQL 指令，如右圖所示：

∨ 資料庫
🗄 開啟 SQL 連線
🗄 執行 SQL 陳述式
🗄 關閉 SQL 連線

7-1-1 建立桌面流程在 Excel 執行 SQL 指令

我們準備建立 Power Automate 桌面流程在 Excel 檔案執行 SQL 指令，這一節使用的範例 Excel 檔案 " 業績資料 .xlsx" 擁有【業績 1】工作表，此工作表內容是格式化為表格的表格資料，如下圖所示：

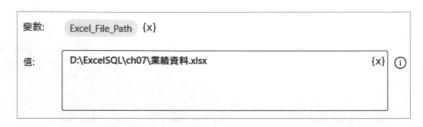

上述工作表名稱就是資料表名稱，為了避免特殊符號或空白字元，建議使用「[」
和「]」符號括起，並且在最後加上「$」，即 [業績 1$]，我們是使用 SQL 指令
SELECT 來查詢工作表的所有業績資料，如下所示：

```
SELECT * FROM [業績1$]
```

上述 SQL 指令因為只有 1 個 SELECT 指令，所以在最後加或不加「;」分號都可以，
「;」分號代表 SQL 指令敘述的結束。現在，我們可以建立桌面流程來執行上述 SQL
指令，其建立步驟如下所示：

Step 1 請建立名為【ch7-1-1】的桌面流程（流程檔：ch7-1-1.txt），然後編輯此
流程。

Step 2 在「動作」窗格拖拉【變數 > 設定變數】動作，將【變數】欄的變數名
稱改為【Excel_File_Path】，【值】欄是 Excel 檔案路徑「D:\ExcelSQL\ch07\ 業績資
料 .xlsx」（請自行修改），按【儲存】鈕。

[**Step 3**] 接著拖拉【資料庫 > 開啟 SQL 連線】動作,可以建立 SQL 連線變數 SQLConnection,請在【連接字串】欄輸入下列連接字串,內含 Excel_File_Path 變數的 Excel 檔案路徑,按【儲存】鈕,如下所示:

```
Provider=Microsoft.ACE.OLEDB.12.0;Data Source=%Excel_File_Path%;Extended
Properties="Excel 12.0 Xml;HDR=YES";
```

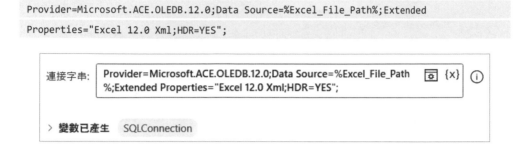

上述連接字串的 Provider 是 OLEDB 提供者,Data Source 是資料來源的 Excel 檔案路徑,Extended Properties 延伸屬性設定連接 Excel 2007 和更新版本的 XML 格式,HDR 值 YES 表示第一列是欄位名稱。

[**Step 4**] 然後拖拉【資料庫 > 執行 SQL 陳述式】動作,在【取得連線透過】欄選【SQL 連線變數】;【SQL 連線】欄是 SQLConnection 變數,在【SQL 陳述式】欄輸入【SELECT * FROM [業績 1$]】,SQL 指令的執行結果是儲存至 QueryResult 變數,按【儲存】鈕。

取得連線透過:	SQL 連線變數	
SQL 連線:	%SQLConnection%	{x}
SQL 陳述式:	1 **SELECT * FROM [業績1$]**	{x}
逾時:	30	{x}

> **變數已產生** QueryResult

Step 5 最後拖拉【資料庫 > 關閉 SQL 連線】動作，請在【SQL 連線】欄選 SQLConnection 變數後，按【儲存】鈕。

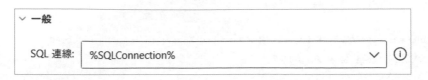

現在，可以看到我們建立的 Power Automate 桌面流程，如下圖所示：

上述桌面流程的執行結果，可以在「變數」窗格的【流程變數】框看到 SQL 查詢結果的 QueryResult 變數，如下圖所示：

雙擊【QueryResult】變數，可以看到取得工作表儲存格範圍的資料，這是 DataTable 資料表物件，如下圖所示：

變數值

QueryResult　(資料表)

#	Date	Sales Rep	Country	Amount
0	10/22/2019 12:00:00 AM	Tom	USA	32434
1	10/22/2019 12:00:00 AM	Joe	China	16543
2	10/22/2019 12:00:00 AM	Jack	Canada	1564
3	10/22/2019 12:00:00 AM	John	China	6345
4	10/22/2019 12:00:00 AM	Mary	Japan	5000
5	10/22/2019 12:00:00 AM	Tom	USA	32434

在 Excel 檔案 " 業績資料 .xlsx" 的第二個【業績 2】工作表並沒有格式化為表格，如下圖所示：

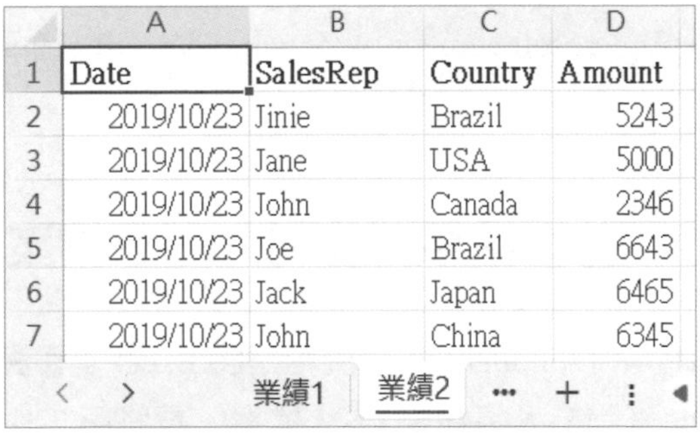

	A	B	C	D
1	Date	SalesRep	Country	Amount
2	2019/10/23	Jinie	Brazil	5243
3	2019/10/23	Jane	USA	5000
4	2019/10/23	John	Canada	2346
5	2019/10/23	Joe	Brazil	6643
6	2019/10/23	Jack	Japan	6465
7	2019/10/23	John	China	6345

< > 業績1 業績2 ··· + ⋮ ◀

對於 Power Automate 桌面版來說，不論 Excel 工作表是否有格式化為表格，都一樣可以執行 SQL 指令，流程檔：ch7-1-1a.txt 和 ch7-1-1.txt 幾乎相同，只是改為在【業績 2】工作表執行下列 SQL 指令，如下所示：

```
SELECT * FROM [業績2$]
```

取得連線透過:	SQL 連線變數	⌄	ⓘ
SQL 連線:	%SQLConnection%	{x}	ⓘ
SQL 陳述式:	1 SELECT * FROM [業績2$]	{x}	ⓘ
逾時:	30	{x}	ⓘ

> **變數已產生**　QueryResult

說明

如果桌面流程執行失敗，請再次確認 Excel 檔案的路徑正確，而且在 Windows 電腦已經安裝 OLE DB 驅動程式，如果沒有安裝，請在下列網址下載安裝 64 位元版的 Microsoft Access Database Engine 2010 可轉散發套件，如下所示：

URL　https://www.microsoft.com/zh-tw/download/details.aspx?id=13255

7-1-2 將 SQL 查詢結果另存成 CSV 檔案

如同在第 2-3-3 節的 Power Automate 桌面流程是將 Excel 工作表輸出成 CSV 檔案，我們一樣可以將 SQL 查詢結果另存成 CSV 檔案。請將第 7-1-1 節的 ch7-1-1.txt 流程建立成名為【ch7-1-2】的複本流程（流程檔：ch7-1-2.txt），然後在最後新增步驟 5，如下圖所示：

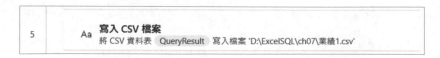

5	Aa	**寫入 CSV 檔案** 將 CSV 資料表　QueryResult　寫入檔案 'D:\ExcelSQL\ch07\業績1.csv'

- 5：【檔案 > 寫入 CSV 檔案】動作可以將 DataTable 資料表物件寫入 CSV 檔案，在【要寫入的變數】欄選【QueryResult】變數；【檔案路徑】欄是 CSV 檔案路徑；【編碼】欄是 UTF-8 編碼，如右圖所示：

因為輸出的 CSV 檔案擁有標題列，請點選展開【進階】後，開啟【包含欄名稱】開關，如下圖所示：

上述桌面流程的執行結果，可以在 Excel 檔案的相同目錄看到 CSV 檔案 " 業績 1.csv"，如下圖所示：

7-1-3 將 SQL 查詢結果另存成 Excel 檔案

Power Automate 桌面流程一樣可以將 SQL 查詢結果另存成 Excel 檔案，此時，我們需要使用 DataTable 資料表物件的 ColumnHeadersRow 屬性來寫入標題列。DataTable 資料表物件的屬性說明，如下表所示：

屬性	說明
RowsCount	資料表物件的列數，即記錄數
Columns	標題列的欄位清單
IsEmpty	檢查資料表物件是否是空的，如果是空的，其值是 true；有資料是 false
ColumnHeadersRow	取得標題列的 DataRow 資料列物件

請將第 7-1-1 節的 ch7-1-1a.txt 流程建立成名為【ch7-1-3】的複本流程（流程檔：ch7-1-3.txt），然後在最後新增步驟 5~10，如下圖所示：。

5	↗	**啟動 Excel** 使用現有的 Excel 程序啟動空白 Excel 文件，並將之儲存至 Excel 執行個體 ExcelInstance
6		**寫入 Excel 工作表** 在 Excel 執行個體 ExcelInstance 的目前使用中儲存格中寫入某些值 QueryResult .ColumnHeadersRow
7		**寫入 Excel 工作表** 在 Excel 執行個體 ExcelInstance 的欄 'A' 與列 2 的儲存格中寫入值 QueryResult
8	↙	**關閉 Excel** 儲存 Excel 文件並關閉 Excel 執行個體 ExcelInstance
9	✛	**移動檔案** 將檔案 'C:\Users\hueya\Documents\活頁簿1.xlsx' 移動至 'D:\ExcelSQL\ch07' 並儲存至清單 MovedFiles
10		**重新命名檔案** 將檔案 'D:\ExcelSQL\ch07\活頁簿1.xlsx' 重新命名為 'D:\ExcelSQL\ch07\業績2.xlsx'，並儲存至清單 RenamedFiles

- **5**：【Excel> 啟動 Excel】動作可以啟動 Excel 開啟存在或建立空白的活頁簿，在【啟動 Excel】欄選【空白文件】是建立空白活頁簿，如右圖所示：

■ **6**：第 1 個【Excel> 寫入 Excel 工作表】動作是寫入標題列，可以將 QueryResult 變數的 ColumnHeadersRow 屬性值寫入 Excel 工作表，在【要寫入的值】欄是 QueryResult.ColumnHeadersRow 屬性值，因為是空白活頁簿，【寫入模式】欄請選【於目前使用中儲存格】，如下圖所示：

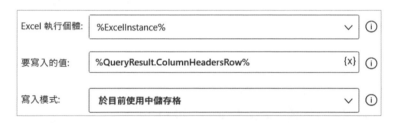

■ **7**：第 2 個【Excel> 寫入 Excel 工作表】動作是將 SQL 查詢結果寫入 Excel 工作表，在【要寫入的值】欄就是 QueryResult 變數，【寫入模式】欄請選【於指定的儲存格】，【資料行】欄是 A；【資料列】欄是 2，即從 "A2" 儲存格的第二列開始寫入，如下圖所示：

- 8：【Excel> 關閉 Excel】動作是關閉 Excel，在關閉前可以指定是否儲存 Excel 檔案，請在【在關閉 Excel 之前】欄選【儲存文件】，在儲存檔案後再關閉 Excel。

- 9：【檔案 > 移動檔案】動作是移動流程建立的 Excel 檔案，因為步驟 5 是開啟空白活頁簿，預設是儲存在登入使用者的「文件」目錄，檔名是【活頁簿 1.xlsx】，在【要移動的檔案】欄的路徑中，hueya 是使用者名稱，請自行修改成你的使用者名稱，【目的地資料夾】欄是移動的目的地路徑，如果檔案存在就覆寫，如下圖所示：

- 10：【檔案 > 重新命名檔案】動作是將移至「D:\ExcelSQL\ch07」資料夾的【活頁簿 1.xlsx】檔案改名成【業績 2.xlsx】，如下圖所示：

上述桌面流程的執行結果，可以在「D:\ExcelSQL\ch07」資料夾看到 SQL 查詢結果建立的 Excel 檔案 " 業績 2.xlsx "，如下圖所示：

	A	B	C	D	E
1	Date	SalesRep	Country	Amount	
2	2019/10/23 上午 12:00:00	Jinie	Brazil	5243	
3	2019/10/23 上午 12:00:00	Jane	USA	5000	
4	2019/10/23 上午 12:00:00	John	Canada	2346	
5	2019/10/23 上午 12:00:00	Joe	Brazil	6643	
6	2019/10/23 上午 12:00:00	Jack	Japan	6465	
7	2019/10/23 上午 12:00:00	John	China	6345	

工作表1 +

7-2 使用 Excel VBA 在 Excel 執行 SQL 指令

在 Excel 檔案 " 第一季業績資料 .xlsm" 已經新增 VBA 的 RunSQL() 程序來針對 Excel 工作表執行 SQL 指令，並且將查詢結果新增至一個新的工作表。在 RunSQL() 程序的開頭是變數宣告，如下所示：

```
Dim connection As Object
Dim result As Object
Dim sql As String
Dim recordCount As Integer
Dim ws2 As Worksheet
Dim colIndex As Integer


Set ws2 = Sheets.Add(After:=Sheets(Sheets.Count))
ws2.Name = "工作表2"
```

上述程式碼新增名為 " 工作表 2" 的 Excel 工作表後，在下方建立 ADODB 的 Connection 資料庫連接物件，在 With/End With 程式區塊指定連接字串後，呼叫 Open() 方法開啟連接，如下所示：

```
Set connection = CreateObject("ADODB.Connection")
With connection
```

```
.Provider = "Microsoft.ACE.OLEDB.12.0"
.ConnectionString = "Data Source=" & ThisWorkbook.Path & _
               "\" & ThisWorkbook.Name & ";" & _
      "Extended Properties=""Excel 12.0 Xml;HDR=YES"";"
.Open
End With
sql = "SELECT * FROM [工作表1$]"
Set result = connection.Execute(sql)
```

上述 sql 變數指定 SQL 指令字串後，呼叫 Execute() 方法執行參數的 SQL 指令字串，其回傳值就是查詢結果的記錄集。在下方使用 For/Next 迴圈在新工作表寫入第一列的標題列，如下所示：

```
For colIndex = 1 To result.Fields.Count
   ws2.Cells(1, colIndex).Value = result.Fields(colIndex - 1).Name
Next colIndex
```

上述程式碼的標題列是 Fields 屬性值的物件陣列，Count 是欄位數，Name 是欄位名稱。接著在下方指定 recordCount 變數值是 2，即從工作表的第 2 列開始寫入查詢結果，如下所示：

```
recordCount = 2
Do
   For colIndex = 1 To result.Fields.Count
      ws2.Cells(recordCount,colIndex).Value=result(colIndex-1).Value
   Next colIndex
   result.MoveNext
   recordCount = recordCount + 1
Loop Until result.EOF
```

上述兩層巢狀迴圈的外層是 Do/Loop Until 迴圈，可以從第 2 列開始寫入查詢結果的每一筆記錄，在內層 For/Next 迴圈是寫入記錄的每一個欄位，即 Value 屬性值，然後呼叫 MoveNext() 方法移至下一筆記錄，迴圈的結束條件是 EOF 屬性值到達了最後一筆。在下方呼叫 Close() 方法關閉資料庫連接，如右所示：

```
connection.Close
```

```
MsgBox "SQL查詢結果已經寫入工作表2!", vbInformation
```

上述 MsgBox() 函數顯示已經成功寫入查詢結果的訊息視窗，其執行結果請先在
Excel 工作表按【刪除工作表 2】鈕刪除工作表 2 後，再按【執行 SQL】鈕，可以呼
叫 RunSQL() 程序在 Excel 工作表執行 SQL 指令，如下圖所示：

當成功執行 SQL 查詢，就可以看到一個訊息視窗，請按【確定】鈕。

同時自動切換至【工作表 2】，而此工作表的內容就是 SQL 指令的查詢結果，如下
圖所示：

7-3　使用 Python 在 Excel 和 DataFrame 執行 SQL 指令

Python 程式可以透過 ODBC 或 OLEDB 開啟 Excel 檔案來執行 SQL 指令，其使用的 SQL 語言是 Access 的 SQL 語言，不只如此，Python 程式也可以在 DataFrame 物件直接執行 SQL 指令，此時使用的是 SQLite 的 SQL 語言。

▌7-3-1 使用 Python 在 Excel 執行 SQL 指令

Python 程式在 Excel 工作表執行 SQL 指令可以使用 pyodbc 或 adodbapi 套件，因為 adodbapi 套件並不相容 Python 3.10 之後的版本，如果讀者的 Python 是 3.10 之後的版本，就只能使用 pyodbc 套件。

💬 使用 pyodbc 套件在 Excel 執行 SQL 指令　　　| ch7-3-1.py

在 Python 開發環境安裝 pyodbc 套件的命令列指令，如下所示：

```
pip install pyodbc==5.0.1 [Enter]
```

當成功安裝 pyodbc 套件後，在 Python 程式可以匯入模組，如下所示：

```
import pyodbc
```

因為 pyodbc 套件是使用 ODBC 驅動程式連接 Excel 檔案來執行 SQL 指令，在 Python 程式首先使用串列推導，找出目前電腦支援 Excel 的 ODBC 驅動程式名稱，如下所示：

```
print([x for x in pyodbc.drivers()
        if x.startswith('Microsoft Excel Driver')])
```

上述程式碼取出和顯示 Excel 的 ODBC 驅動程式名稱的串列，其執行結果如下所示：

```
['Microsoft Excel Driver (*.xls, *.xlsx, *.xlsm, *.xlsb)']
```

然後，我們可以使用上述 ODBC 驅動程式名稱來建立連接字串的 DRIVER 屬性值，如下所示：

```
conn_str = (
  "DRIVER=Microsoft Excel Driver (*.xls, *.xlsx, *.xlsm, *.xlsb);"
  "DBQ=D:\\ExcelSQL\\ch07\\圖書資料.xlsx;"
  )
conn = pyodbc.connect(conn_str, autocommit=True)
```

上述 conn_str 變數值的括號是建立多行字串（Multiline String）或稱三重引號字串，DBQ 是 Excel 檔案路徑（需要使用完整的檔案路徑），接著呼叫 connect() 方法建立資料庫連接。在下方呼叫 cursor() 方法建立 Cursor 物件 cursor，用來儲存查詢結果的記錄資料，如下所示：

```
cursor = conn.cursor()
sql = "SELECT * FROM [圖書資料$]"
cursor.execute(sql)
column_names = [column[0] for column in cursor.description]
print("欄位名稱:", column_names)
```

上述變數 sql 是 SQL 指令字串，然後呼叫 execute() 方法執行參數的 SQL 指令字串，即可使用 description 屬性取得欄位名稱串列，這也是使用串列推導來建立串列。

在下方的 for 迴圈呼叫 fetchall() 方法取出查詢結果記錄集的全部記錄，即可顯示每一筆記錄的元組，如下所示：

```
for row in cursor.fetchall():
    print(row)
```

上述程式碼的執行結果可以顯示欄位名稱串列，和每一筆記錄的元組，如右所示：

```
欄位名稱: ['書號', '書名', '定價']
('P0001', 'C語言程式設計 ', 500.0)
('P0002', 'Python程式設計', 550.0)
('D0001', 'SQL Server資料庫', 600.0)
('W0001', 'PHP資料庫程式設計', 540.0)
('W0002', 'ASP.NET網頁設計', 650.0)
('D0002', 'Access資料庫', 490.0)
```

Pandas 可以呼叫 read_sql() 方法執行 SQL 指令，和將查詢結果建立成 DataFrame 物件，如下所示：

```
df = pd.read_sql(sql, conn)
print(df)
conn.close()
```

上述 read_sql() 方法的第 1 個參數是資料庫連接物件，第 2 個參數是 SQL 指令字串，最後呼叫 close() 方法關閉連接，其執行結果可以顯示查詢結果的 DataFrame 物件，如右所示：

```
    書號         書名    定價
0  P0001    C語言程式設計   500.0
1  P0002    Python程式設計  550.0
2  D0001 SQL Server資料庫  600.0
3  W0001    PHP資料庫程式設計 540.0
4  W0002    ASP.NET網頁設計  650.0
5  D0002     Access資料庫  490.0
```

請注意！上述執行結果會顯示一個警告訊息，因為 read_sql() 方法只有測試過使用 SQLAlchemy 套件建立的連接物件，並沒有測試過 pyodbc 套件建立的連接物件。

💬 使用 adodbapi 套件在 Excel 執行 SQL 指令 | ch7-3-1a.py

如果讀者是使用 Python 3.9 之前版本，Python 程式還可以使用 adodbapi 套件在 Excel 工作表執行 SQL 指令。在 Python 開發環境安裝 adodbapi 套件需要先安裝 pywin32 套件，其命令列指令如下所示：

```
pip install pywin32==306  Enter
pip install adodbapi==2.6.2.0  Enter
```

當成功安裝 pywin32 和 adodbapi 套件後，在 Python 程式可以匯入模組，如下所示：

```
import adodbapi
```

Python 程式 ch7-3-1a.py 和 ch7-3-1.py 的結構和執行結果幾乎相同，只有連接字串改用和 Power Automate 相同的連接字串，如下所示：

```
conn_str = (
  "PROVIDER=Microsoft.ACE.OLEDB.12.0;"
  "Data Source=圖書資料.xlsx;"
  "Extended Properties='Excel 12.0 Xml;HDR=YES'"
  )
```

▌7-3-2 使用 Python 在 DataFrame 執行 SQL 指令

Python 程式可以使用 pandasql 套件在 DataFrame 物件執行 SQL 指令，請注意！此套件只支援 SQLite 的 SELECT 查詢指令，並不支援 INSERT 插入、UPDATE 更新和 DELETE 刪除指令。

在 Python 開發環境安裝 pandasql 套件的命令列指令，如下所示：

```
pip install pandasql==0.7.3 Enter
```

當成功安裝 pandasql 套件後，在 Python 程式可以匯入模組，如下所示：

```
from pandasql import sqldf
```

上述程式碼匯入 sqldf 方法來執行 SQL 指令。Python 程式：ch7-3-2.py 首先匯入 Excel 檔案 " 圖書資料 .xlsx" 建立成 DataFrame 物件 books（這就是資料表名稱），如下所示：

```
books = pd.read_excel("圖書資料.xlsx")
print(books)
```

在建立 DataFrame 物件 books 後，就可以使用 sqldf() 方法來執行 SQL 指令（支援的是 SQLite 資料庫的 SQL 語言），如下所示：

```
df = sqldf("SELECT * FROM books")
print(df)
```

上述參數是 SQL 指令，DataFrame 物件的變數名稱就是資料表名稱，其執行結果可以顯示查詢結果的 DataFrame 物件 df，如右所示：

```
   書號        書名 定價
0 P0001    C語言程式設計  500
1 P0002    Python程式設計  550
2 D0001 SQL Server資料庫  600
3 W0001    PHP資料庫程式設計  540
4 W0002    ASP.NET網頁設計  650
5 D0002    Access資料庫  490
```

7-4 建立適用 SQL 指令的 Excel 工作表

SQL 語言的查詢指令是 SELECT 指令，在 SELECT 指令的 FROM 子句是用來指定查詢目標的 Excel 工作表，因為我們是將 Excel 工作表當成資料庫的資料表來使用，所以，在建立 Excel 工作表時，請滿足資料表的基本需求，以避免不可預期的錯誤。

請注意！因為 Python 的 pandasql 套件是直接將 DataFrame 物件的變數名稱作為資料表名稱，所以並沒有 Excel 工作表需滿足資料庫資料表規範的問題。

💬 建立適用 SQL 指令的 Excel 工作表

基本上，Excel 工作表需要滿足資料庫的資料表規範，在建立 Excel 工作表時，請滿足下列的基本需求，如下所示：

- Excel 工作表是從 "A1" 儲存格開始，第 1 列是欄位名稱的標題列，而且在同一欄都是使用相同的資料類型，例如：整欄都是字串、日期 / 時間、整數或浮點數，如下圖所示：

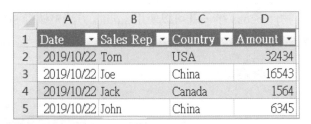

- 當工作表名稱或欄位名稱有特殊符號或空白字元時，在 SQL 指令需要使用「[]」方括號括起，例如：在工作表的【Sales Rep】欄位有空白字元，所以需要用方括號括起（流程檔：ch7-4.txt），如下所示：

```
SELECT Date, [Sales Rep], Country, Amount FROM [業績1$]
```

■ 在 Excel 工作表並不允許擁有合併儲存格，也就是說，在每一個 Excel 儲存格儲存的都是單一資料，如下圖所示：

	A	B	C	D
1	Date	SalesRep	Country	Amount
2	2019/10/23	Jinie	Brazil	5243
3	2019/10/23	Jane	USA	5000
4	2019/10/23	John	Canada	2346
5				1567

💬 SELECT 指令的 FROM 子句

在 SELECT 指令的 FROM 子句是用來指定查詢的目標資料表，在 Excel 就是指整個工作表有資料的範圍，或工作表的特定範圍，例如：在 Excel 檔案 " 圖書資料 .xlsx" 擁有【圖書資料】工作表，如下圖所示：

在 SELECT 指令的 FROM 子句就是使用此 Excel 工作表的名稱作為資料表，如下所示：

```
[圖書資料$]
```

上述資料表是名為【圖書資料】的 Excel 工作表，在之後的「$」符號代表整個工作表有資料的範圍，資料表名稱建議使用「[]」方括號括起，以避免名稱中有特殊符號而產生錯誤。

現在，我們可以使用 SELECT 指令查詢此工作表有資料的所有記錄資料，「*」符號代表全部欄位（流程檔：ch7-4a.txt），如下所示：

```
SELECT * FROM [圖書資料$]
```

QueryResult (資料表)			
#	書號	書名	定價
0	P0001	C語言程式設計	500
1	P0002	Python程式設計	550
2	D0001	SQL Server資料庫	600
3	W0001	PHP資料庫程式設計	540
4	W0002	ASP.NET網頁設計	650
5	D0002	Access資料庫	490

上述 FROM 子句的目標資料表是【圖書資料】工作表有資料範圍的 3 個欄位，共 6 筆記錄。如果目標資料表只有工作表的部分範圍，請在「$」符號後指定儲存格範圍（流程檔：ch7-4b.txt），如下所示：

```
SELECT * FROM [圖書資料$A1:C5]
```

QueryResult (資料表)			
#	書號	書名	定價
0	P0001	C語言程式設計	500
1	P0002	Python程式設計	550
2	D0001	SQL Server資料庫	600
3	W0001	PHP資料庫程式設計	540

上述 FROM 子句的目標資料表是工作表 "A1:C5" 範圍的 3 個欄位，共 4 筆記錄。

7-5 實作案例：處理 SQL 查詢結果的日期 / 時間資料

因為在第 7-1-3 節 SQL 查詢結果 QueryResult 物件擁有日期 / 時間資料類型，所以顯示的是完整的日期 / 時間資料，如下圖所示：

#	Date	SalesRep	Country	Amount
0	10/23/2019 12:00:00 AM	Jinie	Brazil	5243
1	10/23/2019 12:00:00 AM	Jane	USA	5000
2	10/23/2019 12:00:00 AM	John	Canada	2346
3	10/23/2019 12:00:00 AM	Joe	Brazil	6643
4	10/23/2019 12:00:00 AM	Jack	Japan	6465
5	10/23/2019 12:00:00 AM	John	China	6345

如果我們只需要日期資料，不需要時間資料。請注意！因為欄位的資料類型是日期 / 時間，我們無法直接修改 QueryResult 資料表物件的欄位值，只能修改 Excel 工作表的欄位，將日期 / 時間資料改成簡短日期。

請將第 7-1-3 節的 ch7-1-3.txt 桌面流程建立成名為【ch7-5】的複本流程（流程檔：ch7-5.txt），然後在原步驟 7 之後插入步驟 8~13，如下圖所示：

■ 8：【Excel> 進階 > 從 Excel 工作表中取得欄上的第 1 個可用列】動作可以取得 ExcelInstance 在寫入 SQL 查詢結果後，A 欄的第 1 個可用列索引，和儲存至 FirstFreeRowOnColumn 變數，如下圖所示：

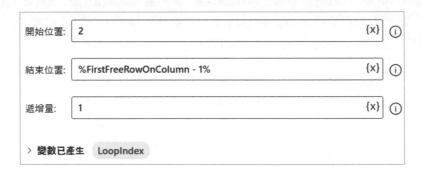

■ 9~13：【迴圈 > 迴圈】動作是因為欲處理的日期 / 時間資料是從第 2 列至 FirstFreeRowOnColumn-1 列為止，所以迴圈的【開始位置】欄是 2；【結束位置】欄是 FirstFreeRowOnColumn-1，遞增量是 1，LoopIndex 變數值就是依序處理的列索引，如下圖所示：

開始位置:	2	{x} ⓘ
結束位置:	%FirstFreeRowOnColumn - 1%	{x} ⓘ
遞增量:	1	{x} ⓘ

> 變數已產生　LoopIndex

■ 11：【Excel> 讀取自 Excel 工作表】動作是讀取欲處理日期 / 時間的儲存格的資料後，儲存至 ExcelData 變數，在【擷取】欄選【單一儲存格的值】，可以取得指定儲存格的資料，在【開始欄】是第 A 欄；【開始列】是 LoopIndex 變數值，可以依序讀取 A 欄每一列的儲存格值，如右圖所示：

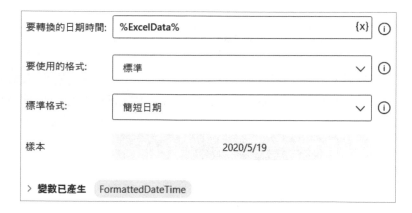

- **12**：【文字 > 將日期時間轉換成文字】動作可以將讀取的 ExcelData 變數值的日期 / 時間轉換成文字後，儲存至 FormatedDateTime 變數，在【要轉換的日期時間】 欄是 ExcelData 變數值，可以轉換成簡短日期的標準格式，如下圖所示：

要轉換的日期時間:	%ExcelData%	{x} ⓘ
要使用的格式:	標準	⌄ ⓘ
標準格式:	簡短日期	⌄ ⓘ
樣本	2020/5/19	
> **變數已產生**　FormattedDateTime		

■ 13：【Excel> 寫入 Excel 工作表】動作是將簡短日期的 FormattedDateTime 變數值寫回原來的儲存格，如下圖所示：

Excel 執行個體：	%ExcelInstance%	⌄	ⓘ
要寫入的值：	%FormattedDateTime%	{x}	ⓘ
寫入模式：	於指定的儲存格	⌄	ⓘ
資料行：	A	{x}	ⓘ
資料列：	%LoopIndex%	{x}	ⓘ

然後，就可以修改最後一個步驟，將 Excel 檔案名稱改為更名成 " 業績 3.xlsx "，如下圖所示：

16	重新命名檔案 將檔案 'D:\ExcelSQL\ch07\活頁簿1.xlsx' 重新命名為 'D:\ExcelSQL\ch07\業績 3.xlsx'，並儲存至清單 RenamedFiles

上述桌面流程的執行結果，可以在「D:\ExcelSQL\ch07」資料夾看到 SQL 查詢結果建立的 Excel 檔案 " 業績 3.xlsx"，可以看到第 1 欄已經改為簡短日期，如下圖所示：

	A	B	C	D
1	Date	SalesRep	Country	Amount
2	2019/10/23	Jinie	Brazil	5243
3	2019/10/23	Jane	USA	5000
4	2019/10/23	John	Canada	2346
5	2019/10/23	Joe	Brazil	6643
6	2019/10/23	Jack	Japan	6465
7	2019/10/23	John	China	6345

‹ › 工作表1 + ⋮

7-6 實作案例：將 **Python** 的 **SQL** 查詢結果匯出成 **CSV** 和 **Excel** 檔案

在第 7-3 節的 Python 程式可以執行 SQL 指令來取得查詢結果，當成功取得查詢結果的 DataFrame 物件後，就可以匯出成 CSV 和 Excel 檔案。

💬 將 SQL 查詢結果匯出成 CSV 檔案 | ch7-6~6a.py

Python 程式：ch7-6.py 是擴充 ch7-3-1.py，在最後呼叫 to_csv() 方法來匯出 CSV 檔案，如下所示：

```
df.to_csv("圖書資料2.csv", index=False, encoding="big5")
```

上述 to_csv() 方法的執行結果可以建立 CSV 檔案 " 圖書資料 2.csv"，如下圖所示：

Python 程式：ch7-6a.py 是擴充 ch7-3-2.py，在最後呼叫 to_csv() 方法來匯出 CSV 檔案，如下所示：

```
df.to_csv("圖書資料3.csv", index=False, encoding="big5")
```

上述 to_csv() 方法的執行結果可以建立 CSV 檔案 " 圖書資料 3.csv"，其內容和 " 圖書資料 2.csv " 完全相同。

💬 將 SQL 查詢結果匯出成 Excel 檔案 ┃ ch7-6b~6c.py

Python 程式：ch7-6b.py 是擴充 ch7-3-1.py，在最後呼叫 to_excel() 方法來匯出 Excel 檔案，如下所示：

```
df.to_excel("圖書資料2.xlsx", sheet_name="圖書資料")
```

上述 to_excel() 方法的執行結果可以建立 Excel 檔案 " 圖書資料 2.xlsx" 的【圖書資料】工作表，如下圖所示：

	A	B	C	D
1		書號	書名	定價
2	0	P0001	C語言程式設計	500
3	1	P0002	Python程式設計	550
4	2	D0001	SQL Server資料庫	600
5	3	W0001	PHP資料庫程式設計	540
6	4	W0002	ASP.NET網頁設計	650
7	5	D0002	Access資料庫	490

‹ › 圖書資料 +

Python 程式：ch7-6c.py 是擴充 ch7-3-2.py，在最後呼叫 to_excel() 方法來匯出 Excel 檔案，如下所示：

```
df.to_excel("圖書資料3.xlsx", sheet_name="圖書資料")
```

上述 to_excel() 方法的執行結果可以建立 Excel 檔案 " 圖書資料 3.xlsx" 的【圖書資料】工作表，其內容和 " 圖書資料 2.xlsx" 完全相同。

CHAPTER

08

使用 SQL 顯示、篩選與
排序 Excel 工作表

8-1 ｜ SQL 語言的 SELECT 指令

SELECT 指令是 SQL 語言記錄存取和資料查詢指令中，語法最複雜的一個，其基本語法如下所示：

```
SELECT 欄位清單
FROM 資料表來源
[WHERE 搜尋條件]
[GROUP BY 欄位清單]
[HAVING 搜尋條件]
[ORDER BY 欄位清單];
```

上述語法的【欄位清單】是查詢結果的欄位清單，WHERE 子句的搜尋條件是多個比較和邏輯運算式所組成，可以篩選 FROM 子句資料表來源的記錄資料。SELECT 指令各子句的簡單說明，如下表所示：

子句	說明
SELECT	指定查詢結果包含哪些欄位
FROM	指定查詢的資料來源是哪些資料表
WHERE	過濾查詢結果的條件，可以從資料表來源篩選符合條件的查詢結果
GROUP BY	將相同欄位值的欄位群組在一起，以便執行群組查詢
HAVING	搭配 GROUP BY 子句進一步篩選群組查詢的條件
ORDER BY	指定查詢結果的排序欄位

上表的 GROUP BY 和 HAVING 是群組查詢，其進一步說明請參閱第 12-2 節。在本章使用的範例 Excel 檔案是 " 銷售系統 .xlsx"，內含 5 個工作表，如下圖所示：

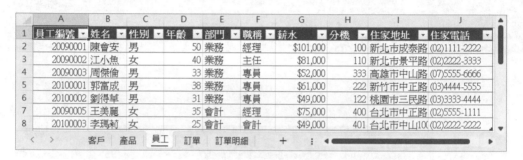

8-2 使用 SQL 指令顯示資料

Excel 只需開啟 Excel 活頁簿，就可以點選下方工作表標籤來顯示工作表的資料，然後調整和捲動視窗來檢視資料。在 SQL 語言是使用 SELECT 指令的 SELECT 子句來顯示全部或指定欄位清單。

8-2-1 顯示全部欄位

Excel 只需在應用程式拖拉調整視窗尺寸，或水平捲動視窗就可以顯示工作表的全部欄位。

💬 **Power Automate + SQL 指令** | ch8-2-1.txt

我們準備詢問 ChatGPT 寫出 SQL 指令來顯示【員工】工作表的全部欄位，其詳細的問題描述（ch8-2-1_gpt.txt），如下所示：

Q 提問

你是 SQL 專家，現在有一個名為 [員工 $] 的資料表，請寫出 SQL 指令敘述可以查詢此資料表的所有欄位。

ChatGPT 寫出的 SQL 指令，如下所示：

```
SELCTE *
FROM [員工$];
```

上述 SELECT 指令是將每一個子句都獨立成行，在 SELECT 子句是使用「*」符號代表資料表的所有欄位，其執行結果如下圖所示：

#	員工編號	姓名	性別	年齡	部門	職稱	薪水	分機	住家地址
0	20090001	陳會安	男	50	業務	經理	101000	100	新北市成泰路1000號
1	20090002	江小魚	女	40	業務	主任	81000	110	新北市景平路100號
2	20090003	周傑倫	男	33	業務	專員	52000	333	高雄市中山路1000號
3	20100001	郭富成	男	38	業務	專員	61000	222	新竹市中正路1000號
4	20100002	劉得華	男	31	業務	專員	49000	122	桃園市三民路1000號
5	20090005	王美麗	女	35	會計	經理	75000	400	台北市中正路1000號
6	20100003	李瑪莉	女	25	會計	會計	49000	401	台北市中山1000號

🔎 **Python 程式** | ch8-2-1.py

Python 程式在呼叫 read_excel() 方法讀取 Excel 檔案的【員工】工作表後，即可顯示 DataFrame 物件的內容，如下所示：

```
import pandas as pd
from pandasql import sqldf
```

```
employees = pd.read_excel("銷售系統.xlsx", sheet_name="員工")
print(employees)
```

上述程式碼建立 DataFrame 物件 employees 後，顯示此物件的內容。我們也可以呼叫 sqldf() 方法來執行前述的 SQL 指令，如下所示：

```
result = sqldf("SELECT * FROM employees;")
print(result)
```

上述 2 個 print() 函數的執行結果相同，都是顯示【員工】工作表的所有欄位和所有記錄，如下所示：

```
   員工編號  姓名 性別 年齡 部門 職稱   薪水  分機      住家地址          住家電話
0 20090001 陳會安 男 50 業務 經理 101000 100 新北市成泰路1000號 (02)1111-2222
1 20090002 江小魚 女 40 業務 主任  81000 110  新北市景平路100號 (02)2222-3333
2 20090003 周傑倫 男 33 業務 專員  52000 333 高雄市中山路1000號 (07)5555-6666
3 20100001 郭富成 男 38 業務 專員  61000 222 新竹市中正路1000號 (03)4444-5555
4 20100002 劉得華 男 31 業務 專員  49000 122 桃園市三民路1000號 (03)3333-4444
5 20090005 王美麗 女 35 會計 經理  75000 400 台北市中正路1000號 (02)5555-1111
6 20100003 李瑪莉 女 25 會計 會計  49000 401  台北市中山1000號 (02)2222-2222
```

8-2-2 顯示部分欄位

Excel 只需在應用程式調整視窗尺寸，就可以只顯示工作表的部分欄位。

💬 **Power Automate + SQL 指令**   ❘ ch8-2-2.txt

我們準備詢問 ChatGPT 寫出 SQL 指令來顯示【員工】工作表的姓名、薪水和住家電話三個欄位，其詳細的問題描述（ch8-2-2_gpt.txt），如下所示：

Q 提問

你是 SQL 專家，現在有一個名為 [員工 $] 的資料表，請寫出 SQL 指令敘述可以查詢此資料表的姓名、薪水和住家電話三個欄位。

ChatGPT 寫出的 SQL 指令，如下所示：

```
SELECT 姓名, 薪水, 住家電話
FROM [員工$];
```

上述 SELECT 指令的 SELECT 子句列
出查詢結果的欄位清單，可以查詢資料
表的部分欄位，其執行結果如右圖所
示：

#	姓名	薪水	住家電話
0	陳會安	101000	(02)1111-2222
1	江小魚	81000	(02)2222-3333
2	周傑倫	52000	(07)5555-6666
3	郭富成	61000	(03)4444-5555
4	劉得華	49000	(03)3333-4444
5	王美麗	75000	(02)5555-1111
6	李瑪莉	49000	(02)2222-2222

🔍 Python 程式 | ch8-2-2.py

Python 程式在呼叫 read_excel() 方法讀取 Excel 檔案的【員工】工作表後，即可取出顯
示 DataFrame 物件的特定欄位，使用的是欄位串列，如下所示：

```
result = employees[['姓名', '薪水', '住家電話']]
```

我們也可以呼叫 sqldf() 方法來執行前述的 SQL 指令，如下所示：

```
result = sqldf("SELECT 姓名, 薪水, 住家電話 FROM employees;")
```

上述 Python 程式的執行結果可以顯示 2 次【員
工】工作表的 3 個欄位和所有記錄，如右所示：

```
   姓名    薪水      住家電話
0 陳會安 101000 (02)1111-2222
1 江小魚  81000 (02)2222-3333
2 周傑倫  52000 (07)5555-6666
3 郭富成  61000 (03)4444-5555
4 劉得華  49000 (03)3333-4444
5 王美麗  75000 (02)5555-1111
6 李瑪莉  49000 (02)2222-2222
```

8-2-3 更改欄位名稱

在 Excel 直接編輯第一列的標題列,就可以更改欄位名稱;SELECT 指令並無法更改欄位名稱,我們只能替欄位名稱取一個別名。

💬 **Power Automate + SQL 指令**　　　　　　　　　　　　| ch8-2-3.txt

我們準備詢問 ChatGPT 寫出 SQL 指令來顯示【員工】工作表的姓名、薪水和住家電話三個欄位,並且分別取別名是員工姓名、員工薪水和員工電話,其詳細的問題描述(ch8-2-3_gpt.txt),如下所示:

> **Q 提問**
>
> 你是 SQL 專家,現在有一個名為 [員工 $] 的資料表,請寫出 SQL 指令敘述可以查詢此資料表的姓名、薪水和住家電話三個欄位,並且改名成員工姓名、員工薪水和員工電話。

ChatGPT 寫出的 SQL 指令,如下所示:

```
SELECT
    姓名 AS 員工姓名,
    薪水 AS 員工薪水,
    住家電話 AS 員工電話
FROM
    [員工$];
```

上述 SELECT 指令的 SELECT 子句是使用 AS 關鍵字指定欄位別名(AS 關鍵字本身可有可無),其執行結果可以看到欄位名稱已經更名,如右圖所示:

#	員工姓名	員工薪水	員工電話
0	陳會安	101000	(02)1111-2222
1	江小魚	81000	(02)2222-3333
2	周傑倫	52000	(07)5555-6666
3	郭富成	61000	(03)4444-5555
4	劉得華	49000	(03)3333-4444
5	王美麗	75000	(02)5555-1111
6	李瑪莉	49000	(02)2222-2222

```
🔍 Python 程式                                    | ch8-2-3.py
```

Python 程式在呼叫 read_excel() 方法讀取 Excel 檔案的【員工】工作表後，即可顯示 DataFrame 物件的特定欄位，使用的是欄位串列，如下所示：

```
result = employees[['姓名','薪水','住家電話']]
result = result.rename(columns={'姓名':'員工姓名',
                                '薪水':'員工薪水',
                                '住家電話': '員工電話'})
```

上述程式碼首先取出 3 個欄位，然後呼叫 rename() 方法來更名欄位，columns 參數是欄位更名對照表的 Python 字典。我們也可以呼叫 sqldf() 方法來執行前述的 SQL 指令，如下所示：

```
result = sqldf("""SELECT
                    姓名 AS 員工姓名,
                    薪水 AS 員工薪水,
                    住家電話 AS 員工電話
               FROM
                    employees;
               """)
```

上述 Python 程式的執行結果可以顯示 2 次【員工】工作表的 3 個欄位和所有記錄，並且看到欄位名稱已經更改，如右所示：

```
   員工姓名  員工薪水      員工電話
0  陳會安  101000 (02)1111-2222
1  江小魚   81000 (02)2222-3333
2  周傑倫   52000 (07)5555-6666
3  郭富成   61000 (03)4444-5555
4  劉得華   49000 (03)3333-4444
5  王美麗   75000 (02)5555-1111
6  李瑪莉   49000 (02)2222-2222
```

8-2-4 顯示前幾筆記錄

Access 的 SQL 語言是使用 TOP 述語（Predicates），而 SQLite 的 SQL 語言是使用 LIMIT 子句來限制只回傳前幾筆記錄。

💬 Power Automate + SQL 指令　　　　　　　　| ch8-2-4.txt

我們準備詢問 ChatGPT 寫出 SQL 指令來顯示【員工】工作表的姓名、薪水和住家電話三個欄位，並且只顯示前 3 筆記錄，其詳細的問題描述（ch8-2-4_gpt.txt），如下所示：

> **Q 提問**
>
> 你是 SQL 專家，現在有一個名為 [員工 $] 的資料表，請寫出 SQL 指令敘述可以查詢此資料表的姓名、薪水和住家電話三個欄位，和只有前 3 筆記錄。

ChatGPT 寫出的 SQL 指令，如下所示：

```
SELECT 姓名, 薪水, 住家電話
FROM 員工$
LIMIT 3;
```

上述 SELECT 指令是使用 LIMIT 子句取回前 3 筆記錄，這是 SQLite 和 MySQL 的 SQL 語法。請繼續交談過程，我們準備修改 SQL 指令敘述改為使用 TOP 述語來改寫，詳細的問題描述（ch8-2-4a_gpt.txt），如下所示：

> **Q 提問**
>
> 請改用 TOP 改寫此 SQL 指令。

ChatGPT 寫出的 SQL 指令，如下所示：

```
SELECT TOP 3 姓名, 薪水, 住家電話
FROM [員工$];
```

上述 SELECT 子句使用 TOP 述語只顯示前 3 筆記錄，其執行結果如右圖所示：

#	姓名	薪水	住家電話
0	陳會安	101000	(02)1111-2222
1	江小魚	81000	(02)2222-3333
2	周傑倫	52000	(07)5555-6666

TOP 述語除了可以取回前 n 筆外，也可以是百分比，即前 n%，其語法如下所示：

```
TOP n [PERCENT]
```

上述 TOP 述語如果加上 PERCENT 關鍵字，n 就是百分比，例如：前百分之 25，因為員工共有 8 位，前 25% 就是 2 筆，如下所示：

```
SELECT TOP 25 PERCENT 姓名, 薪水, 住家電話
FROM [員工$];
```

🔎 Python 程式 | ch8-2-4.py

Python 程式在呼叫 read_excel() 方法讀取 Excel 檔案的【員工】工作表後，即可只顯示 DataFrame 物件的特定欄位，使用的是欄位串列，如下所示：

```
result = employees[['姓名','薪水','住家電話']] .head(3)
```

上述程式碼在取出 3 個欄位後，呼叫 head() 方法取出參數的前 3 筆記錄（沒有參數預設是 5 筆）。我們也可以呼叫 sqldf() 方法來執行前述的 SQL 指令，如下所示：

```
result = sqldf("""SELECT 姓名, 薪水, 住家電話
                  FROM employees
                  LIMIT 3;
               """)
```

上述 SQL 指令是使用 LIMIT 子句，而非 TOP 述語，因為 sqldf() 函數執行的是 SQLite 的 SQL 語言。Python 程式的執行結果可以顯示 2 次【員工】工作表的 3 個欄位和前 3 筆記錄，如右所示：

```
   姓名    薪水      住家電話
0 陳會安 101000 (02)1111-2222
1 江小魚  81000 (02)2222-3333
2 周傑倫  52000 (07)5555-6666
```

Python 的 DataFrame 物件除了取得前幾筆，也可以呼叫 tail() 方法取得最後幾筆，例如：最後 3 筆（沒有參數預設是 5 筆），如下所示：

```
result = employees[['姓名', '薪水', '住家電話']].tail(3)
```

8-2-5 顯示指定範圍的記錄

SQLite 的 SQL 語言是使用 LIMIT 子句來取出前 n 筆，此子句還可以加上位移 m 在位移 m 筆數後，才取出 n 筆，其基本語法有兩種寫法，如下所示：

```
LIMIT m, n
LIMIT n OFFSET m
```

上述 LIMIT 子句可以先位移 m 筆記錄後，取回 n 筆記錄資料。請注意！ Excel 工作表的 Access SQL 並不支援 LIMIT 子句。例如：在【員工】資料表位移 2 筆記錄後，取出 3 筆員工記錄，如下所示：

```
SELECT * FROM employees LIMIT 2, 3;
SELECT * FROM employees LIMIT 3 OFFSET 2;
```

上述 SELECT 指令是使用匯入 Excel 工作表的順序，先位移 2 筆後，才取出 3 筆員工記錄（Python 程式：ch8-2-5.py），如下所示：

```
employees = pd.read_excel("銷售系統.xlsx", sheet_name="員工")
result = employees.iloc[2:5]
```

上述程式碼使用 iloc 索引器取出第 2 筆開始的 3 筆記錄。我們也可以呼叫 sqldf() 方法來執行前述的 2 個 SQL 指令，如下所示：

```
result = sqldf("SELECT * FROM employees LIMIT 2, 3;")
result = sqldf("SELECT * FROM employees LIMIT 3 OFFSET 2;")
```

上述 Python 程式的執行結果顯示【員工】工作表的 3 筆記錄，2 種寫法都是先位移 2 筆，才取出 3 筆，如下圖所示：

```
   員工編號  姓名 性別 年齡 部門 職稱   薪水  分機     住家地址         住家電話
0 20090003 周傑倫 男 33 業務 專員 52000 333 高雄市中山路1000號 (07)5555-6666
1 20100001 郭富成 男 38 業務 專員 61000 222 新竹市中正路1000號 (03)4444-5555
2 20100002 劉得華 男 31 業務 專員 49000 122 桃園市三民路1000號 (03)3333-4444
```

8-3 使用 SQL 指令排序資料

排序（Sorting）就是在 Excel 工作表依欄位值來從小到大，或從大到小來重新排列資料。SELECT 指令可以使用 ORDER BY 子句依照欄位由小到大或由大到小進行排序，其基本語法如下所示：

```
ORDER BY 運算式 {ASC | DESC} [, 運算式 {ASC | DESC}...]
```

上述語法的排序方式預設是由小到大排序的 ASC，如果希望由大至小，請使用 DESC 關鍵字。

在 Excel 只需選取單一欄位或多個欄位後，即可選取【資料】索引標籤，在「排序與篩選」群組點選相關排序鈕來進行排序，【AZ↓】鈕是從小到大；【ZA↓】鈕是從大到小排序，或按【排序】鈕來進行排序，如右圖所示：

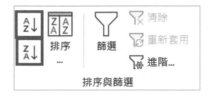

💬 **Power Automate + SQL 指令** | `ch8-3.txt`

我們準備詢問 ChatGPT 寫出 SQL 指令來顯示【員工】工作表的姓名、薪水和住家電話三個欄位，並且使用薪水欄位進行排序，其詳細的問題描述（ch8-3_gpt.txt），如下所示：

> **Q 提問**
>
> 你是 SQL 專家，現在有一個名為 [員工 $] 的資料表，請寫出 SQL 指令敘述可以查詢此資料表的姓名、薪水和住家電話三個欄位，並且使用薪水欄位排序。

ChatGPT 寫出的 SQL 指令，如下所示：

```
SELECT 姓名, 薪水, 住家電話
FROM [員工$]
ORDER BY 薪水;
```

上述 SELECT 指令的執行結果是以 " 薪水 " 欄位由小到大進行排序（此為預設 ASC），如右圖所示：

#	姓名	薪水	住家電話
0	李瑪莉	49000	(02)2222-2222
1	劉得華	49000	(03)3333-4444
2	周傑倫	52000	(07)5555-6666
3	郭富成	61000	(03)4444-5555
4	王美麗	75000	(02)5555-1111
5	江小魚	81000	(02)2222-3333
6	陳會安	101000	(02)1111-2222

我們只需在最後加上 DESC，就可以改為使用薪水欄位由大到小進行排序，如下所示：

```
SELECT 姓名, 薪水, 住家電話
FROM [員工$]
ORDER BY 薪水 DESC;
```

上述 SELECT 指令的執行結果是以 " 薪水 " 欄位由大到小進行排序，如右圖所示：

#	姓名	薪水	住家電話
0	陳會安	101000	(02)1111-2222
1	江小魚	81000	(02)2222-3333
2	王美麗	75000	(02)5555-1111
3	郭富成	61000	(03)4444-5555
4	周傑倫	52000	(07)5555-6666
5	李瑪莉	49000	(02)2222-2222
6	劉得華	49000	(03)3333-4444

請繼續交談過程，我們準備修改 SQL 指令敘述新增部門排序欄位，並且改用部門和薪水共 2 個欄位來進行排序，詳細的問題描述（ch8-3a_gpt.txt），如下所示：

Q 提問

請新增部門欄位，並且改用部門和薪水欄位進行排序。

ChatGPT 寫出的 SQL 指令，如下所示：

```
SELECT 姓名, 薪水, 住家電話, 部門
FROM [員工$]
ORDER BY 部門, 薪水;
```

上述 SELECT 子句的執行結果，可以看到先用部門排序，然後用薪水欄位進行排序，如下圖所示：

#	姓名	薪水	住家電話	部門
0	李瑪莉	49000	(02)2222-2222	會計
1	王美麗	75000	(02)5555-1111	會計
2	劉得華	49000	(03)3333-4444	業務
3	周傑倫	52000	(07)5555-6666	業務
4	郭富成	61000	(03)4444-5555	業務
5	江小魚	81000	(02)2222-3333	業務
6	陳會安	101000	(02)1111-2222	業務

🔎 Python 程式　　　　　　　　　　　　　| ch8-3.py

Python 程式在呼叫 read_excel() 方法讀取 Excel 檔案的【員工】工作表後，使用欄位串列只顯示 DataFrame 物件的 3 個欄位，然後呼叫 sort_values() 方法進行排序，如下所示：

```
result = employees[["姓名","薪水",
                "住家電話"]].sort_values(["薪水"])
result = employees[["姓名","薪水",
                "住家電話"]].sort_values(["薪水"],
                            ascending=False)
```

上述第 1 個 sort_values() 方法是以參數欄位串列進行排序，預設是從小到大，第 2 個 sort_values() 方法加上 ascending=False 參數，所以改成從大到小。

在 sort_values() 方法參數的排序欄位是一個串列，我們可以同時指定多個排序欄位，如下所示：

```
result = employees[["姓名","薪水","住家電話",
                     "部門"]].sort_values(["部門","薪水"])
```

上述程式碼首先新增 " 部門 " 欄位，然後使用 " 部門 " 和 " 薪水 " 欄位進行排序。同理，我們也可以呼叫 3 次 sqldf() 方法來執行前述的 3 個 SQL 指令，如下所示：

```
result = sqldf("""SELECT 姓名, 薪水, 住家電話
                  FROM employees
                  ORDER BY 薪水;
              """)
result = sqldf("""SELECT 姓名, 薪水, 住家電話
                  FROM employees
                  ORDER BY 薪水 DESC;
              """)
result = sqldf("""SELECT 姓名, 薪水, 住家電話, 部門
                  FROM employees
                  ORDER BY 部門, 薪水;
              """)
```

8-4 ‹ 使用 SQL 指令篩選資料

在 Excel 工作表選擇資料範圍的一整列或一整欄後，就可以在【資料】索引標籤的「排序與篩選」群組，點選【篩選】或【進階】來篩選工作表的資料，如右圖所示：

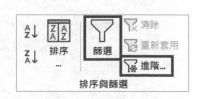

SELECT 指令在 WHERE 子句的篩選條件才是真正的查詢條件，可以過濾記錄和找出符合所需條件的記錄資料，其基本語法如右所示：

WHERE 查詢條件

上述查詢條件是使用運算子建立的過濾篩選條件，查詢結果可以取回符合條件的記錄資料。

8-4-1 比較運算子

在 WHERE 子句的條件是使用比較運算子（Comparison Operators）建立的條件運算式，其說明如下表所示：

比較運算子	說明
=	相等
＜＞	不相等
＞	大於
＞＝	大於等於
＜	小於
＜＝	小於等於

💬 **Power Automate + SQL 指令**　　　　　　　　　`ch8-4-1.txt`

在條件運算式的運算元欄位可以是字串、數值或日期 / 時間等資料，如下所示：

■ **條件值是字串**：WHERE 子句的條件可以是字串比較，請注意！條件的欄位值是字串，就需要使用單引號或雙引號括起。我們準備詢問 ChatGPT 寫出 SQL 指令來顯示【員工】工作表的姓名、薪水和住家電話三個欄位，篩選條件是姓名等於陳會安，其詳細的問題描述（ch8-4-1_gpt.txt），如下所示：

> **Q 提問**
>
> 你是 SQL 專家，現在有一個名為 [員工 $] 的資料表，請寫出 SQL 指令敘述可以查詢此資料表的姓名、薪水和住家電話三個欄位，其篩選條件是姓名等於陳會安。

ChatGPT 寫出的 SQL 指令，如下所示：

```
SELECT 姓名, 薪水, 住家電話
FROM [員工$]
WHERE 姓名 = '陳會安';
```

上述 WHERE 子句是用「=」比較運算
子，可以找到 1 筆符合條件的記錄，如
右圖所示：

#	姓名	薪水	住家電話
0	陳會安	101000	(02)1111-2222

■ **條件值是數值**：WHERE 子句的條件運算式的條件值是數值時，數值欄位並不需
要使用單引號或雙引號括起。我們準備詢問 ChatGPT 寫出 SQL 指令來顯示【員
工】工作表薪水欄位小於 50000 元的員工記錄，其詳細的問題描述（ch8-4-1a_
gpt.txt），如下所示：

Q 提問

你是 SQL 專家，現在有一個名為 [員工 $] 的資料表，請寫出 SQL 指令敘述可以查詢薪
水欄位小於 50000 元的員工記錄。

ChatGPT 寫出的 SQL 指令，如下所示：

```
SELECT *
FROM [員工$]
WHERE 薪水 < 50000;
```

上述 WHERE 子句的條件是數值，比較運算子是「<」小於，其執行結果可以找到 2
筆符合條件的記錄，如下圖所示：

#	員工編號	姓名	性別	年齡	部門	職稱	薪水	分機	住家地址
0	20100002	劉得華	男	31	業務	專員	49000	122	桃園市三民路1000號
1	20100003	李瑪莉	女	25	會計	會計	49000	401	台北市中山1000號

■ **條件值是日期 / 時間**：WHERE 子句的條件運算式的條件值是日期 / 時間時，如同字串，我們也需要使用特定符號來括起。因為【員工】工作表並沒有日期 / 時間欄位，所以改用【產品】工作表，我們準備詢問 ChatGPT 寫出 SQL 指令來顯示【產品】工作表入庫日期是 '2023-01-25' 的產品記錄，其詳細的問題描述（ch8-4-1b_gpt.txt），如下所示：

Q 提問

你是 SQL 專家，現在有一個名為 [產品 $] 的資料表，請寫出 SQL 指令敘述可以查詢入庫日期欄位是 '2023-01-25' 的產品記錄。

ChatGPT 寫出的 SQL 指令，如下所示：

```
SELECT *
FROM [產品$]
WHERE 入庫日期 = '2023-01-25';
```

上述 WHERE 子句的條件值是日期 / 時間值，請注意！因為 Access SQL 比較特別，日期 / 時間值需要使用「#」符號括起，並不是 SQL Server、MySQL 或 SQLite SQL 語言的單引號或雙引號括起。

請繼續交談過程，我們準備修改 SQL 指令敘述改用 Access SQL 語言的寫法，詳細的問題描述（ch8-4-1c_gpt.txt），如下所示：

Q 提問

請改用 Access SQL 的日期 / 時間值。

ChatGPT 寫出的 SQL 指令，如下所示：

```
SELECT *
FROM [產品$]
WHERE 入庫日期 = #2023-01-25#;
```

上述 SELECT 指令的執行結果可以找到 2 筆符合條件的記錄，如下圖所示：

#	產品編號	產品名稱	產品說明	定價	入庫日期	庫存量	安全庫存
0	P001	iPhone SE-64GB	4.7吋螢幕白色	13900	1/25/2023 12:00:00 AM	10	5
1	P002	iPhone 11-64GB	6.1吋螢幕黃色	20900	1/25/2023 12:00:00 AM	50	5

🔎 Python 程式 　　　　　　　　　　　　　　　　| ch8-4-1.py

Python 程式是呼叫 read_excel() 方法來讀取 Excel 檔案，因為本節會使用 2 個工作表，所以 sheet_name 參數是串列，如下所示：

```
df = pd.read_excel("銷售系統.xlsx", sheet_name=["員工", "產品"])
employees = df["員工"]
products = df["產品"]
```

上述 read_excel() 方法讀取 2 個工作表成為 DataFrame 字典後，分別取出員工 employees 和產品 products。首先是字串條件，如下所示：

```
result = employees[employees["姓名"] == '陳會安'][
                    ["姓名","薪水","住家電話"]]
```

上述條件是使用 employees[" 姓名 "] == ' 陳會安 ' 來篩選記錄，在之後的串列是篩選欄位。然後是數值條件，如下所示：

```
result = employees[employees["薪水"] < 50000]
```

上述條件是使用 employees[" 薪水 "] < 50000 篩選記錄，因為是全部欄位，所以在之後就不需欄位串列。最後是日期 / 時間條件，如下所示：

```
result = products[products["入庫日期"] == '2023-01-25']
```

上述條件如同字串條件，日期值也是使用單引號括起。我們也可以呼叫 3 次 sqldf() 方法來執行前述的 3 個 SQL 指令，如下所示：

```
result = sqldf("""SELECT 姓名, 薪水, 住家電話
                FROM employees
```

```
                WHERE 姓名 = '陳會安';
            """)
result = sqldf("""SELECT *
                FROM employees
                WHERE 薪水 < 50000;
            """)
result = sqldf("""SELECT *
                FROM products
                WHERE DATE(入庫日期) = '2023-01-25';
            """)
```

上述前 2 個 SQL 指令是使用 DataFrame 物件 employees，最後 1 個是使用 DataFrame 物件 products，請注意！因為 Pandas 讀取的 Excel 日期資料 2023/1/25 會自動轉換成日期 / 時間資料，如下所示：

```
2023-01-25 00:00:00.000000
```

但是，在 WHERE 子句的條件只有比較日期，所以先使用 SQL 函數 DATE() 取出日期 / 時間欄位中的日期部分後，才進行比較（在 **SQLite** 的 SQL 語言是使用單引號或雙引號括起），如下所示：

```
DATE(入庫日期) = '2023-01-25'
```

Python 程式的執行結果和 Power Automate+SQL 桌面流程的執行結果是相同的。

Python 程式：ch8-4-1a.py 是修改第 7-3-1 節的 Python 程式，這是使用 pyodbc 套件在 Excel 工作表執行 SQL 指令，我們準備測試 Access SQL 的日期比較條件，如下所示：

```
sql = """SELECT *
        FROM [產品$]
        WHERE 入庫日期 = #2023-01-25#;
    """
```

請注意！上述 Access 的 SQL 指令可以直接比較日期，並不需要先取出日期資料後才執行日期比較。

8-4-2 述語的比較運算子

述語（Predicates）的原意是句子的敘述內容，即動詞、修飾語、受詞和補語等，在 WHERE 條件的述語可以視為一種特殊版本的比較運算子，其說明如下表所示：

述語	說明
LIKE	包含，只需是子字串即符合條件
BETWEEN/AND	在一個範圍之內
IN	屬於清單的其中之一

上表 LIKE、BETWEEN/AND 和 IN 可以配合 NOT 邏輯運算子建立 NOT LIKE、NOT BETWEEN/AND 和 NOT IN 比較運算子，這幾個比較運算子的說明請參閱第 8-4-3 節的說明。在這一節的 Excel 範例是【產品】工作表，其內容如下圖所示：

	A	B	C	D	E	F	G
1	產品編號	產品名稱	產品說明	定價	入庫日期	庫存量	安全庫存
2	P001	iPhone SE-64GB	4.7吋螢幕白色	NT$13,900	2023/1/25	10	5
3	P002	iPhone 11-64GB	6.1吋螢幕黃色	NT$20,900	2023/1/25	50	5
4	P003	iPhone 11-128GB	6.1吋螢幕黃色	NT$21,500	2023/3/30	80	10
5	P004	iPhone 11 Pro-64GB	5.8吋螢幕黑色	NT$30,999	2023/5/20	150	10
6	P005	iPhone 12-64GB	6.1吋螢幕白色	NT$26,900	2022/10/25	100	10
7	P006	iPhone 12-128GB	6.1吋螢幕白色	NT$28,500	2022/11/3	200	20
8	P006	iPhone 12-128GB	6.1吋螢幕白色	NT$28,500	2022/11/3	200	20

〈 〉　　客戶　**產品**　員工　訂單　訂單明細 ⋯ ＋ ⋮

 重點

LIKE 包含子字串述語

WHERE 子句的條件欄位可以使用 LIKE 述語進行比較，LIKE 述語就是一種子字串查詢，只需包含子字串就符合條件。我們還可以配合萬用字元來進行範本字串的比對，如下表所示：

萬用字元	說明
%	代表 0 或更多任意長度字元的任何字串
_	代表一個字元長度的任何字元

💬 **Power Automate + SQL 指令** | ch8-4-2.txt

我們準備詢問 ChatGPT 寫出 SQL 指令來顯示【產品】工作表的產品編號、產品名稱、產品說明和定價四個欄位，其篩選條件是產品說明擁有特定子字串，其詳細的問題描述（ch8-4-2_gpt.txt），如下所示：

> **Q 提問**
>
> 你是 SQL 專家，現在有一個名為 [產品 $] 的資料表，請寫出 SQL 指令敘述可以查詢此資料表的產品編號、產品名稱、產品說明和定價四個欄位，其篩選條件是產品說明有 ' 黃 ' 子字串。

ChatGPT 寫出的 SQL 指令，如下所示：

```
SELECT 產品編號, 產品名稱, 產品說明, 定價
FROM [產品$]
WHERE 產品說明 LIKE '%黃%';
```

上述 SELECT 指令的「%」符號在 Power Automate 需要使用「%%」，即 2 個「%」，如下所示：

```
SELECT 產品編號, 產品名稱, 產品說明, 定價
FROM [產品$]
WHERE 產品說明 LIKE '%%黃%%';
```

上述 SELECT 指令的條件是使用 LIKE 述語查詢產品說明擁有 ' 黃 ' 子字串。換句話說，只需欄位值擁有子字串 ' 黃 ' 就符合條件，共找到 2 筆記錄，如下圖所示：

#	產品編號	產品名稱	產品說明	定價
0	P002	iPhone 11-64GB	6.1吋螢幕黃色	20900
1	P003	iPhone 11-128GB	6.1吋螢幕黃色	21500

然後我們準備修改篩選條件，改為查詢定價的百位數是 '9'。請繼續交談過程，其詳細的問題描述（ch8-4-2a_gpt.txt），如下所示：

Q 提問

因為定價是文字類型，請修改 SQL 指令敘述，將條件改用萬用字元來篩選定價，百位數是數字 '9'，在之前可為任何字串，之後的 2 個位數是任何字串。

ChatGPT 寫出的 SQL 指令，如下所示：

```
SELECT 產品編號, 產品名稱, 產品說明, 定價
FROM [產品$]
WHERE 定價 LIKE '%9__';
```

上述 SELECT 指令的「%」符號在 Power Automate 需要使用「%%」，如下所示：

```
SELECT 產品編號, 產品名稱, 產品說明, 定價
FROM [產品$]
WHERE 定價 LIKE '%%9__';
```

上述 SELECT 指令的 '_' 萬用字元可以代表任何一個字元，欄位的第 3 個字元是百位數 '9'，之後 2 個可是任何字元，共找到 4 筆記錄，如下圖所示：

#	產品編號	產品名稱	產品說明	定價
0	P001	iPhone SE-64GB	4.7吋螢幕白色	13900
1	P002	iPhone 11-64GB	6.1吋螢幕黃色	20900
2	P004	iPhone 11 Pro-64GB	5.8吋螢幕黑色	30999
3	P005	iPhone 12-64GB	6.1吋螢幕白色	26900

𝒫 Python 程式 | ch8-4-2.py

Python 程式是呼叫 read_excel() 方法來讀取 Excel 檔案的【產品】工作表，所以 sheet_name 參數值是 " 產品 "，如下所示：

```python
products = pd.read_excel("銷售系統.xlsx", sheet_name="產品")
products["定價"] = products["定價"].astype("string")
```

上述程式碼因為【定價】欄位是數字，所以使用 astype() 方法轉換成字串後，才能進行篩選。首先是使用「%」萬用字元的 SQL 指令，如下所示：

```python
result = products.query("產品說明.str.contains('黃')")
```

上述 query() 方法使用類似 WHERE 條件來篩選 DataFrame 資料，其參數是一個字串，以此例的條件是使用 str.contains() 方法，這是 Series 物件的字串方法，可以檢查 DataFrame 物件某一欄的元素是否包含特定子字串，以此例就是 '黃 '，請注意！因為在外部的字串是用「"」雙引號；所以在字串中是用「'」單引號括起。

在第 8-4-1 節日期 / 時間條件值的 WHERE 條件也可改用 query() 方法來實作，如下所示：

```python
result = products.query("入庫日期 == '2023-01-25'")
```

因為前述第 2 個 SQL 指令是使用「_」萬用字元，在 Python 程式一樣是使用 str.contains() 方法，如下所示：

```python
result = products.query("定價.str.contains('9..$')")
```

上述方法的參數條件是正規表達式（Regular Expression）範本字串，可以用來比對目標字串是否符合範本，以此例的 '9..$' 就是範本字串，第 1 個字元可以比對出字元 '9'，之後的 2 個 '.' 字元，一個 '.' 字元可比對出任意一個字元（換行符號除外），因為有 2 個，所以接著有 2 個任意字元，最後的 '$' 字元表示從字串結尾開始反向進行比對，可以找出百位數是 9 的任意數值。

我們也可以呼叫 2 次 sqldf() 方法來執行前述的 2 個 SQL 指令,如下所示:

```
result = sqldf("""SELECT 產品編號, 產品名稱, 產品說明, 定價
                  FROM products
                  WHERE 產品說明 LIKE '%黃%';
               """)
result = sqldf("""SELECT 產品編號, 產品名稱, 產品說明, 定價
                  FROM products
                  WHERE 定價 LIKE '%9__';
               """)
```

 重點

BETWEEN/AND 範圍述語

BETWEEN/AND 述語可以定義欄位值需要符合的範圍,其範圍值可以是文字、數值或和日期 / 時間資料。

💬 Power Automate + SQL 指令　　　　　　　　ch8-4-2a.txt

我們準備詢問 ChatGPT 寫出 SQL 指令來顯示【產品】工作表的產品編號、產品名稱、定價和入庫日期四個欄位,篩選條件是入庫日期欄位的範圍,其詳細的問題描述(ch8-4-2b_gpt.txt),如下所示:

Q 提問

你是 SQL 專家,現在有一個名為 [產品 $] 的資料表,請寫出 SQL 指令敘述可以查詢此資料表的產品編號、產品名稱、定價和入庫日期四個欄位,其篩選條件是入庫日期欄位的範圍是 2023 年 1 月 1 日到 2023 年 3 月 31 日的產品。

ChatGPT 寫出的 SQL 指令，如下所示：

```
SELECT 產品編號, 產品名稱, 定價, 入庫日期
FROM [產品$]
WHERE 入庫日期 BETWEEN '2023-01-01' AND '2023-03-31';
```

上述 SELECT 指令日期 / 時間值在 Access SQL 需要使用「#」括起，如下所示：

```
SELECT 產品編號, 產品名稱, 定價, 入庫日期
FROM [產品$]
WHERE 入庫日期 BETWEEN #2023-01-01# AND #2023-03-31#;
```

上述 SELECT 指令為日期範圍，共找到 3 筆記錄，如下圖所示：

#	產品編號	產品名稱	定價	入庫日期
0	P001	iPhone SE-64GB	13900	1/25/2023 12:00:00 AM
1	P002	iPhone 11-64GB	20900	1/25/2023 12:00:00 AM
2	P003	iPhone 11-128GB	21500	3/30/2023 12:00:00 AM

然後我們準備修改篩選條件，改為定價範圍。請繼續交談過程，其詳細的問題描述（ch8-4-2c_gpt.txt），如下所示：

Q 提問

請修改 SQL 指令敘述，將條件改為定價範圍在 15000 到 25000 之間。

ChatGPT 寫出的 SQL 指令，如下所示：

```
SELECT 產品編號, 產品名稱, 定價, 入庫日期
FROM [產品$]
WHERE 定價 BETWEEN 15000 AND 25000;
```

上述 SELECT 指令的條件是定價的範圍，共找到 2 筆記錄，如下圖所示：

#	產品編號	產品名稱	定價	入庫日期
0	P002	iPhone 11-64GB	20900	1/25/2023 12:00:00 AM
1	P003	iPhone 11-128GB	21500	3/30/2023 12:00:00 AM

🔎 Python 程式 | ch8-4-2a.py

Python 程式是呼叫 read_excel() 方法來讀取 Excel 檔案的【產品】工作表，可以建立 DataFrame 物件 products，如下所示：

```
products = pd.read_excel("銷售系統.xlsx", sheet_name="產品")
products2 = products[["產品編號","產品名稱","定價","入庫日期"]]
```

上述程式碼取出 4 個欄位建立 products2 的 DataFrame 物件後，就可以使用範圍條件來進行篩選，首先是入庫日期的日期範圍，如下所示：

```
result = products2[(products2["入庫日期"] >= '2023-01-01') &
                   (products2["入庫日期"] <= '2023-03-31')]
```

上述條件是「&」且條件，即入庫日期大於等於 '2023-01-01'，且小於等於 '2023-03-31'。然後是定價的數值範圍，如下所示：

```
result = products2[(products2["定價"] >= 15000) &
                   (products2["定價"] <= 25000)]
```

我們也可以呼叫 2 次 sqldf() 方法來執行前述的 2 個 SQL 指令，如下所示：

```
result = sqldf("""SELECT 產品編號, 產品名稱, 定價, 入庫日期
                FROM products
                WHERE DATE(入庫日期) BETWEEN '2023-01-01'
                                  AND '2023-03-31';
            """)
```

```
result = sqldf("""SELECT 產品編號, 產品名稱, 定價, 入庫日期
                  FROM products
                  WHERE 定價 BETWEEN 15000 AND 25000;
              """)
```

上述第 1 個 SQL 指令呼叫 DATE() 函數取出日期資料來進行範圍篩選。

 重點

IN 述語

IN 述語只需是清單其中之一即可，我們需要列出一串字串或數值清單作為條件，此時的欄位值只需是其中之一，就符合條件。

💬 **Power Automate + SQL 指令** | ch8-4-2b.txt

我們準備詢問 ChatGPT 寫出 SQL 指令來顯示【產品】工作表的產品編號、產品名稱、定價和入庫日期四個欄位，篩選條件是產品編號清單，其詳細的問題描述（ch8-4-2d_gpt.txt），如下所示：

Q 提問

你是 SQL 專家，現在有一個名為 [產品 $] 的資料表，請寫出 SQL 指令敘述可以查詢此資料表的產品編號、產品名稱、定價和入庫日期四個欄位，其篩選條件為產品編碼是 'P001'、'P003' 和 'P005'。

ChatGPT 寫出的 SQL 指令，如下所示：

```
SELECT 產品編號, 產品名稱, 定價, 入庫日期
FROM [產品$]
WHERE 產品編號 IN ('P001', 'P003', 'P005');
```

上述 SELECT 指令的篩選條件是產品編號清單，共找到 3 筆記錄，如下圖所示：

#	產品編號	產品名稱	定價	入庫日期
0	P001	iPhone SE-64GB	13900	1/25/2023 12:00:00 AM
1	P003	iPhone 11-128GB	21500	3/30/2023 12:00:00 AM
2	P005	iPhone 12-64GB	26900	10/25/2022 12:00:00 AM

然後我們準備修改篩選條件，改為定價清單。請繼續交談過程，其詳細的問題描述（ch8-4-2e_gpt.txt），如下所示：

Q 提問

請修改 SQL 指令敘述，將條件改為定價是 13900 和 21500。

ChatGPT 寫出的 SQL 指令，如下所示：

```
SELECT 產品編號, 產品名稱, 定價, 入庫日期
FROM [產品$]
WHERE 定價 IN (13900, 21500);
```

上述 SELECT 指令的篩選條件是定價清單，共找到 2 筆記錄，如下圖所示：

#	產品編號	產品名稱	定價	入庫日期
0	P001	iPhone SE-64GB	13900	1/25/2023 12:00:00 AM
1	P003	iPhone 11-128GB	21500	3/30/2023 12:00:00 AM

🔎 Python 程式　　　　　　　　　　　　　　**| ch8-4-2b.py**

Python 程式是呼叫 read_excel() 方法來讀取 Excel 檔案的【產品】工作表，可以建立 DataFrame 物件 products，如下所示：

```
products = pd.read_excel("銷售系統.xlsx", sheet_name="產品")
products2 = products[["產品編號","產品名稱","定價","入庫日期"]]
```

上述程式碼取出 4 個欄位建立 products2 的 DataFrame 物件後，就可以使用清單條件來進行篩選，首先是產品編號清單，如下所示：

```
result = products2[products2["產品編號"].isin(['P001','P003','P005'])]
```

上述條件是使用 isin() 方法，其參數就是產品編號清單的串列。然後是定價清單，如下所示：

```
result = products2[products2["定價"].isin([13900,21500])]
```

我們也可以呼叫 2 次 sqldf() 方法來執行前述的 2 個 SQL 指令，如下所示：

```
result = sqldf("""SELECT 產品編號, 產品名稱, 定價, 入庫日期
                FROM products
                WHERE 產品編號 IN ('P001', 'P003', 'P005');
          """)
result = sqldf("""SELECT 產品編號, 產品名稱, 定價, 入庫日期
                FROM products
                WHERE 定價 IN (13900, 21500);
          """)
```

8-4-3 使用邏輯運算子建立複雜條件

邏輯運算子（Logical Operators）可以連接多個條件運算式來建立篩選資料的複雜條件。在 WHERE 子句的搜尋條件可以使用的邏輯運算子說明，如下表所示：

邏輯運算子	說明
NOT	非，否定運算式的結果
AND	且，需要連接的 2 個運算子都會真，才是真
OR	或，只需其中一個運算子為真，即為真

重點

NOT 運算子

NOT 運算子可以搭配述語或條件運算式，取得與條件相反的查詢結果，如下表
所示：

比較運算子	說明
NOT LIKE	否定 LIKE 述語
NOT BETWEEN	否定 BETWEEN/AND 述語
NOT IN	否定 IN 述語

💬 Power Automate + SQL 指令　　　　　　　| ch8-4-3.txt

因為 NOT 運算子可以取得與條件相反的查詢結果，所以我們準備直接修改第 8-4-2
節的第 1 個 LIKE 述語的 SQL 指令，如下所示：

```
SELECT 產品編號, 產品名稱, 產品說明, 定價
FROM [產品$]
WHERE 產品說明 NOT LIKE '%黃%';
```

上述 SELECT 指令的 WHERE 條件加了 NOT 運算子，其中的「%」符號在 Power
Automate 需要使用「%%」，如下所示：

```
SELECT 產品編號, 產品名稱, 產品說明, 定價
FROM [產品$]
WHERE 產品說明 NOT LIKE '%%黃%%';
```

上述 SELECT 指令的條件是使用 LIKE 述語查詢產品說明擁有 ' 黃 ' 子字串。因為加
了 NOT，只需欄位值沒有子字串 ' 黃 ' 就符合條件，共找到 5 筆記錄，如右圖所示：

#	產品編號	產品名稱	產品說明	定價
0	P001	iPhone SE-64GB	4.7吋螢幕白色	13900
1	P004	iPhone 11 Pro-64GB	5.8吋螢幕黑色	30999
2	P005	iPhone 12-64GB	6.1吋螢幕白色	26900
3	P006	iPhone 12-128GB	6.1吋螢幕白色	28500
4	P006	iPhone 12-128GB	6.1吋螢幕白色	28500

第 2 個是修改第 8-4-2 節 BETWEEN/AND 範圍述語的第 1 個 SQL 指令,如下所示:

```
SELECT 產品編號, 產品名稱, 定價, 入庫日期
FROM [產品$]
WHERE 入庫日期 NOT BETWEEN '2023-01-01' AND '2023-03-31';
```

上述 SELECT 指令的 WHERE 條件加了 NOT 運算子,請注意!日期 / 時間值在 Access SQL 需要使用「#」括起,如下所示:

```
SELECT 產品編號, 產品名稱, 定價, 入庫日期
FROM [產品$]
WHERE 入庫日期 NOT BETWEEN #2023-01-01# AND #2023-03-31#;
```

上述 SELECT 指令為日期範圍,因為加了 NOT 運算子,所以共找到 4 筆記錄,如下圖所示:

#	產品編號	產品名稱	定價	入庫日期
0	P004	iPhone 11 Pro-64GB	30999	5/20/2023 12:00:00 AM
1	P005	iPhone 12-64GB	26900	10/25/2022 12:00:00 AM
2	P006	iPhone 12-128GB	28500	11/3/2022 12:00:00 AM
3	P006	iPhone 12-128GB	28500	11/3/2022 12:00:00 AM

最後是修改第 8-4-2 節 IN 述語的第 1 個 SQL 指令，如下所示：

```
SELECT 產品編號, 產品名稱, 定價, 入庫日期
FROM [產品$]
WHERE 產品編號 NOT IN ('P001', 'P003', 'P005');
```

上述 SELECT 指令的篩選條件是非產品編號清單中的產品編號，共找到 4 筆記錄，如下圖所示：

#	產品編號	產品名稱	定價	入庫日期
0	P002	iPhone 11-64GB	20900	1/25/2023 12:00:00 AM
1	P004	iPhone 11 Pro-64GB	30999	5/20/2023 12:00:00 AM
2	P006	iPhone 12-128GB	28500	11/3/2022 12:00:00 AM
3	P006	iPhone 12-128GB	28500	11/3/2022 12:00:00 AM

🔍 Python 程式　　　　　　　　　　　　　　　| ch8-4-3.py

Python 程式是呼叫 read_excel() 方法來讀取 Excel 檔案的【產品】工作表，然後使用 Python 的「~」運算子對應 SQL 語言的 NOT 運算子。首先是 NOT LIKE 運算子，如下所示：

```
products2 = products[["產品編號","產品名稱","產品說明","定價"]]
result = products2[~products2["產品說明"].str.contains('黃')]
```

然後是 NOT BETWEEN/AND 運算子，如下所示：

```
products2 = products[["產品編號","產品名稱","定價","入庫日期"]]
result = products2[~((products2["入庫日期"] >= '2023-01-01') &
                     (products2["入庫日期"] <= '2023-03-31'))]
```

最後是 NOT IN 運算子，如下所示：

```
result = products2[~products2["產品編號"].isin(['P001','P003','P005'])]
```

我們也可以呼叫 3 次 sqldf() 方法來執行前述的 3 個 SQL 指令，如下所示：

```
result = sqldf("""SELECT 產品編號, 產品名稱, 產品說明, 定價
                  FROM products
                  WHERE NOT 產品說明 LIKE '%黃%';
               """)
result = sqldf("""SELECT 產品編號, 產品名稱, 定價, 入庫日期
                  FROM products
                  WHERE NOT DATE(入庫日期) BETWEEN '2023-01-01'
                                      AND '2023-03-31';
               """)
result = sqldf("""SELECT 產品編號, 產品名稱, 定價, 入庫日期
                  FROM products
                  WHERE 產品編號 NOT IN ('P001', 'P003', 'P005');
               """)
```

重點

AND 與 OR 運算子

AND 運算子連接的前後運算式都必須同時為真，整個 WHERE 子句的條件才為真。OR 運算子只需前後運算式任一個為真，即為真。

💬 Power Automate + SQL 指令　　　　│ ch8-4-3a.txt

我們準備詢問 ChatGPT 寫出 SQL 指令來顯示【產品】工作表的產品編號、產品名稱、產品說明和定價四個欄位，篩選條件是使用 AND 連接 2 個 LIKE 包含子字串條件，其詳細的問題描述（ch8-4-3_gpt.txt），如下所示：

Q 提問

你是 SQL 專家，現在有一個名為 [產品 $] 的資料表，請寫出 SQL 指令敘述可以查詢此
資料表的產品編號、產品名稱、產品說明和定價四個欄位，其篩選條件是產品名稱欄位
包含 '11' 子字串，而且產品說明欄位有 '6.1' 子字串。

ChatGPT 寫出的 SQL 指令，如下所示：

```
SELECT 產品編號, 產品名稱, 產品說明, 定價
FROM [產品$]
WHERE 產品名稱 LIKE '%11%' AND 產品說明 LIKE '%6.1%';
```

上述 SELECT 指令的「%」符號在 Power Automate 需要使用「%%」，如下所示：

```
SELECT 產品編號, 產品名稱, 產品說明, 定價
FROM [產品$]
WHERE 產品名稱 LIKE '%%11%%' AND 產品說明 LIKE '%%6.1%%';
```

上述 SELECT 指令的條件是用 AND 運算子建立的複雜條件，共找到 2 筆記錄，如
下圖所示：

#	產品編號	產品名稱	產品說明	定價
0	P002	iPhone 11-64GB	6.1吋螢幕黃色	20900
1	P003	iPhone 11-128GB	6.1吋螢幕黃色	21500

然後我們準備修改篩選條件，改為 OR 條件。請繼續交談過程，其詳細的問題描述
（ch8-4-3a_gpt.txt），如下所示：

Q 提問

請修改 SQL 指令敘述，將條件改為產品名稱欄位包含 '11' 子字串，或產品說明欄位有
'6.1' 子字串。

ChatGPT 寫出的 SQL 指令，如下所示：

```
SELECT 產品編號, 產品名稱, 產品說明, 定價
FROM [產品$]
WHERE 產品名稱 LIKE '%11%' OR 產品說明 LIKE '%6.1%';
```

上述 SELECT 指令的「%」符號在 Power Automate 需要使用「%%」，如下所示：

```
SELECT 產品編號, 產品名稱, 產品說明, 定價
FROM [產品$]
WHERE 產品名稱 LIKE '%%11%%' OR 產品說明 LIKE '%%6.1%%';
```

上述 SELECT 指令的條件是用 OR 運算子建立的複雜條件，共找到 6 筆記錄，如下圖所示：

#	產品編號	產品名稱	產品說明	定價
0	P002	iPhone 11-64GB	6.1吋螢幕黃色	20900
1	P003	iPhone 11-128GB	6.1吋螢幕黃色	21500
2	P004	iPhone 11 Pro-64GB	5.8吋螢幕黑色	30999
3	P005	iPhone 12-64GB	6.1吋螢幕白色	26900
4	P006	iPhone 12-128GB	6.1吋螢幕白色	28500
5	P006	iPhone 12-128GB	6.1吋螢幕白色	28500

🔎 Python 程式 | ch8-4-3a.py

Python 程式是呼叫 read_excel() 方法來讀取 Excel 檔案的【產品】工作表，然後使用 Python 的「&」運算子對應 SQL 語言的 AND 運算子；「|」運算子對應 OR 運算子。首先是 AND 運算子，如下所示：

```
products2 = products[["產品編號","產品名稱","產品說明","定價"]]
result = products2[products2["產品名稱"].str.contains('11') &
                   products2["產品說明"].str.contains('6.1')]
```

然後是 OR 運算子，如下所示：

```
result = products2[products2["產品名稱"].str.contains('11') |
                   products2["產品說明"].str.contains('6.1')]
```

我們也可以呼叫 2 次 sqldf() 方法來執行前述的 2 個 SQL 指令，如下所示：

```
result = sqldf("""SELECT 產品編號, 產品名稱, 產品說明, 定價
                  FROM products
                  WHERE 產品名稱 LIKE '%11%' AND
                        產品說明 LIKE '%6.1%';
               """)
result = sqldf("""SELECT 產品編號, 產品名稱, 產品說明, 定價
                  FROM products
                  WHERE 產品名稱 LIKE '%11%' OR
                        產品說明 LIKE '%6.1%';
               """)
```

💡 重點

連接多個條件與括號

在 WHERE 子句的條件可以同時使用 AND 和 OR 運算子來連接多個不同條件。因為在括號中的運算式擁有較高的優先順序，會優先運算，所以，我們可以使用括號更改優先順序來產生不同的查詢結果。

💬 **Power Automate + SQL 指令**　　　| ch8-4-3b.txt

我們準備詢問 ChatGPT 寫出 SQL 指令來顯示【產品】工作表的產品編號、產品名稱、產品說明和定價四個欄位，篩選條件是使用 AND 連接 2 個 LIKE 包含子字串條件，同時再加上 OR 條件，其詳細的問題描述（ch8-4-3b_gpt.txt），如右所示：

> **Q 提問**
>
> 你是 SQL 專家，現在有一個名為 [產品 $] 的資料表，請寫出 SQL 指令敘述可以查詢此
> 資料表的產品編號、產品名稱、產品說明和定價四個欄位，其篩選條件是產品名稱欄位
> 包含 '64' 子字串，和產品說明欄位有 '6.1' 子字串，或是定價大於 15000。

ChatGPT 寫出的 SQL 指令，如下所示：

```
SELECT 產品編號, 產品名稱, 產品說明, 定價
FROM [產品$]
WHERE 產品名稱 LIKE '%64%'
  AND 產品說明 LIKE '%6.1%'
  OR 定價 > 15000;
```

上述 SELECT 指令的「%」符號在 Power Automate 需要使用「%%」，如下所示：

```
SELECT 產品編號, 產品名稱, 產品說明, 定價
FROM [產品$]
WHERE 產品名稱 LIKE '%%64%%'
  AND 產品說明 LIKE '%%6.1%%'
  OR 定價 > 15000;
```

上述 SELECT 指令的條件同時使用 AND 和 OR 運算子來建立複雜條件，共找到 6
筆記錄，如下圖所示：

#	產品編號	產品名稱	產品說明	定價
0	P002	iPhone 11-64GB	6.1吋螢幕黃色	20900
1	P003	iPhone 11-128GB	6.1吋螢幕黃色	21500
2	P004	iPhone 11 Pro-64GB	5.8吋螢幕黑色	30999
3	P005	iPhone 12-64GB	6.1吋螢幕白色	26900
4	P006	iPhone 12-128GB	6.1吋螢幕白色	28500
5	P006	iPhone 12-128GB	6.1吋螢幕白色	28500

然後我們準備修改篩選條件,加上括號。請繼續交談過程,其詳細的問題描述(ch8-4-3c_gpt.txt),如下所示:

Q 提問

請修改 SQL 指令敘述,將最後 2 個條件使用括號括起來。

ChatGPT 寫出的 SQL 指令,如下所示:

```
SELECT 產品編號, 產品名稱, 產品說明, 定價
FROM [產品$]
WHERE 產品名稱 LIKE '%64%'
  AND (產品說明 LIKE '%6.1%'
      OR 定價 > 15000);
```

上述 SELECT 指令的「%」符號在 Power Automate 需要使用「%%」,如下所示:

```
SELECT 產品編號, 產品名稱, 產品說明, 定價
FROM [產品$]
WHERE 產品名稱 LIKE '%%64%%'
  AND (產品說明 LIKE '%%6.1%%'
      OR 定價 > 15000);
```

上述 SELECT 指令的最後 2 個條件有使用括號括起來,共找到 3 筆記錄,如下圖所示:

#	產品編號	產品名稱	產品說明	定價
0	P002	iPhone 11-64GB	6.1吋螢幕黃色	20900
1	P004	iPhone 11 Pro-64GB	5.8吋螢幕黑色	30999
2	P005	iPhone 12-64GB	6.1吋螢幕白色	26900

🔍 Python 程式 | ch8-4-3b.py

Python 程式是呼叫 read_excel() 方法來讀取 Excel 檔案的【產品】工作表，然後同時使用 AND（&）和 OR（|）運算子來建立複雜條件，如下所示：

```
products2 = products[["產品編號","產品名稱","產品說明","定價"]]
conditions = (
    (products2["產品名稱"].str.contains('64')) &
    (products2["產品說明"].str.contains('6.1')) |
    (products2["定價"] > 15000)
)
result = products2[conditions]
```

上述 conditions 變數值的括號是建立多行字串（Multiline String）或稱三重引號字串，請注意！每一個運算元都需要使用括號來括起。然後修改 conditions 變數，將最後 2 個條件加上括號，如下所示：

```
conditions = (
    (products2["產品名稱"].str.contains('64')) &
    ((products2["產品說明"].str.contains('6.1')) |
    (products2["定價"] > 15000))
)
result = products2[conditions]
```

我們也可以呼叫 2 次 sqldf() 方法來執行前述的 2 個 SQL 指令，如下所示：

```
result = sqldf("""SELECT 產品編號, 產品名稱, 產品說明, 定價
                  FROM products
                  WHERE 產品名稱 LIKE '%64%'
                    AND 產品說明 LIKE '%6.1%'
                    OR 定價 > 15000;
               """)
result = sqldf("""SELECT 產品編號, 產品名稱, 產品說明, 定價
                  FROM products
```

```
              WHERE 產品名稱 LIKE '%64%'
              AND (產品說明 LIKE '%6.1%'
              OR 定價 > 15000);
       """)
```

8-5 實作案例：使用 SQL 指令描述你的資料

「聚合函數」（Aggregate Functions）就是進行多筆記錄欄位值的聚合運算，可以計算出筆數、平均、範圍和統計值等資訊，以便提供欄位資料的統計摘要資訊。

在 Access 的 SQL 語言支援的聚合函數說明，如下表所示：

函數	說明
COUNT(運算式)	計算記錄的筆數
AVG(運算式)	計算欄位的平均值
MAX(運算式)	取得記錄欄位的最大值
MIN(運算式)	取得記錄欄位的最小值
SUM(運算式)	取得記錄欄位的總計
VAR(運算式)	計算記錄欄位作為統一樣本的變異數
STDEV(運算式)	計算記錄欄位作為統一樣本的標準差

💬 Power Automate + SQL 指令　　　　　　　　　　| ch8-5.txt

SQL 聚合函數的參數是欄位名稱，或使用欄位名稱建立的運算式，首先是使用 COUNT() 聚合函數來進行計數，ChatGPT 詳細的問題描述（ch8-5_gpt.txt），如下所示：

Q 提問

你是 SQL 專家，現在有一個名為 [員工 $] 的資料表，請寫出 SQL 指令敘述可以計算薪水欄位的記錄數，其別名是計數。

ChatGPT 寫出的 SQL 指令，如下所示：

```
SELECT COUNT(*) AS 計數
FROM [員工$];
```

上述 SELECT 指令因為使用聚合函數，所以並沒有欄名，一般來說，我們會使用 AS 替欄位取一個別名，其執行結果可以取得欄位的記錄數是 7，如右圖所示：

#	計數
0	7

然後依據上述語法，我們就可以自行寫出 SUM()、MAX()、MIN() 和 AVG() 聚合函數，依序計算出 " 薪水 " 欄位的總和、最大、最小和平均值，如下所示：

```
SELECT SUM(薪水) AS 總和,
       MAX(薪水) AS 最大,
       MIN(薪水) AS 最小,
       AVG(薪水) AS 平均
FROM [員工$];
```

上述 SELECT 指令的執行結果可以顯示 4 個聚合函數計算結果的欄位，如右圖所示：

#	總和	最大	最小	平均
0	468000	101000	49000	66857.1429

最後是統計的變異數和標準差，這是使用 VAR() 和 STDEV() 聚合函數，如下所示：

```
SELECT VAR([薪水]) AS 變異數,
       STDEV([薪水]) AS 標準差
FROM [員工$];
```

上述 SELECT 指令的執行結果可以顯示 2 個聚合函數的計算結果，如右圖所示：

#	變異數	標準差
0	387476190.47619	19684.41491323

🔍 Python 程式　　　　　　　　　　　　　　　　　　　　| ch8-5.py

Python 程式是呼叫 read_excel() 方法來讀取 Excel 檔案的【產品】工作表，在 Pandas 是使用 count()、sum()、max()、min()、mean()、std() 和 var() 函數來對應 SQL 聚合函數。首先是 COUNT() 聚合函數，如下所示：

```
count_salary = employees["薪水"].count()
```

然後依序是 SUM()、MAX()、MIN() 和 AVG()（mean()）聚合函數，如下所示：

```
sum_salary = employees["薪水"].sum()
max_salary = employees["薪水"].max()
min_salary = employees["薪水"].min()
avg_salary = employees["薪水"].mean()
```

事實上，DataFrame 提供 describe() 方法來顯示資料集的描述資料，即統計摘要資訊，如下所示：

```
print(employees["薪水"].describe())
```

上述程式碼可以顯示 " 薪水 " 欄位的統計摘要資訊，如下所示：

```
count      7.000000
mean    66857.142857
std     19684.414913
min     49000.000000
25%     50500.000000
50%     61000.000000
75%     78000.000000
max    101000.000000
Name: 薪水, dtype: float64
```

上述描述資料依序是計數、平均、標準差、最小、25%、50%、75% 和最大值。最後是變異數 VAR() 和標準差 STDEV()（std()）聚合函數，如下所示：

```
var_salary = employees["薪水"].var()
std_dev_salary = employees["薪水"].std()
```

我們也可以呼叫 3 次 sqldf() 方法來執行前述的 3 個 **SQL** 指令，如下所示：

```
result = sqldf("""SELECT COUNT(薪水) AS 計數
                  FROM employees;
              """)
result = sqldf("""SELECT SUM(薪水) AS 總和,
                    MAX(薪水) AS 最大,
                    MIN(薪水) AS 最小,
                    AVG(薪水) AS 平均
                FROM employees;
              """)
result = sqldf("""SELECT SUM((薪水-(SELECT AVG(薪水)
                          FROM employees))*
                      (薪水-(SELECT AVG(薪水)
                      FROM employees)))/
                  (COUNT(薪水)-1) AS 變異數,
                  SQRT(SUM((薪水-(SELECT AVG(薪水)
                          FROM employees))*
                      (薪水-(SELECT AVG(薪水)
                          FROM employees)))/
                  (COUNT(薪水)-1)) AS 標準差
                FROM employees;
              """)
```

上述最後 1 個 SQL 指令因為 **SQLite** 的 SQL 語言並不支援 VAR() 和 STDEV() 聚合函數，所以 SQL 指令是使用其他聚合函數，依據計算公式來自行計算出變異數和標準差。

8-6 ▸ 實作案例：使用 SQL 指令找出你的排名

在第 8-2-4 節是使用匯入工作表的記錄順序來取出前幾筆記錄，事實上，只需結合第 8-3 節的排序功能，即可找出薪水的前三名和後三名。

💬 Power Automate + SQL 指令　　　　　　　　　　　　　│ ch8-6.txt

我們準備詢問 ChatGPT 寫出 SQL 指令來找出【員工】工作表薪水的前三名，其詳細的問題描述（ch8-6_gpt.txt），如下所示：

> **Q 提問**
>
> 你是 SQL 專家，現在有一個名為 [員工 $] 的資料表，請寫出 SQL 指令敘述可以查詢此資料表的姓名、薪水和住家電話三個欄位，其排序欄位是薪水，並且使用 TOP 關鍵字找出薪水的前 3 名。

ChatGPT 寫出的 SQL 指令，如下所示：

```
SELECT TOP 3 姓名, 薪水, 住家電話
FROM [員工$]
ORDER BY 薪水 DESC;
```

上述 SELECT 指令使用 ORDER BY 子句從大到小排序 " 薪水 " 欄位，然後使用 TOP 取出前 3 名，其執行結果可以取得薪水最高的前 3 筆記錄，如右圖所示：

#	姓名	薪水	住家電話
0	陳會安	101000	(02)1111-2222
1	江小魚	81000	(02)2222-3333
2	王美麗	75000	(02)5555-1111

然後我們準備修改 SQL 指令，改為找出薪水的後三名，其詳細的問題描述（ch8-6a_gpt.txt），如下所示：

> **Q 提問**
>
> 請修改 SQL 指令敘述，改為找出薪水的後三名。

ChatGPT 寫出的 SQL 指令，如下所示：

```sql
SELECT TOP 3 姓名, 薪水, 住家電話
FROM [員工$]
ORDER BY 薪水 ASC;
```

上述 SELECT 指令的執行結果，可以
取得薪水最低的前 3 筆記錄，如右圖
所示：

#	姓名	薪水	住家電話
0	李瑪莉	49000	(02)2222-2222
1	劉得華	49000	(03)3333-4444
2	周傑倫	52000	(07)5555-6666

🔎 Python 程式　　　　　　　　　　　　　　| ch8-6.py

Python 程式是呼叫 read_excel() 方法來讀取 Excel 檔案的【員工】工作表，然後使用
sort_values() 方法排序 " 薪水 " 欄位後，呼叫 head() 方法取出前 3 筆，即薪水的前 3
名，如下所示：

```python
employees2 = employees[["姓名","薪水","住家電話"]]
result = employees2.sort_values("薪水",
                                ascending=False).head(3)
```

上述 sort_values() 方法的 ascending 參數值是 False，所以是從大到小，我們可以使用
tail() 方法來取出最後 3 筆，如下所示：

```python
result = employees2.sort_values("薪水",
                                ascending=False).tail(3)
result = result.sort_values("薪水")
```

上述最後 3 筆也是從大到小排序，所以再次呼叫 sort_values() 方法改為從小到大，即可
取得薪水的最後 3 名。比較簡單的作法是直接修改 ascending 參數值是 True，即可取得
薪水的最後 3 名，如下所示：

```python
result = employees2.sort_values("薪水",
                                ascending=True).head(3)
```

我們也可以呼叫 2 次 sqldf() 方法來執行前述的 2 個 SQL 指令，因為是使用 SQLite 的 SQL 語言，所以改成 LIMIT 子句，如下所示：

```
result = sqldf("""SELECT 姓名, 薪水, 住家電話
                  FROM employees
                  ORDER BY 薪水 DESC
                  LIMIT 3;
               """)
result = sqldf("""SELECT 姓名, 薪水, 住家電話
                  FROM employees
                  ORDER BY 薪水 ASC
                  LIMIT 3;
               """)
```

9-1 使用 SQL 指令新增運算式和 SQL 函數欄位

在 Excel 只需在工作表插入或新增 Excel 公式的欄位，就可以在工作表新增欄位。
請注意！SELECT 指令只能查詢，並無法新增欄位，不過，我們可以新增查詢結果
的算術運算式或 SQL 函數的欄位。

這一節的範例 Excel 檔案是 " 研發部 .xlsx" 的【員工】工作表，如下圖所示：

	A	B	C	D	E	F	G	H	I	J	K
1	編號	姓名	性別	生日	部門	職稱	薪水	公積金	城市	街道	電話
2	20120001	林景喜	男	1970/9/15	研發	經理	$150,000	$1,000	台北	中正路1000號	(02)5555-5555
3	20120002	李鴻鳴	男	1980/5/10	研發	工程師	$90,000	$500	新北	中山路100號	(02)6666-6666
4	20120003	江真妮	女	1985/7/6	研發	助理	$52,000	$300	桃園	經國路1000號	(03)7777-7777

‹ › 　員工　＋

9-1-1 新增算術運算式的欄位

SELECT 子句的欄位清單可以是算術運算式,例如:售價是定價的八折,定價就是原始欄位,而售價則是新增的算術運算式欄位,因為運算式欄位並沒有欄位名稱,請使用 AS 關鍵字來建立別名。

💬 算術運算子

在 SELECT 子句的欄位清單可以使用算術運算子(Arithmetic Operators)來建立運算式欄位,其說明如下表所示:

算術運算子	說明
+	加法
-	減法
*	乘法
/	除法
Mod	餘數

上述 Mod 是 Access SQL 語言的餘數運算子,在 SQLite 的 SQL 語言是使用「%」運算子。

💬 Power Automate + SQL 指令 | ch9-1-1.txt

因為【員工】工作表的薪水需要扣除部門的公積金才是實拿的薪水,此時,查詢【員工】工作表就可以使用算術運算式,顯示每位員工的薪水淨額。ChatGPT 詳細的問題描述(ch9-1-1_gpt.txt),如下所示:

> **Q 提問**
>
> 你是 SQL 專家,現在有一個名為 [員工 $] 的資料表,請寫出 SQL 指令敘述可以查詢此資料表的編號、姓名和職稱三個欄位,並且新增薪水減去公積金的運算式欄位,別名是薪水淨額。

ChatGPT 寫出的 SQL 指令，如下所示：

```
SELECT 編號, 姓名, 職稱, (薪水 - 公積金) AS 薪水淨額
FROM [員工$];
```

上述 SELECT 子句新增名為 " 薪水淨額 " 的運算式欄位，其執行結果如下圖所示：

#	編號	姓名	職稱	薪水淨額
0	20120001	林景喜	經理	149000
1	20120002	李鴻鳴	工程師	89500
2	20120003	江真妮	助理	51700

🔎 Python 程式 | ch9-1-1.py

Python 程式是呼叫 read_excel() 方法讀取 Excel 檔案，預設讀取第 1 個【員工】工作表，如下所示：

```
employees = pd.read_excel("研發部.xlsx")
```

然後，在 DataFrame 物件新增 " 薪水淨額 " 欄位，這是另外 2 個欄位的減法運算結果，如下所示：

```
employees["薪水淨額"] = employees["薪水"] - employees["公積金"]
```

最後，使用欄位串列取出 DataFrame 物件的特定欄位清單，如下所示：

```
result = employees[["編號","姓名","職稱","薪水淨額"]]
print(result)
```

我們也可以呼叫 sqldf() 方法來執行前述的 SQL 指令，如下所示：

```
result = sqldf("""SELECT 編號, 姓名, 職稱, (薪水 - 公積金) AS 薪水淨額
                  FROM employees;
              """)
print(result)
```

上述 Python 程式的執行結果可以顯示 2 次【員工】工作表的 3 個欄位、運算式欄位和所有記錄，如右所示：

```
   編號     姓名   職稱    薪水淨額
0  20120001 林景喜 經理    149000
1  20120002 李鴻鳴 工程師  89500
2  20120003 江真妮 助理    51700
```

9-1-2 SQL 內建函數

在 SELECT 子句欄位清單的運算式可以使用 SQL 內建數學、字串、日期 / 時間和聚合函數。Access 的 SQL 語言支援的 SQL 內建函數（即 VBA 函數），其 URL 網址如下所示：

URL https://www.w3schools.com/sql/sql_ref_msaccess.asp

SQLite 的 SQL 語言支援的 SQL 內建函數，其 URL 網址如下所示：

URL https://www.sqlitetutorial.net/sqlite-functions/

 重點

新增 SQL 字串函數的欄位

SQL 字串函數相當於 Excel 字串處理函數，可以讓我們使用字串函數來新增欄位。例如：在 Excel 儲存格輸入 CONCATENATE() 函數或「&」運算子公式來連接 2 個儲存格的字串，如下所示：

```
=CONCATENATE(I2, "市", J2)
```

或

```
=I2 & "市" & J2
```

在 Excel 儲存格也可以使用 SUBSTITUTE() 函數將 "-" 取代成 " "，如下所示：

```
=SUBSTITUTE(K2, "-", " ")
```

💬 Power Automate + SQL 指令　　　　　| ch9-1-2.txt

在【員工】資料表的地址資料是兩個欄位所組成,我們可以連接 2 個欄位來顯示員工的地址資料。ChatGPT 詳細的問題描述(ch9-1-2_gpt.txt),如下所示:

Q 提問

你是 SQL 專家,現在有一個名為 [員工 $] 的資料表,請寫出 SQL 指令敘述可以查詢此資料表的編號、姓名和職稱三個欄位,並且新增別名是員工地址的欄位,這是使用下列 2 個欄位和字串常數所建立的欄位內容,如下所示:

城市, '市', 街道

ChatGPT 寫出的 SQL 指令,如下所示:

```
SELECT 編號, 姓名, 職稱,
    CONCAT(城市, '市', 街道) AS 員工地址
FROM [員工$];
```

上述 SELECT 指令是使用 CONCAT() 函數(MySQL 和 SQL Server 的字串連接函數),可以連接參數的 3 個字串。請繼續交談過程,我們準備修改 SQL 指令敘述改用 Access 的 SQL 語言來改寫,詳細的問題描述(ch9-1-2a_gpt.txt),如下所示:

Q 提問

請改用 Access 的 SQL 語言來改寫此 SQL 指令。

ChatGPT 寫出的 SQL 指令,如下所示:

```
SELECT 編號, 姓名, 職稱,
    [城市] & '市' & [街道] AS 員工地址
FROM [員工$];
```

上述 SELECT 子句是使用「&」運算子來連接 3 個字串，其執行結果如下圖所示：

#	編號	姓名	職稱	員工地址
0	20120001	林景喜	經理	台北市中正路1000號
1	20120002	李鴻鳴	工程師	新北市中山路100號
2	20120003	江真妮	助理	桃園市經國路1000號

第 2 個是使用 REPLACE() 函數來新增欄位，如下所示：

```
SELECT 編號, 姓名, 職稱,
    REPLACE(電話, "-", " ") AS 住家電話
FROM [員工$];
```

上述函數是取代字串，第 1 個參數是欄位，第 2 個參數是搜尋欲取代的字串，當找到，就取代成第 3 個字串的參數，其執行結果如下圖所示：

#	編號	姓名	職稱	住家電話
0	20120001	林景喜	經理	(02)5555 5555
1	20120002	李鴻鳴	工程師	(02)6666 6666
2	20120003	江真妮	助理	(03)7777 7777

🔎 Python 程式 　　　　　　　　　　　　　　　　| ch9-1-2.py

Python 程式是呼叫 read_excel() 方法讀取 Excel 檔案的【員工】工作表，和呼叫 copy() 方法複製成 **DataFrame** 物件 result 後，即可新增 " 員工地址 " 欄位，這是使用字串連接運算子「+」來連接 3 個字串，如下所示：

```
result = employees.copy()
result["員工地址"] = result["城市"] + '市' + result["街道"]
result = result[["編號","姓名","職稱","員工地址"]]
```

然後使用 str.replace() 方法來取代字串，如下所示：

```
result = employees.copy()
result["住家電話"] = result["電話"].str.replace('-', ' ')
result = result[["編號","姓名","職稱","住家電話"]]
```

上述程式碼在新增 " 住家電話 " 欄位後，再次使用欄位串列取出 DataFrame 物件的特定欄位。我們也可以呼叫 sqldf() 方法來執行前述的 2 個 SQL 指令，SQLite 支援 REPLACE() 函數，並不支援 CONCAT() 函數，其字串連接運算子是「||」運算子，如下所示：

```
result = sqldf("""SELECT 編號, 姓名, 職稱,
                    [城市] || '市' || [街道] AS 員工地址
                 FROM employees;
              """)
result = sqldf("""SELECT 編號, 姓名, 職稱,
                    REPLACE(電話, "-", " ") AS 電話
                 FROM employees;
              """)
```

 重點

新增 SQL 日期 / 時間函數的欄位

SQL 日期 / 時間函數相當於是 Excel 日期 / 時間處理函數，可以讓我們使用日期 / 時間函數來新增欄位。例如：在 Excel 儲存格輸入公式，使用 DATEDIF() 函數以生日儲存格 "D2" 計算出年齡，如下所示：

```
=DATEDIF(D2, TODAY(), "Y")
```

💬 **Power Automate + SQL 指令** | ch9-1-2a.txt

在【員工】資料表只有員工生日資料，並沒有年齡，我們可以使用 SQL 函數來計算和新增員工的年齡欄位。ChatGPT 詳細的問題描述（ch9-1-2b_gpt.txt），如下所示：

Q 提問

你是 Access SQL 專家，現在有一個名為 [員工 $] 的資料表，請寫出 SQL 指令敘述可以查詢此資料表的編號、姓名和職稱三個欄位，並且新增別名是年齡的欄位，這是使用生日欄位計算出的年齡。

ChatGPT 寫出的 SQL 指令，如下所示：

```
SELECT 編號, 姓名, 職稱,
    DATEDIFF('yyyy', 生日, Date()) AS 年齡
FROM [員工$];
```

上述 SELECT 指令是使用 Date() 函數取得今天日期，DATEDIFF() 函數可以計算出日期差，參數 'yyyy' 是計算年，可以計算出年份差的年齡，其執行結果如下圖所示：

#	編號	姓名	職稱	年齡
0	20120001	林景喜	經理	53
1	20120002	李鴻鳴	工程師	43
2	20120003	江真妮	助理	38

因為 SQLite 沒有支援上述函數，請繼續交談過程，我們準備修改 SQL 指令敘述改用 SQLite 的 SQL 語言來改寫，詳細的問題描述（ch9-1-2c_gpt.txt），如下所示：

Q 提問

請改用 SQLite 的 SQL 語言來改寫此 SQL 指令，只處理年份計算。

ChatGPT 寫出的 SQL 指令是使用 strftime() 函數，'%Y' 是年；'now' 是取得今天日期，如下所示：

```
SELECT 編號, 姓名, 職稱,
    strftime('%Y', 'now') - strftime('%Y', 生日) AS 年齡
FROM "員工$";
```

🔍 Python 程式　　　　　　　　　　　　　　　　| ch9-1-2a.py

Python 程式是呼叫 read_excel() 方法讀取 Excel 檔案的【員工】工作表後，在 DataFrame 物件新增 " 年齡 " 欄位，這是使用 datatime.now() 方法取得今天的日期 / 時間，如下所示：

```
from datetime import datetime

employees = pd.read_excel("研發部.xlsx")
employees["年齡"] = datetime.now().year - employees["生日"].dt.year
result = employees[["編號","姓名","職稱","年齡"]]
```

上述程式碼使用 year 取得年份，DataFrame 欄位是使用 dt.year，即可計算出年齡。我們也可以呼叫 sqldf() 方法來執行前述的 SQL 指令，如下所示：

```
result = sqldf("""SELECT 編號, 姓名, 職稱,
                    strftime('%Y', 'now') - strftime('%Y', 生日) AS 年齡
                FROM employees;
              """)
```

9-2　使用 SQL 指令新增記錄

SQL 語言的 INSERT 指令可以插入記錄，UPDATE 指令是更新記錄，DELETE 指令是刪除記錄，這三個指令就是 SQL 資料存取的操作指令，可以用來修改資料表的記錄資料。

9-2-1 在 Excel 工作表新增記錄

Excel 只需在工作表新增或插入一列資料，就可以新增一筆記錄，SQL 語言是使用
INSERT 指令在 Excel 工作表（資料表）插入 1 筆記錄，記錄預設是插入在工作表的
最後一列，也就是新增記錄，其基本語法如下所示：

```
INSERT INTO 資料表名稱 (欄位1, 欄位2, …)
VALUES ('欄位值1', '欄位值2 ', …);
```

上述指令的【資料表名稱】是準備新增記錄的資料表名稱，【欄位 1~n】是資料表的
欄位名稱；【欄位值 1~n】是對應的欄位值。

💬 Power Automate + SQL 指令　　　　　　　　　　│ ch9-2-1.txt

我們準備在第 8 章 Excel 檔案 " 銷售系統 .xlsx" 的【產品】工作表新增一筆記錄。
ChatGPT 詳細的問題描述（ch9-2-1_gpt.txt），如下所示：

> **Q 提問**
>
> 你是 Access SQL 專家，現在有一個 [產品 $] 資料表，擁有產品編號、產品名稱、產品
> 說明、定價、入庫日期、庫存量和安全庫存共 7 個欄位，請寫出 SQL 指令敘述來新增一
> 筆記錄，各欄位值如下所示：
>
> P016、iPhone 13-128GB、福利品、15300、2023/11/3、20、2

ChatGPT 寫出的 SQL 指令，如下所示：

```
INSERT INTO [產品$] (產品編號, 產品名稱, 產品說明,
                    定價, 入庫日期, 庫存量, 安全庫存)
VALUES ('P016', 'iPhone 13-128GB', '福利品', 15300,
        #2023/11/3#, 20, 2);
```

上述 INSERT INTO 指令可以新增一筆產品記錄，文字欄位是使用「'」符號括起，
日期欄位因為是 Access SQL，所以使用「#」括起。

在【ch9-2-1】桌面流程共有 5 個步驟的動作，可以使用 SQL 指令在 " 銷售系統 .xlsx" 的【產品】工作表新增一筆記錄，如下圖所示：

- 1：【檔案 > 複製檔案】動作是將第 8 章的 " 銷售系統 .xlsx" 複製至「ch09」目錄，如果檔案存在就覆寫，如下圖所示：

∨ 一般	
要複製的檔案：	D:\ExcelSQL\ch08\銷售系統.xlsx ⬚ {x} ⓘ
目的地資料夾：	D:\ExcelSQL\ch09\ ⬚ {x} ⓘ
如果檔案已存在：	覆寫 ∨ ⓘ
› 變數已產生 CopiedFiles	

- 2：【變數 > 設定變數】動作是將變數 CopiedFiles 複製的檔案路徑，指定給 Excel_File_Path 變數，因為是陣列，所以使用索引 0 取出第 1 個檔案路徑，即複製 Excel 檔案的路徑，如下圖所示：

變數：	Excel_File_Path {x}
值：	%CopiedFiles[0]% {x} ⓘ

- **3**：【資料庫 > 開啟 SQL 連線】動作可以指定連線字串，使用 OLE DB 連接 Excel 檔案，如下所示：

```
Provider=Microsoft.ACE.OLEDB.12.0;Data Source=%Excel_File_Path%;Extended
Properties="Excel 12.0 Xml;HDR=YES";
```

- **4**：【資料庫 > 執行 SQL 陳述式】動作可以執行【SQL 陳述式】欄輸入的 INSERT 指令，在工作表新增 1 筆產品記錄，如下圖所示：

- **5**：【資料庫 > 關閉 SQL 連線】動作關閉步驟 3 開啟的 SQL 連線。

上述桌面流程的執行結果會先複製第 8 章的 Excel 檔案 " 銷售系統 .xlsx" 後，執行 INSERT 指令在【產品】工作表新增 1 筆產品資料，如下圖所示：

🔍 Python 程式 | ch9-2-1.py

Python 程式首先使用 shutil 模組複製 Excel 檔案，使用的是 copyfile() 方法，如下所示：

```python
import shutil


source = r"D:\ExcelSQL\ch08\銷售系統.xlsx"
target = r"D:\ExcelSQL\ch09\銷售系統.xlsx"
shutil.copyfile(source, target)
```

上述程式碼指定來源和目的檔案路徑，在字串前的 r 是指此字串是原料字串（Raw String），並不會處理「\」字元的轉換，所以路徑不用寫成「\\」。然後呼叫 read_excel() 方法讀取 Excel 檔案的【產品】工作表，如下所示：

```python
products = pd.read_excel("銷售系統.xlsx", sheet_name="產品")
new_record = pd.Series({"產品編號": 'P016',
                        "產品名稱": 'iPhone 13-128GB',
                        "產品說明": '福利品',
                        "定價": 15300,
                        "入庫日期": '2023/11/3',
                        "庫存量": 20,
                        "安全庫存": 2})
```

上述程式碼使用 Python 字典建立 Series 物件的新記錄後，就可以使用 loc 索引器來新增此筆記錄，如下所示：

```python
products.loc[len(products)] = new_record
print(products.tail())
```

上述 loc 索引器是呼叫 len() 函數取得記錄數，所以就是新增至最後，最後呼叫 tail() 方法顯示最後 5 筆記錄，可以看到這筆新增的記錄，如下所示：

```
  產品編號      產品名稱      產品說明    定價        入庫日期 庫存量 安全庫存
3 P004  iPhone 11 Pro-64GB 5.8吋螢幕黑色 30999 2023-05-20 00:00:00  150   10
4 P005    iPhone 12-64GB  6.1吋螢幕白色 26900 2022-10-25 00:00:00  100   10
5 P006   iPhone 12-128GB 6.1吋螢幕白色 28500 2022-11-03 00:00:00  200   20
6 P006   iPhone 12-128GB 6.1吋螢幕白色 28500 2022-11-03 00:00:00  200   20
7 P016   iPhone 13-128GB      福利品 15300      2023/11/3  20    2
```

請注意！我們新增的記錄是新增至 DataFrame 物件 products，最後需要匯出成 Excel 檔案後，才能真正更新 Excel 檔案的內容。Python 程式：ch9-2-1a.py 改用 _append() 方法來新增記錄，如下所示：

```
products = products._append(new_record, ignore_index=True)
```

9-2-2 使用查詢在 Excel 工作表新增多筆記錄

Excel 可以使用複製 / 貼上方式從其他工作表來新增多筆記錄，同理，SQL 語言也可以使用 INSERT/SELECT 指令將查詢結果新增至資料表（SQLite 的 SQL 語言並不支援），其基本語法如下所示：

```
INSERT INTO 資料表名稱 [(欄位清單)]
SELECT指令敘述;
```

上述語法是在名為【資料表名稱】的資料表新增下方 SELECT 查詢結果的記錄資料。INSERT/SELECT 指令的使用與注意事項說明，如下所示：

- 當【資料表名稱】是 Excel 工作表時，如果在名稱後加上「$」符號，需要是存在的工作表；沒有「$」符號就是建立新的工作表。

- INSERT/SELECT 指令是使用下方的 SELECT 查詢取代 VALUES 子句，將查詢結果的記錄資料新增至 INSERT 子句的資料表。

- 因為 SELECT 查詢是取代 VALUES 子句，其取得的欄位值需要對應插入記錄的欄位清單，如果查詢結果已經包含所有資料表欄位，就不需要列出欄位清單。

💬 Power Automate + SQL 指令　　　　　　　　　　| ch9-2-2.txt

在 Excel 檔案 " 銷售系統 .xlsx" 有【員工】工作表（上方圖），Excel 檔案 " 研發部 .xlsx" 也有【員工】工作表（下方圖），如下圖所示：

	A	B	C	D	E	F	G	H	I	J	
1	員工編號	姓名	性別	年齡	部門	職稱	薪水	分機	住家地址	住家電話	
2	20090001	陳會安	男	50	業務	經理	$101,000	100	新北市成泰路	(02)1111-2222	
3	20090002	江小魚	女	40	業務	主任	$81,000	110	新北市景平路	(02)2222-3333	

	A	B	C	D	E	F	G	H	I	J	K
1	編號	姓名	性別	生日	部門	職稱	薪水	公積金	城市	街道	電話
2	20120001	林景喜	男	1970/9/15	研發	經理	$150,000	$1,000	台北	中正路1000號	(02)5555-5555
3	20120002	李鴻鳴	男	1980/5/10	研發	工程師	$90,000	$500	新北	中山路100號	(02)6666-6666
4	20120003	江真妮	女	1985/7/6	研發	助理	$52,000	$300	桃園	經國路1000號	(03)7777-7777

上述 2 個【員工】工作表的欄位因為有差異，所以 SELECT 指令需要使用 AS 調整成相同名稱。在 Power Automate 桌面流程是將 Excel 檔案 " 研發部 .xlsx" 的【員工】工作表先合併至 Excel 檔案 " 銷售系統 .xlsx"，成為【員工 2】工作表後，再執行下列的 SQL 指令，如下所示：

```
INSERT INTO [員工$]
SELECT 編號 AS 員工編號,
       姓名, 性別,
       DATEDIFF('yyyy', 生日, Date()) AS 年齡,
       部門, 職稱, 薪水,
       100 AS 分機,
       [城市] & '市' & [街道] AS 住家地址,
       電話 AS 住家電話
FROM [員工2$];
```

上述 INSERT INTO 是新增至【員工】工作表，在 SELECT 指令查詢【員工 2】工作表，【編號】欄位改名為【員工編號】，【年齡】欄位是用【生日】欄位運算所得，因為沒有【分機】欄位，所以新增固定值 100，在【住家地址】欄位是【城市】加上【街道】欄位，最後將【電話】欄位改名為【住家電話】。

在【ch9-2-2】桌面流程共有 13 個步驟的動作，可以分成兩大部分，在第一部分的步驟 1 和第 9-2-1 節的步驟 1 相同是在複製 Excel 檔案，然後在步驟 2~9 新增 Excel 檔案 " 研發部 .xlsx" 的【員工】工作表至 " 銷售系統 .xlsx" 成為【員工 2】工作表，如下圖所示：

- **2~3**：2 個【Excel> 啟動 Excel】動作分別開啟 Excel 檔案 " 銷售系統 .xlsx" 和 " 研發部 .xlsx"。

- **4**：【Excel> 讀取自 Excel 工作表】動作是讀取 " 研發部 .xlsx" 工作表中所有的可用值儲存至 ExcelData 變數。

- **5**：【Excel> 關閉 Excel】動作是不儲存文件直接關閉 " 研發部 .xlsx"。

- **6**：【Excel> 加入新的工作表】動作加入名為【員工 2】的新工作表成為最後 1 個工作表。

- **7**：【Excel> 設定使用中的工作表】動作使用名字【員工 2】指定目前作用中的工作表。

- **8**：【Excel> 寫入 Excel 工作表】動作將 ExcelData 變數以寫入模式【於目前使用中儲存格】寫入【員工 2】工作表。

- **9**：【Excel> 關閉 Excel】動作是另存成 " 銷售系統 2.xlsx"。

在第二部分的步驟 10~13 是針對 Excel 檔案 " 銷售系統 2.xlsx" 執行前述 SQL 指令 INSERT/SELECT，如下圖所示：

上述桌面流程的執行結果會先複製第 8 章的 Excel 檔案 " 銷售系統 .xlsx" 後，新增 【員工 2】工作表，再執行 INSERT/SELECT 指令在【員工】工作表新增多筆員工資料，如下圖所示：

	A	B	C	D	E	F	G	H	I	J
1	員工編號	姓名	性別	年齡	部門	職稱	薪水	分機	住家地址	住家電話
2	20090001	陳會安	男	50	業務	經理	$101,000	100	新北市成泰路	(02)1111-2222
3	20090002	江小魚	女	40	業務	主任	$81,000	110	新北市景平路	(02)2222-3333
4	20090003	周傑倫	男	33	業務	專員	$52,000	333	高雄市中山路	(07)5555-6666
5	20100001	郭富成	男	38	業務	專員	$61,000	222	新竹市中正路	(03)4444-5555
6	20100002	劉得華	男	31	業務	專員	$49,000	122	桃園市三民路	(03)3333-4444
7	20090005	王美麗	女	35	會計	經理	$75,000	400	台北市中正路	(02)5555-1111
8	20100003	李瑪莉	女	25	會計	會計	$49,000	401	台北市中山10(	(02)2222-2222
9	20120001	林景喜	男	53	研發	經理	150,000.00	100	台北市中正路	(02)5555-5555
10	20120002	李鴻鳴	男	43	研發	工程師	90,000.00	100	新北市中山路	(02)6666-6666
11	20120003	江真妮	女	38	研發	助理	52,000.00	100	桃園市經國路	(03)7777-7777

‹ › ⋯   產品 | **員工** | 訂單 | 訂單明細 | 員工2 | + | ⋮

💬 **Power Automate + SQL 指令** | `ch9-2-2a.txt`

因為 Power Automate 的 OLE DB 資料庫連接允許跨 Excel 活頁簿執行 SQL 指令，所以，在桌面流程的步驟 1 改為複製第 8 章的 Excel 檔案 " 銷售系統 .xlsx" 至 「ch09\test」子目錄後，即可執行 INSERT/SELECT 指令來跨 Excel 活頁簿新增多筆記錄，如下所示：

```
INSERT INTO [員工$]
SELECT 編號 AS 員工編號,
       姓名, 性別,
       DATEDIFF('yyyy', 生日, Date()) AS 年齡,
       部門, 職稱, 薪水,
       100 AS 分機,
       [城市] & '市' & [街道] AS 住家地址,
       電話 AS 住家電話
FROM [Excel 12.0;DATABASE=D:\ExcelSQL\ch09\研發部.xlsx].[員工$]
```

上述 INSERT INTO 的【員工】工作表是步驟 3 資料庫連接開啟的 Excel 檔案,在
FROM 子句是其他 Excel 檔案的【員工】工作表,如下所示:

```
[Excel 12.0;DATABASE=D:\ExcelSQL\ch09\研發部.xlsx].[員工$]
```

上述 Excel 工作表是使用「.」連接的兩個部分,在第 1 部分的 Excel 12.0 是版本,
DATABASE 指定 Excel 檔案「D:\ExcelSQL\ch09\ 研發部 .xlsx」,第 2 部分是工作表
名稱。其執行結果可以在「ch09\test」子目錄的 Excel 檔案 " 銷售系統 .xlsx" 新增多
筆記錄。

🔎 Python 程式 | ch9-2-2.py

Python 程式首先複製 Excel 檔案後,呼叫 read_excel() 方法讀取 Excel 檔案 " 研發
部 .xlsx" 的【員工】工作表,如下所示:

```
employees2 = pd.read_excel("研發部.xlsx", sheet_name="員工")
employees2["員工編號"] = employees2["編號"]
employees2["生日"] = pd.to_datetime(employees2["生日"])
employees2["年齡"] = (datetime.today().year - employees2["生日"].dt.year)
```

上述程式碼在 DataFrame 物件 employees 新增 " 員工編號 " 欄位,在將 "生日" 欄位轉
換成日期 / 時間後,即可計算出 " 年齡 " 欄位。在下方指定 " 分機 " 欄位是固定值 100,
和 " 住家地址 " 欄位是由 2 個欄位所組成,如右所示:

```
employees2["分機"] = 100
employees2["住家地址"] = employees2["城市"] + '市' + employees2["街道"]
employees2["住家電話"] = employees2["電話"]
employees2 = employees2[["員工編號","姓名","性別","年齡","部門",
                        "職稱","薪水","分機","住家地址","住家電話"]]
print(employees2.head())
```

上述程式碼在新增 " 住家電話 " 欄位後，就可以建立和 Excel 檔案 " 銷售系統 .xlsx" 相同的員工記錄，如下所示：

```
   員工編號  姓名 性別 年齡 部門 職稱    薪水  分機      住家地址          住家電話
0 20120001 林景喜 男 53 研發  經理 150000 100 台北市中正路1000號 (02)5555-5555
1 20120002 李鴻鳴 男 43 研發  工程師 90000 100 新北市中山路100號  (02)6666-6666
2 20120003 江真妮 女 38 研發  助理  52000 100 桃園市經國路1000號 (03)7777-7777
```

然後再次呼叫 read_excel() 方法讀取 Excel 檔案 " 銷售系統 .xlsx" 的【員工】工作表來新增資料，如下所示：

```
employees = pd.read_excel("銷售系統.xlsx", sheet_name="員工")
for rindex in range(len(employees2)):
    new_record = employees2.loc[rindex]
    employees = employees._append(new_record, ignore_index=True)
print(employees.tail())
```

上述 for 迴圈走訪 DataFrame 物件 employees2 每一列的列索引，在取出每一列的 Series 物件後，新增至 DataFrame 物件 employees，其執行結果可以看到最後新增的 3 筆記錄，如下所示：

```
   員工編號  姓名 性別 年齡 部門 職稱    薪水  分機      住家地址          住家電話
5 20090005 王美麗 女 35 會計  經理  75000 400 台北市中正路1000號 (02)5555-1111
6 20100003 李瑪莉 女 25 會計  會計  49000 401 台北市中山1000號  (02)2222-2222
7 20120001 林景喜 男 53 研發  經理 150000 100 台北市中正路1000號 (02)5555-5555
8 20120002 李鴻鳴 男 43 研發  工程師 90000 100 新北市中山路100號  (02)6666-6666
9 20120003 江真妮 女 38 研發  助理  52000 100 桃園市經國路1000號 (03)7777-7777
```

9-3 使用 SQL 指令更新資料

Excel 只需在工作表點選儲存格，就可以更新儲存格資料。SQL 語言是使用 UPDATE 指令將資料表符合條件的記錄，更新指定欄位的欄位值，其基本語法如下所示：

```
UPDATE 資料表名稱 SET 欄位1 = '欄位值1'[, 欄位2 = '欄位值2']
WHERE 更新條件;
```

上述指令的【資料表名稱】是資料表，【欄位 1~2】是資料表需更新的欄位名稱，欄位並不用全部欄位，只需列出需更新的欄位即可，【欄位值 1~2】是欲更新的欄位值，如果欲更新的欄位不只一個，請使用「,」逗號分隔，最後的 WHERE 子句是更新條件。

💬 Power Automate + SQL 指令　　　　　　　　　　　　│ ch9-3.txt

我們準備先複製 Excel 檔案 " 研發部 .xlsx" 成為 " 研發部 2.xlsx"，然後將員工編號 20120002 的薪水加薪成 100000，和公積金改為 600。我們可以詢問 ChatGPT 寫出這個 UPDATE 指令，其詳細的問題描述（ch9-3_gpt.txt），如下所示：

> **Q 提問**
>
> 你是 Access SQL 專家，現在有一個 [員工 $] 資料表，擁有編號、薪水和公積金三個欄位，請寫出 SQL 指令敘述更新編號 20120002 的薪水加薪成 100000，和公積金改為 600，編號是數字。

ChatGPT 寫出的 SQL 指令，如下所示：

```
UPDATE [員工$]
SET 薪水 = 100000, 公積金 = 600
WHERE 編號 = 20120002;
```

上述 UPDATE 指令的 SET 子句更新 2 個欄位，其執行結果可以在 Excel 檔案 " 研發部 2.xlsx " 更新 1 筆員工資料的 2 個欄位，如下圖所示：

🔍 **Python 程式** | ch9-3.py

Python 程式在呼叫 read_excel() 方法讀取 Excel 檔案的【員工】工作表後，建立員工編號和更新欄位值變數後，使用 loc 索引器以編號條件定位更新資料的位置後，即可指定 2 個欄位成為更新值，如下所示：

```
employee_id = 20120002
new_salary = 100000
new_pension = 600
employees.loc[employees["編號"] == employee_id,["薪水","公積金"]] = \
                        [new_salary, new_pension]
```

9-4 實作案例：使用 Power Automate + SQL 指令刪除記錄

因為 Power Automate 的 OLE DB 並不支援 SQL 語言的 DELETE 指令來刪除記錄資料，不過，我們可以使用 SELECT 指令配合 Power Automate 的 Excel 動作來刪除符合條件的記錄資料。

💬 **Power Automate + SQL 指令** | **ch9-4.txt**

在這一節的範例 Excel 檔案是位在「ch09\ 業績資料」子目錄的 " 業績資料 .xlsx"，內含【業績】工作表，我們準備刪除【Sales Rep】欄是 John 的記錄資料，如下圖所示：

	A	B	C	D
1	Date	Sales Rep	Country	Amount
2	2019-10-22	Tom	USA	32434
3	2019-10-22	Joe	China	16543
4	2019-10-22	Jack	Canada	1564
5	2019-10-22	John	China	6345
6	2019-10-22	Mary	Japan	5000
7	2019-10-22	Tom	USA	32434
8	2019-10-23	Jinie	Brazil	5243
9	2019-10-23	Jane	USA	5000
10	2019-10-23	John	Canada	2346
11	2019-10-23	Joe	Brazil	6643
12	2019-10-23	Jack	Japan	6465
13	2019-10-23	John	China	6345

業績 +

在【ch9-4】桌面流程共有 10 個步驟的動作，可以分成兩大部分，在第一部分的 5 個步驟是複製 Excel 檔案後，執行 SELECT 指令來取出不需要刪除的記錄資料，如下圖所示：

上述桌面流程是針對 Excel 檔案 " 業績資料 .xlsx" 執行下列的 SELECT 指令，如下所示：

```
SELECT * FROM [業績$]
WHERE NOT [Sales Rep] = 'John';
```

上述 SELECT 指令因為 "Sales Rep" 欄擁有空白字元，所以使用「[]」括起。在執行完步驟 1~5 的流程後，可以取得不用刪除的記錄資料，即 QueryResult 變數。

在第二部分的 5 個步驟是使用 Excel 動作開啟 Excel 檔案後，先刪除原有內容（只保留標題列），然後寫入 SQL 查詢結果 QueryResult 變數至 Excel 工作表，即可刪除 "Sales Rep" 欄是 John 的記錄資料，如下圖所示：

- 6：【Excel> 啟動 Excel】動作是啟動 Excel 和開啟 Excel_File_Path 變數的 Excel 檔案。

- 7：【Excel> 從 Excel 工作表中取得第 1 個可用資料行 / 資料列】動作可以取得工作表第 1 個可用的欄和第 1 個可用列的索引，即 FirstFreeColumn 和 FirstFreeRow 變數。

- 8：【Excel> 進階 > 從 Excel 工作表刪除】動作可以刪除指定範圍的儲存格，在【擷取】欄選【儲存格範圍中的值】，開始和結尾的行與列，就是有資料的範圍，但不包含第 1 列標題列，最後的【轉換方向】欄是【向上】刪除，如下圖所示：

- **9**：【Excel> 寫入 Excel 工作表】動作可以將 QueryResult 變數寫入工作表，在【要寫入的值】欄是 QueryResult 變數，【寫入模式】欄選【於指定的儲存格】，【資料行】是 A，【資料列】是 2，即從第 2 列的第 1 欄開始寫入 Excel 工作表。

- **10**：【Excel> 關閉 Excel】動作是儲存文件後關閉 Excel。

上述桌面流程的執行結果，可以在「ch09」目錄看到 Excel 檔案 " 業績資料 .xlsx"，其內容只有 9 筆記錄（扣掉標題列），已經沒有 'John' 的記錄，如右圖所示：

🔍 Python 程式 | ch9-4.py

Python 程式在呼叫 read_excel() 方法讀取 Excel 檔案後，即可使用條件取出 "Sales Rep" 欄位不是 'John' 的記錄資料，如下所示：

```python
sales = pd.read_excel("業績資料\業績資料.xlsx")
sales = sales[sales["Sales Rep"] != 'John']
```

我們也可以使用 query() 方法取出 "Sales Rep" 欄位不是 'John' 的記錄資料，請注意！因為 "Sales Rep" 欄位名稱有空白字元，所以在參數的條件需要使用反引號括起來（位在 Tab 鍵上方的反引號鍵），如下所示：

```
sales = sales.query("`Sales Rep` != 'John'")
```

9-5 實作案例：使用 Power Automate + SQL 指令彙整資料

國內某家中小企業為了管理各部門的文具用品採購，在各部門是使用 Excel 工作表來記錄需採購的文具用品清單，如右圖所示：

	A	B	C	D	E
1	分類 ▼	項目 ▼	姓名 ▼	單價 ▼	數量 ▼
2	辦公用品	剪刀	志成	55	5
3	辦公用品	美工刀	志成	45	2
4	辦公用品	釘書機	志成	48	2
5	辦公用品	剪刀	詩情	55	2
6	辦公用品	美工刀	詩情	45	3
7	辦公用品	釘書機	詩情	48	4
8	書寫用品	原子筆(黑)	志成	10	4
9	書寫用品	原子筆(紅)	志成	10	6
10	書寫用品	原子筆(藍)	志成	10	6

〈 〉　人事部　業務部　研發部　製造部　＋

上述表格欄位分別是分類、項目、姓名、單價和數量，每一個工作表是一個部門，共有人事部、業務部、研發部和製造部。

💬 **Power Automate + SQL 指令** `ch9-5.txt`

我們準備使用 Power Automate+SQL 指令來彙整資料成為下列格式，同時計算出商品小計，也就是將四個 Excel 工作表整合成一個工作表，並且新增第 1 欄的 " 部門 " 欄位和最後 1 個欄位小計的 " 金額 "，如右圖所示：

	A	B	C	D	E
1	部門	分類	項目	數量	金額
2	人事部	辦公用品	剪刀	5	275
3	人事部	辦公用品	美工刀	2	90

在【ch9-5】桌面流程共有 16 個步驟的動作，可以分成三大部分，在第一部分的步驟 1 是複製「ch09\ 文具用品採購 \」子目錄下的 Excel 檔案，步驟 2 指定

Excel_File_Path 變數值是複製的 Excel 檔案「D:\ExcelSQL\ch09\ 文具商品採購清單 .xlsx」，如下圖所示：

在第二部分是取得工作表清單後，新增【全公司】工作表和第一列的標題列，如下圖所示：

- 3：【Excel> 啟動 Excel】動作是使用 Excel_File_Path 變數開啟複製的 Excel 檔案 " 文具商品採購清單 .xlsx"。

- 4：【Excel> 進階 > 取得所有使用中 Excel 工作表】動作是取得 Excel 活頁簿的工作表清單，儲存至 SheetNames 變數，如右圖所示：

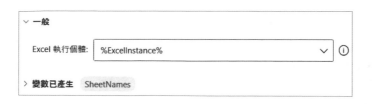

- **5**：【Excel> 加入新的工作表】動作加入名為【全公司】的新工作表成為最後 1 個工作表。

- **6~10**：5 個【Excel> 寫入 Excel 工作表】動作是在【全公司】工作表新增第一列 標題列，即部門、分類、項目、數量和金額。

- **11**：【Excel> 關閉 Excel】動作是儲存文件後關閉 Excel。

在第三部分的步驟 12~16 是使用【迴圈 >For each】迴圈走訪 SheetNames 變數的工 作表名稱，即可針對 Excel 檔案 " 文具商品採購清單 .xlsx" 執行 SQL 指令 INSERT/ SELECT 來彙整工作表的資料，如下所示：

```
INSERT INTO [全公司$]
SELECT '%CurrentItem%' AS 部門,
       分類, 項目, 數量,
       單價 * 數量 AS 金額
FROM [%CurrentItem%$];
```

上述 SQL 指令新增記錄至【全公司】工作表，SELECT 指令的 " 部門 " 欄位就是工 作表名稱，" 金額 " 欄位是 " 單價 " 欄位乘以 " 數量 " 欄位，如下圖所示：

上述桌面流程的執行結果會先複製子
目錄下的 Excel 檔案 " 文具商品採購清
單 .xlsx" 後，新增【全公司】工作表和
標題列，即可執行 INSERT/SELECT 指
令在【全公司】工作表彙整其他工作
表的記錄資料，如右圖所示：

	A	B	C	D	E
1	部門	分類	項目	數量	金額
2	人事部	辦公用品	剪刀	5	275
3	人事部	辦公用品	美工刀	2	90
4	人事部	辦公用品	釘書機	2	96
5	人事部	辦公用品	剪刀	2	110
6	人事部	辦公用品	美工刀	3	135
7	人事部	辦公用品	釘書機	4	192
8	人事部	書寫用品	原子筆(黑)	4	40

‹ › … 業務部 研發部 製造部 全公司

🔍 Python 程式　　　　　　　　　　　　　　　　| ch9-5.py

Python 程式是擴充 ch9-2-2.py 程式來建立多工作表的資料彙整，在讀取各部門工作表
的 DataFrame 物件後，一一整理 DataFrame 物件來合併成單一工作表，如下所示：

```
sheet_names = ["人事部", "業務部", "研發部", "製造部"]
df = pd.read_excel("文具用品採購\文具商品採購清單.xlsx",
                   sheet_name=sheet_names)
```

上述程式碼建立工作表名稱串列後，呼叫 read_excel() 方法讀取這 4 個工作表。在下方
建立空的 DataFrame 物件 company 後，使用 for 迴圈走訪 sheet_names 串列的每一個
工作表名稱，如下所示：

```
company = pd.DataFrame()
for name in sheet_names:
    items = df[name]
    items["部門"] = name
    items["金額"] = items["單價"] * items["數量"]
```

上述迴圈首先使用 name 部門名稱取得此部門的 DataFrame 物件後，即可彙整 DataFrame
物件，新增 " 部門 " 欄位是 name 變數值，和計算小計的 " 金額 " 欄位。在下方建立合併所
需的 DataFrame 物件 result，如下所示：

```
    result = items[["部門","分類","項目","數量","金額"]]
    company = pd.concat([company, result],
                        axis=0,
                        ignore_index=True)
```

上述程式碼呼叫 concat() 方法合併 result 至 DataFrame 物件 company，第 1 個參數是欲合併的 DataFrame 物件串列，axis 參數值 0 是直向合併，ignore_index 參數值 True 是忽略列索引。

當 for 迴圈將 4 個工作表都成功彙整成 DataFrame 物件 company 後，我們可以先來看一看彙整資料的資訊，即 info() 方法，如下所示：

```
print(company.info())
```

上述 info() 方法可以顯示 DataFrame 物件的資訊，如右所示：

```
<class 'pandas.core.frame.DataFrame'>
RangeIndex: 52 entries, 0 to 51
Data columns (total 5 columns):
 #   Column  Non-Null Count  Dtype
---  ------  --------------  -----
 0   部門      52 non-null     object
 1   分類      52 non-null     object
 2   項目      52 non-null     object
 3   數量      52 non-null     int64
 4   金額      52 non-null     int64
dtypes: int64(2), object(3)
memory usage: 2.2+ KB
None
```

上述資訊顯示 DataFrame 物件有 5 個欄位和 52 筆記錄。最後呼叫 to_excel() 方法輸出成 Excel 檔案 " 文具商品採購清單 2.xlsx"，如下所示：

```
company.to_excel("文具商品採購清單2.xlsx",
                 sheet_name="全公司", index=False)
```

Python 程式的執行結果可以建立 Excel 檔案 " 文具商品採購清單 2.xlsx"，其內容如下圖所示：

	A	B	C	D	E
1	部門	分類	項目	數量	金額
2	人事部	辦公用品	剪刀	5	275
3	人事部	辦公用品	美工刀	2	90
4	人事部	辦公用品	釘書機	2	96
5	人事部	辦公用品	剪刀	2	110
6	人事部	辦公用品	美工刀	3	135
7	人事部	辦公用品	釘書機	4	192
8	人事部	書寫用品	原子筆(黑)	4	40
9	人事部	書寫用品	原子筆(紅)	6	60
10	人事部	書寫用品	原子筆(藍)	6	60
11	人事部	書寫用品	原子筆(黑)	5	50

全公司

Note

CHAPTER 10

使用 SQL 執行 Excel 多工作表查詢

10-1 ◀ Excel 多工作表查詢：子查詢

Excel 可以使用 VLOOPUP、INDEX、MATCH 和 IF 等多種 Excel 函數，再加上相關操作來執行本章的 Excel 多工作表查詢。SQL 語言的多資料表查詢就是：子查詢、聯集查詢和合併查詢。

子查詢（Subquery）是在主查詢 SELECT 指令的 FROM 和 WHERE 子句擁有另一個 SELECT 指令的子查詢。例如：當 WHERE 子句擁有子查詢時，首先處理子查詢，然後才依子查詢取得的條件值來執行主查詢，即可取得最後的查詢結果。

 重點

在 FROM 子句使用子查詢

在 FROM 子句使用子查詢的目的是用來取得暫存工作表，為了在 SELECT 指令存取這個暫存工作表，如同替欄位取別名，我們也需要使用 AS 關鍵字來替暫存工作表命名。在這一節的範例 Excel 檔案是 " 銷售系統 .xlsx" 的【員工】工作表。

💬 Power Automate + SQL 指令 | ch10-1.txt

我們準備建立【員工】工作表的子查詢,以便建立 FROM 子句名為【高薪員工】的暫存工作表,然後使用 SELECT 指令查詢此暫存工作表的內容。ChatGPT 詳細的問題描述(ch10-1_gpt.txt),如下所示:

> **Q 提問**
>
> 你是 Access SQL 專家,現在有一個名為 [員工 $] 的資料表,請寫出 SQL 指令敘述,首先在 FROM 子句使用 SQL 子查詢建立薪水超過 55000 的暫存資料表,別名高薪員工,然後查詢高薪員工資料表的員工編號、姓名、職稱和薪水四個欄位。

ChatGPT 寫出的 SQL 指令,如下所示:

```
SELECT 高薪員工.員工編號,高薪員工.姓名,高薪員工.職稱,
       高薪員工.薪水
FROM (
    SELECT 員工編號, 姓名, 職稱, 薪水
    FROM [員工$]
    WHERE 薪水 > 55000
) AS 高薪員工;
```

上述 SELECT 指令的 FROM 子句是一個使用括號建立的暫存工作表,這是使用子查詢來取出高薪員工資料,因為此資料表有別名,所以欄位需要加上工作表名稱來指明欄位,其語法如下所示:

```
工作表別名.欄位名稱
```

上述「.」運算子之前是工作表別名,之後是此工作表的欄位,可以指明是暫存工作表的欄位,共找到 4 筆記錄,如下圖所示:

#	員工編號	姓名	職稱	薪水
0	20090001	陳會安	經理	101000
1	20090002	江小魚	主任	81000
2	20100001	郭富成	專員	61000
3	20090005	王美麗	經理	75000

🔍 Python 程式 | ch10-1.py

Python 程式是呼叫 read_excel() 方法讀取 Excel 檔案的【員工】工作表,如下所示:

```
employees = pd.read_excel("銷售系統.xlsx", sheet_name="員工")
```

然後,在 DataFrame 物件使用 " 薪水 " 欄位的條件來建立高薪員工的 DataFrame 物件 employees2,如下所示:

```
employees2 = employees[employees["薪水"] > 55000]
```

最後,我們可以取出 DataFrame 物件 employees2 的特定欄位,使用的是欄位串列,如下所示:

```
result = employees2[["員工編號","姓名","職稱","薪水"]]
```

我們也可以呼叫 sqldf() 方法來執行前述的 SQL 指令,如下所示:

```
result = sqldf("""SELECT 高薪員工.員工編號,高薪員工.姓名,
                         高薪員工.職稱,高薪員工.薪水
                 FROM (
                   SELECT 員工編號, 姓名, 職稱, 薪水
                   FROM employees
                   WHERE 薪水 > 55000
                 ) AS 高薪員工;
              """)
```

重點

在 WHERE 子句使用子查詢

SQL 子查詢最常使用在 SELECT 指令的 WHERE 子句,用來取得 WHERE 子句的條件值,其基本語法如下所示:

```
SELECT 欄位清單
FROM 資料表1
WHERE 欄位 = (SELECT 欄位 FROM 資料表2
             WHERE 搜尋條件);
```

上述 SELECT 指令是主查詢，位在括號中的 SELECT 指令是子查詢。在 WHERE 子句使用子查詢的注意事項，如下所示：

■ 子查詢是位在 WHERE 子句條件值的括號中。

■ 通常子查詢的 SELECT 指令只會取得單一欄位值，以便與主查詢的欄位進行比較運算。

■ 如果子查詢取得的是多筆記錄，在主查詢是使用 IN 邏輯運算子。

■ BETWEEN/AND 運算子並不能使用在主查詢，只能用在子查詢。

在這一節的範例 Excel 檔案是 " 銷售系統 .xlsx" 的【員工】和【訂單】工作表。

💬 Power Automate + SQL 指令 | ch10-1a.txt

我們準備在【員工】工作表使用姓名查出員工編號後，即可在【訂單】工作表查詢此位員工的訂單數。ChatGPT 詳細的問題描述（ch10-1a_gpt.txt），如下所示：

> **Q 提問**
>
> 你是 Access SQL 專家，現在有名為 [員工 $] 和 [訂單 $] 的 2 個資料表，請寫出 SQL 指令敘述，首先使用 SQL 子查詢在 [員工 $] 查詢姓名是江小魚的員工編號，然後使用取得的員工編號建立 SQL 主查詢來查詢 [訂單 $] 資料表，可以使用聚合函數顯示此位員工編號的訂單數，顯示的欄位就是別名的訂單數，其 WHERE 子句的條件是員工編號等於子查詢的查詢結果。

ChatGPT 寫出的 SQL 指令，如下所示：

```
SELECT COUNT(*) AS 訂單數
FROM [訂單$]
WHERE 員工編號 IN (
    SELECT 員工編號
    FROM [員工$]
    WHERE 姓名 = '江小魚'
);
```

上述整個 SQL 查詢指令共有 2 個 SELECT 指令，分別查詢 2 個 Excel 工作表，在【員工】工作表取得姓名是 ' 江小魚 ' 的員工編號後，再從【訂單】工作表使用聚合函數來計算出訂單數。

請注意！此 SQL 指令是用 IN 運算子，只需清單之一就符合條件，問題是只有一位員工，並不需要使用 IN 運算子。請繼續交談過程，我們準備修改 SQL 指令敘述，改用「＝」等號運算子，詳細的問題描述（ch10-1b_gpt.txt），如下所示：

Q 提問

請在 SQL 主查詢的 WHERE 子句改用「＝」等號運算子。

ChatGPT 寫出的 SQL 指令，如下所示：

```
SELECT COUNT(*) AS 訂單數
FROM [訂單$]
WHERE 員工編號 = (
    SELECT 員工編號
    FROM [員工$]
    WHERE 姓名 = '江小魚'
);
```

上述 2 個 SQL 子查詢都是取得員工編號作為主查詢的條件，可以看到此位員工的訂單數是 3，如右圖所示：

#	訂單數
0	3

🔎 Python 程式　　　　　　　　　　　　　　　| ch10-1a.py

Python 程式是呼叫 read_excel() 方法讀取 Excel 檔案的【員工】和【訂單】工作表，如下所示：

```
df = pd.read_excel("銷售系統.xlsx", sheet_name=["員工", "訂單"])
employees = df["員工"]
orders = df["訂單"]
```

然後，在 DataFrame 物件 employees 使用 " 姓名 " 欄位來建立 SQL 子查詢，可以取得員工編號，如下所示：

```
id = employees.loc[employees["姓名"] == '江小魚',
                "員工編號"].values[0]
```

最後，在主查詢是使用 " 員工編號 " 欄位的條件來計算訂單數，使用的是 count() 方法，如下所示：

```
result = orders.loc[orders["員工編號"] == id,
                "訂單編號"].count()
```

我們也可以呼叫 sqldf() 方法來執行前述的 2 個 SQL 指令，如下所示：

```
result = sqldf("""SELECT COUNT(*) AS 訂單數
                FROM orders
                WHERE 員工編號 IN (
                    SELECT 員工編號
                    FROM employees
                    WHERE 姓名 = '江小魚'
                );
              """)
result = sqldf("""SELECT COUNT(*) AS 訂單數
                FROM orders
                WHERE 員工編號 = (
                    SELECT 員工編號
                    FROM employees
                    WHERE 姓名 = '江小魚'
                );
              """)
```

10-2 Excel 多工作表查詢：聯集查詢

聯集查詢（UNION）是執行兩個或多個 Excel 工作表記錄的聯集運算，如同集合運算的聯集可以將查詢結果合併起來。這一節的範例 Excel 檔案是 " 銷售系統 .xlsx" 的【員工】工作表，和 " 學生 .xlsx" 的【學生】工作表。

💬 Power Automate + SQL 指令　　　　　　　　　　　| ch10-2.txt

在 2 個 Excel 檔案的【學生】和【員工】工作表都有 " 姓名 " 欄位，我們可以用此欄位來執行 2 個工作表的聯集運算。ChatGPT 詳細的問題描述（ch10-2_gpt.txt），如下所示：

Q 提問

> 你是 Access SQL 專家，現在有一個名為 [員工 $] 的資料表和一個名為 [Excel 12.0;DATABASE = D:\ExcelSQL\ch10\ 學生 .xlsx].[學生 $] 的資料表，請寫出 SQL 指令敘述，使用聯集查詢合併這 2 個工作表的姓名欄位。

ChatGPT 寫出的 SQL 指令，如下所示：

```
SELECT 姓名
FROM [員工$]
UNION
SELECT 姓名
FROM [Excel 12.0;DATABASE=D:\ExcelSQL\ch10\學生.xlsx].[學生$];
```

上述 2 個 SELECT 指令是使用 UNION 執行聯集運
算，此聯集運算會排序和刪除重複記錄，可以看到查詢結果共找出 9 位學生
和員工姓名，因為會刪除重複記錄，所以沒有重複姓名，如右
圖所示：

#	姓名
0	劉得華
1	周傑倫
2	張無忌
3	李瑪莉
4	江小魚
5	王美麗
6	郭富成
7	陳小安
8	陳會安

如果改用 UNION ALL 運算子取代 UNION 執行聯集運算，如下所示：

```
SELECT 姓名
FROM [員工$]
UNION ALL
SELECT 姓名
FROM [Excel 12.0;DATABASE=D:\ExcelSQL\ch10\學生.xlsx].[學生$];
```

上述 2 個 SELECT 指令是使用 UNION ALL 執行聯集運算，可
以看到查詢結果共找出 11 位學生和員工姓名，此聯集運算就是
上 / 下合併 2 個工作表的記錄資料，而且不會刪除重複記錄 ' 陳
會安 ' 和 ' 江小魚 '，如右圖所示：

#	姓名
0	陳會安
1	江小魚
2	周傑倫
3	郭富成
4	劉得華
5	王美麗
6	李瑪莉
7	陳會安
8	江小魚
9	張無忌
10	陳小安

🔎 Python 程式 | ch10-2.py

在 Python 程式共呼叫 2 次 read_excel() 方法來分別讀取 Excel 檔案的【員工】和【學生】工作表,如下所示:

```
employees = pd.read_excel("銷售系統.xlsx", sheet_name="員工")
students = pd.read_excel("學生.xlsx", sheet_name="學生")
```

然後,呼叫 concat() 方法合併 2 個 DataFrame 物件的 " 姓名 " 欄位,第 1 個參數就是欲合併的 DataFrame 物件串列,如下所示:

```
result = pd.concat([employees["姓名"], students["姓名"]],
                   axis=0,
                   ignore_index=True)
```

上述方法的 axis 參數是合併方向,0 是直向;1 是橫向,ignore_index 參數值 True 是忽略列索引。因為 concat() 方法合併的資料並不會刪除重複記錄,所以需要呼叫 drop_duplicates() 方法來刪除重複姓名,如下所示:

```
result = result.drop_duplicates()
```

我們也可以呼叫 sqldf() 方法來執行前述的 2 個 SQL 指令,如下所示:

```
result = sqldf("""SELECT 姓名 FROM employees
              UNION
              SELECT 姓名 FROM students;
           """)
result = sqldf("""SELECT 姓名 FROM employees
              UNION ALL
              SELECT 姓名 FROM students;
           """)
```

10-3 Excel 多工作表查詢：合併查詢

合併查詢（JOIN）可以將關聯式資料庫分割的資料表再合併成未分割前的結果，以方便檢視所需的資訊。因為正規化分割資料表的目的是為了避免資料重複，但是閱讀資訊時，重複資料反而更容易閱讀和理解。

在這一節的範例 Excel 檔案是 " 選課資料 .xlsx"，其中的【學生】、【課程】、【班級】和【教授】工作表就是關聯式資料庫分割出的多個資料表。

10-3-1 認識合併查詢

在 SQL 語言的合併查詢可以分為：INNER JOIN 和 OUTER JOIN 指令。

💬 內部合併查詢（INNER JOIN）

內部合併查詢只會取回多個資料表符合合併條件的記錄資料，即都存在合併欄位的記錄資料，如下圖所示：

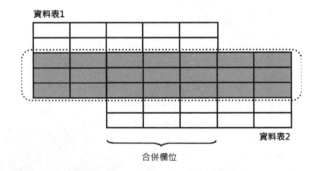

上述圖例的虛線框內是內部合併查詢的結果，重疊部分的欄位是兩個資料表合併條件的欄位，只顯示符合合併條件的記錄資料。

💬 外部合併查詢（OUTER JOIN）

外部合併查詢可以取回指定資料表的所有記錄，它和內部合併查詢的差異在於：查詢結果並不是兩個資料表都一定存在的記錄。OUTER JOIN 指令可以分成三種，如下所示：

- 左外部合併（**LEFT JOIN**）：取回左邊資料表內的所有記錄，如下圖所示：

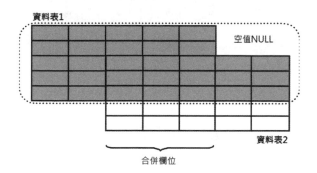

- 右外部合併（**RIGHT JOIN**）：取回右邊資料表內的所有記錄，Access 的 SQL 語言有支援 RIGHT JOIN；SQLite 的 SQL 語言沒有支援 RIGHT JOIN 語法，如下圖所示：

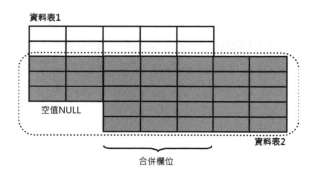

- 完全外部合併（**FULL JOIN**）：取回左、右邊資料表內的所有記錄，Access 和
SQLite 的 SQL 語言都沒有支援 FULL JOIN 語法，如下圖所示：

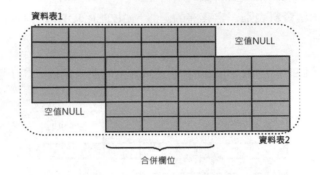

10-3-2　內部合併查詢 INNER JOIN 指令

SQL 語言的 INNER JOIN 指令是內部合併查詢，可以取回 2 個資料表都存在的記錄
資料。

💬 Power Automate + SQL 指令 　　　　　　　　　　│ ch10-3-2.txt

在第 6-4 節已經說明過如何使用 ChatGPT 寫出多資料表合併查詢的 SQL 指令敘
述，所以這一節就不重複列出提示文字。首先我們準備查詢所有學生選課的課程編
號資料，這是從【學生】工作表取得學號和姓名，然後在【班級】工作表取得課程
編號和教授編號，2 個工作表的關聯欄位是 " 學號 "，如下所示：

```
SELECT 學生.學號, 學生.姓名, 班級.課程編號, 班級.教授編號
FROM [學生$] AS 學生
INNER JOIN [班級$] AS 班級
ON 學生.學號 = 班級.學號;
```

上述 SELECT 指令因為查詢 2 個 Excel 工作表，所以需要使用 AS 關鍵字替每一個
工作表取一個別名，以方便指明是哪一個工作表的欄位。

在 INNER JOIN 合併查詢可以顯示學生工作表的 " 學號 " 和 " 姓名 " 欄位，班級工作表的 " 課程編號 " 和 " 教授編號 "，關聯欄位是 ON 運算子的 " 學號 "，其查詢結果共找到 21 筆（只以前幾筆記錄資料為例），如下圖所示：

#	學號	姓名	課程編號	教授編號
0	S001	陳會安	CS222	I002
1	S001	陳會安	CS349	I001
2	S001	陳會安	CS101	I001
3	S001	陳會安	CS213	I003
4	S001	陳會安	CS203	I003
5	S002	江小魚	CS222	I002
6	S002	江小魚	CS203	I003
7	S002	江小魚	CS111	I004
8	S003	張無忌	CS121	I002

目前的合併查詢只有取得 " 課程編號 " 欄位，因為是內部合併查詢，所以沒有學生 ' 蔡一零 ' 和 ' 張會妹 ' 的選課資料。我們可以進一步使用合併查詢來取得【課程】工作表的所有欄位，如下所示：

```
SELECT 學生.學號, 學生.姓名, 課程.*, 班級.教授編號
FROM [課程$] AS 課程
INNER JOIN ([學生$] AS 學生 INNER JOIN [班級$] AS 班級
ON 學生.學號 = 班級.學號)
ON 班級.課程編號 = 課程.課程編號;
```

上述 SELECT 指令共查詢 3 個工作表，將原來 FROM 子句後的 INNER JOIN 運算子使用括號括起成為查詢結果的暫存工作表，就可以進一步查詢【課程】工作表的所有欄位，此時的關聯欄位是 " 課程編號 "，其查詢結果可以看到已經合併取出課程資料，如下圖所示：

#	學號	姓名	課程編號	名稱	學分	教授編號
0	S001	陳會安	CS213	物件導向程式設計	2	I003
1	S001	陳會安	CS349	物件導向分析	3	I001
2	S001	陳會安	CS222	資料庫管理系統	3	I002
3	S001	陳會安	CS101	計算機概論	4	I001
4	S001	陳會安	CS203	程式語言	3	I003
5	S002	江小魚	CS222	資料庫管理系統	3	I002
6	S002	江小魚	CS203	程式語言	3	I003
7	S002	江小魚	CS111	線性代數	4	I004
8	S003	張無忌	CS121	離散數學	4	I002

目前的合併查詢已經取出課程資料，但是只有 " 教授編號 " 欄位，我們可以再次使用合併查詢來取得【教授】工作表的所有欄位，如下所示：

```
SELECT 學生.學號, 學生.姓名, 課程.*, 教授.*
FROM [教授$] AS 教授 INNER JOIN
([課程$] AS 課程 INNER JOIN
([學生$] AS 學生 INNER JOIN [班級$] AS 班級
ON 學生.學號 = 班級.學號)
ON 班級.課程編號 = 課程.課程編號)
ON 教授.教授編號 = 班級.教授編號;
```

上述 SELECT 指令共查詢 4 個工作表，請將原來 INNER JOIN 括起當成暫存工作表，就可以進一步查詢【教授】工作表的所有欄位，此時的關聯欄位是 " 教授編號 "，其查詢結果可以看到合併的教授資料，如下圖所示：

#	學號	姓名	課程編號	名稱	學分	教授編號	職稱	科系	身份證字號
0	S001	陳會安	CS213	物件導向程式設計	2	I003	副教授	CIS	H098765432
1	S001	陳會安	CS349	物件導向分析	3	I001	教授	CS	A123456789
2	S001	陳會安	CS222	資料庫管理系統	3	I002	教授	CS	A222222222
3	S001	陳會安	CS203	程式語言	3	I003	副教授	CIS	H098765432
4	S001	陳會安	CS101	計算機概論	4	I001	教授	CS	A123456789
5	S002	江小魚	CS222	資料庫管理系統	3	I002	教授	CS	A222222222
6	S002	江小魚	CS203	程式語言	3	I003	副教授	CIS	H098765432
7	S002	江小魚	CS111	線性代數	4	I004	講師	MATH	F213456780

🔍 Python 程式 | ch10-3-2.py

Python 程式是呼叫 read_excel() 方法讀取 Excel 檔案的 4 個工作表,如下所示:

```
df = pd.read_excel("選課資料.xlsx",
                   sheet_name=["學生","教授","課程","班級"])
students = df["學生"]
classes = df["班級"]
courses = df["課程"]
professors = df["教授"]
```

然後,呼叫 merge() 方法合併 DataFrame 物件 students 和 classes,合併欄位是 " 學號 ",如下所示:

```
result = pd.merge(students, classes, on="學號")
result = result[["學號","姓名","課程編號","教授編號"]]
```

上述方法的 on 參數就是合併欄位。接著再重複呼叫 merge() 方法合併 DataFrame 物件 courses,合併欄位是 " 課程編號 ",如下所示:

```
result = pd.merge(pd.merge(students, classes, on="學號"),
                  courses, on="課程編號")
result = result[["學號","姓名","課程編號","名稱","學分","教授編號"]]
```

最後再重複呼叫 merge() 方法合併 DataFrame 物件 professors,合併欄位是 " 教授編號 ",如下所示:

```
result = pd.merge(pd.merge(pd.merge(professors, classes,
                                    left_on="教授編號",
                                    right_on="教授編號"),
                           students, on="學號"),
                  courses, on="課程編號")
result = result[["學號","姓名","課程編號","名稱","學分",
                 "教授編號","職稱","科系","身份證字號"]]
```

上述程式碼如果 2 個資料表的合併欄位相同，請使用 on 參數；如果不同，就是分別使用 left_no 和 right_on 參數來指定合併欄位是 " 教授編號 "。我們也可以呼叫 sqldf() 方法來執行前述的 3 個 SQL 指令，如下所示：

```
result = sqldf("""SELECT 學生.學號, 學生.姓名,
                         班級.課程編號, 班級.教授編號
                  FROM students AS 學生
                  INNER JOIN classes AS 班級
                  ON 學生.學號 = 班級.學號;
             """)
result = sqldf("""SELECT 結果.學號, 結果.姓名, 課程.*, 結果.教授編號
                  FROM courses AS 課程
                  INNER JOIN result AS 結果
                  ON 結果.課程編號 = 課程.課程編號;
             """)
result = sqldf("""SELECT 結果.學號, 結果.姓名, 結果.課程編號,
                         結果.名稱, 結果.學分, 教授.*
                  FROM professors AS 教授
                  INNER JOIN result AS 結果
                  ON 教授.教授編號 = 結果.教授編號;
             """)
```

上述 SQL 指令因為 sqldf() 方法只能合併 2 個 DataFrame 物件的資料表，超過 2 個會產生錯誤，所以 3 個 SQL 指令是依序合併前 1 個執行結果的 DataFrame 物件 result，第 1 個是合併 students 和 classes，第 2 個是將合併結果的 result 再合併 courses，最後是將合併結果的 result 再合併 professors。

10-3-3 外部合併查詢 OUTER JOIN 指令

OUTER JOIN 指令可以取回合併資料表的所有記錄，不論是否是 2 個資料表都存在的記錄，可以分成兩種 JOIN 指令，如右所示：

- **RIGHT JOIN**：取回右邊資料表內的所有記錄。

- **LEFT JOIN**：取回左邊資料表內的所有記錄。

💬 Power Automate + SQL 指令　　　　　　| ch10-3-3.txt

SQL 外部合併查詢是從【學生】工作表取得學號和姓名，【班級】工作表取得課程
編號，其關聯欄位是 " 學號 "，如下所示：

```
SELECT 學生.學號, 學生.姓名, 班級.課程編號
FROM [學生$] AS 學生
LEFT JOIN [班級$] AS 班級
ON 學生.學號 = 班級.學號;
```

上述 SQL 指令是 LEFT JOIN，可以取得【學生】工作表的所有記錄，所以查詢結果
包含沒有選課記錄的學生記錄 ' 張會妹 ' 和 ' 蔡一零 '，其查詢結果如下圖所示：

#	學號	姓名	課程編號
14	S005	孫燕之	CS213
15	S005	孫燕之	CS101
16	S006	周杰輪	CS203
17	S006	周杰輪	CS213
18	S006	周杰輪	CS101
19	S007	蔡一零	
20	S008	劉得華	CS203
21	S008	劉得華	CS121
22	S010	張會妹	

如果需要取得【班級】工作表的所有記錄，請使用 RIGHT JOIN，如下所示：

```
SELECT 學生.學號, 學生.姓名, 班級.課程編號
FROM [學生$] AS 學生
RIGHT JOIN [班級$] AS 班級
ON 學生.學號 = 班級.學號;
```

上述 SQL 指令是 RIGHT JOIN，可以取得【班級】工作表的所有記錄，所以查詢結果包含沒有學生記錄的最後一筆 'CS111'，其查詢結果如下圖所示：

#	學號	姓名	課程編號
13	S002	江小魚	CS203
14	S006	周杰輪	CS203
15	S008	劉得華	CS203
16	S001	陳會安	CS213
17	S006	周杰輪	CS213
18	S002	江小魚	CS111
19	S003	張無忌	CS111
20	S005	孫燕之	CS111
21			CS111

🔍 Python 程式　　　　　　　　　　　　　　| ch10-3-3.py

Python 程式是呼叫 read_excel() 方法讀取 Excel 檔案的 2 個工作表，如下所示：

```
df = pd.read_excel("選課資料.xlsx",
                   sheet_name=["學生","班級"])
students = df["學生"]
classes = df["班級"]
```

然後，呼叫 merge() 方法合併 DataFrame 物件 students 和 classes，合併欄位是 " 學號 "，如下所示：

```
result = pd.merge(students, classes, on="學號", how="left")
result = result[["學號","姓名","課程編號"]]
```

上述方法的 on 參數就是合併欄位，how 參數是 "left"，即 LEFT JOIN 合併查詢。接著再次呼叫 merge() 方法，這次的 how 參數是 "right"，即 RIGHT JOIN 合併查詢，如下所示：

```
result = pd.merge(students, classes, on="學號", how="right")
result = result[["學號","姓名","課程編號"]]
```

我們也可以呼叫 sqldf() 方法來執行前述的 SQL 指令（請注意！ **SQLite** 的 SQL 語言目前只支援 LEFT JOIN；並不支援 RIGHT JOIN），如下所示：

```
result = sqldf("""SELECT 學生.學號, 學生.姓名, 班級.課程編號
          FROM students AS 學生
          LEFT JOIN classes AS 班級
          ON 學生.學號 = 班級.學號;
        """)
```

10-4 實作案例：使用 PowerAutomate + SQL 合併工作表

當 Excel 活頁簿擁有多個工作表時，我們可以使用 UNION ALL 聯集運算子來上 / 下合併 Excel 工作表。在這一節是使用 Excel 檔案 " 各班的成績資料 .xlsx" 為例，擁有【A 班】、【B 班】和【C 班】三個成績資料的工作表，如右圖所示：

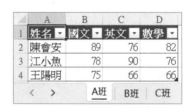

💬 Power Automate + SQL 指令 | ch10-4.txt

SQL 語言可以使用第 10-2 節的 UNION ALL 來合併這 3 個 Excel 工作表，如下所示：

```
SELECT * FROM [A班$]
UNION ALL
SELECT * FROM [B班$]
UNION ALL
SELECT * FROM [C班$]
```

在【ch10-4】桌面流程共有 12 個步驟的動作，前 4 個步驟是執行 SQL 指令來合併工作表，如下圖所示：

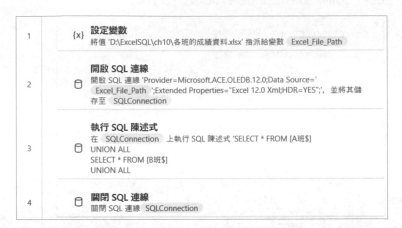

- 1：【變數 > 設定變數】動作可以新增變數 Excel_File_Path，這是 Excel 檔案的路徑「D:\ExcelSQL\ch10\ 各班的成績資料 .xlsx」。

- 2：【資料庫 > 開啟 SQL 連線】動作可以指定連線字串，使用 OLE DB 連接 Excel檔案，如下所示：

```
Provider=Microsoft.ACE.OLEDB.12.0;Data Source=%Excel_File_Path%;Extended
Properties="Excel 12.0 Xml;HDR=YES";
```

- 3：【資料庫 > 執行 SQL 陳述式】動作可以執行【SQL 陳述式】欄輸入的 SQL 指令來合併 3 個 Excel 工作表，如下圖所示：

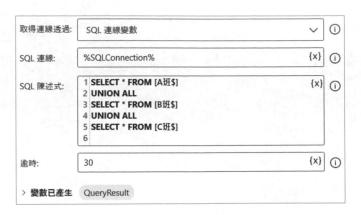

■ 4：【資料庫 > 關閉 SQL 連線】動作關閉步驟 2 開啟的 SQL 連線。

上述前 4 個步驟的桌面流程，其執行結果可以取得查詢結果的 QueryResult 變數（DataTable 資料表物件），如下圖所示：

#	姓名	國文	英文	數學
0	陳會安	89	76	82
1	江小魚	78	90	76
2	王陽明	75	66	66
3	王美麗	68	55	77
4	張三	78	66	92
5	李四	88	85	65

上述「#」列是標題列，可以使用 QueryResult.Columns 屬性取得此列每一欄標題的清單，然後我們就可以使用【For each】動作走訪 QueryResult.Columns 屬性值來建立 Excel 工作表的標題列。

在步驟 5~12 是使用 For each 迴圈建立 Excel 工作表的標題列，然後將 SQL 查詢結果 QueryResult 變數寫入 Excel 工作表，如下圖所示：

- **5**：【Excel> 啟動 Excel】動作是啟動 Excel 和開啟空白 Excel 活頁簿。

- **6**：【變數 > 設定變數】動作是指定變數 ColumnIdx 的值是 1。

- **7~10**：【迴圈 >For each 迴圈】動作的迴圈走訪 QueryResult.Columns 屬性的清單，在取出每一個 CurrentItem 項目的欄位標題後，依序寫入 Excel 工作表的第 1 列標題列。

- **8**：【Excel> 寫入 Excel 工作表】動作是在 Excel 工作表的第 1 列新增標題文字，在【要寫入的值】欄是 CurrentItem 變數的標題文字，【寫入模式】欄選【於指定的儲存格】，【資料行】是變數 ColumnIdx 值的索引值（欄位索引可用英文字母，也可用從 1 開始的索引值）；【資料列】是第 1 列，可以從 A 欄開始寫入標題文字，如下圖所示：

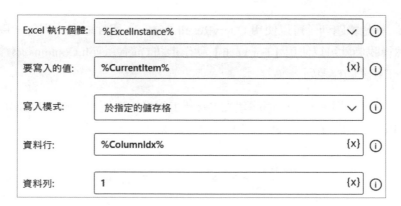

- **9**：【變數 > 增加變數】動作是將變數 ColumnIdx 值加 1，即移至下一欄的索引。

- **11**：【Excel> 寫入 Excel 工作表】動作是寫入查詢結果的多筆資料列，在【要寫入的值】欄是 QueryResult 變數值的資料表物件，【寫入模式】欄選【於指定的儲存格】，【資料行】是 A 欄；【資料列】是第 2 列，可以從 A 欄的第 2 列開始寫入資料表物件的查詢結果，如右圖所示：

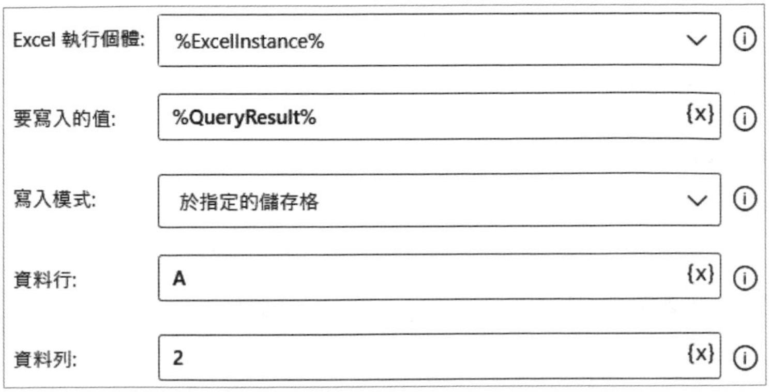

	Excel 執行個體:	%ExcelInstance%	⌄	ⓘ
	要寫入的值:	%QueryResult%	{x}	ⓘ
	寫入模式:	於指定的儲存格	⌄	ⓘ
	資料行:	A	{x}	ⓘ
	資料列:	2	{x}	ⓘ

- **12**：【Excel> 關閉 Excel】動作是另存成 " 各班的成績資料 2.xslx" 後才關閉 Excel。

上述桌面流程的執行結果，可以在相同目錄看到合併 3 個工作表的 Excel 檔案 " 各班的成績資料 2.xlsx"，如右圖所示：

	A	B	C	D
1	姓名	國文	英文	數學
2	陳會安	89	76	82
3	江小魚	78	90	76
4	王陽明	75	66	66
5	王美麗	68	55	77
6	張三	78	66	92
7	李四	88	85	65

`<` `>` 工作表1 `+`

🔎 Python 程式 | ch10-4.py

Python 程式是擴充 ch10-2.py 程式來合併 3 個 DataFrame 物件。首先呼叫 read_excel()
方法讀取 Excel 檔案的【A 班】、【B 班】和【C 班】工作表，如下所示：

```
df = pd.read_excel("各班的成績資料.xlsx",
                   sheet_name=["A班","B班","C班"])
classA = df["A班"]
classB = df["B班"]
classC = df["C班"]
```

然後，呼叫 concat() 方法合併 3 個 DataFrame 物件 classA、classB 和 classC，第 1 個參數就是欲合併的 DataFrame 物件串列，如下所示：

```
result = pd.concat([classA, classB, classC],
                   axis=0,
                   ignore_index=True)
```

上述方法的 axis 參數值 0 是直向合併，ignore_index 參數值 True 是忽略列索引。我們也可以呼叫 sqldf() 方法來執行前述的 SQL 指令，如下所示：

```
result = sqldf("""SELECT * FROM classA
              UNION ALL
              SELECT * FROM classB
              UNION ALL
              SELECT * FROM classC;
           """)
```

11-1 SQL 指令的 Null 空值處理

資料庫的空值（NULL）是指欄位值缺失沒有資料，可能是值未知、沒有意義和沒有輸入資料。在 Excel 工作表的空值就是儲存格沒有輸入資料。請注意！ Excel 儲存格有可能看起來像沒有輸入資料，但是有不可見字元的值，例如：Tab 鍵。

在 Excel 可以建立公式使用 ISBLANK 函數判斷儲存格是否是空值，如果是，回傳TRUE；不是，回傳 FALSE，例如：判斷 "F5" 儲存格是否是空值，如下所示：

```
=ISBLANK(F5)
```

我們也可以使用 IF 函數的條件判斷，在第 1 個參數使用 LEN 函數條件判斷儲存格的字串長度是否是 0，如為 0，就回傳第 2 個參數；不為 0，就回傳第 3 個參數，如下所示：

```
=IF(LEN(F5)=0, "儲存格是空的!", "儲存格不是空的!")
```

在這一節是使用 Excel 檔案 " 員工資料 .xlsx" 的【員工】工作表為例，在【學號】、【電話】和【年齡】欄位有很多空值，如下圖所示：

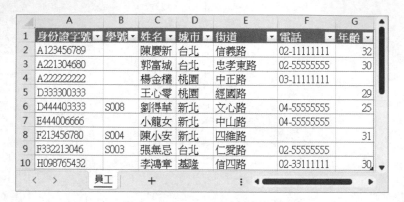

💬 **Power Automate + SQL 指令** | ch11-1.txt

SQL 語言可以使用 IS NULL 運算子來判斷欄位是否是空值。我們準備找出【員工】工作表 " 電話 " 欄位是空值的員工資料。ChatGPT 詳細的問題描述（ch11-1_gpt.txt），如下所示：

Q 提問

你是 Access SQL 專家，現在有一個名為 [員工 $] 的資料表，請寫出 SQL 指令敘述，可以找出電話欄位是空值的員工資料。

ChatGPT 寫出的 SQL 指令，如下所示：

```
SELECT *
FROM [員工$]
WHERE 電話 IS NULL;
```

上述 SELECT 指令可以取得 " 電話 " 欄位是空值的員工資料，共找到 2 筆記錄，如下圖所示：

#	身份證字號	學號	姓名	城市	街道	電話	年齡
0	D333300333		王心零	桃園	經國路		29
1	F213456780	S004	陳小安	新北	四維路		31

如果是檢查欄位不是空值，請加上 NOT 運算子，即 IS NOT NULL。請繼續交談過程，詳細的問題描述（ch11-1a_gpt.txt），如下所示：

Q 提問

請改寫成找出學號欄位不是空值的 SQL 指令。

ChatGPT 寫出的 SQL 指令，如下所示：

```
SELECT *
FROM [員工$]
WHERE 學號 IS NOT NULL;
```

上述 SELECT 指令可以取得 " 學號 " 欄位不是空值的員工資料，共找到 4 筆記錄，在第 1 筆的欄位值看起來是空值，但事實上，此欄位值是不可見的 Tab 鍵，如下圖所示：

#	身份證字號	學號	姓名	城市	街道	電話	年齡
0	A123456789		陳慶新	台北	信義路	02-11111111	32
1	D444403333	S008	劉得華	新北	文心路	04-55555555	25
2	F213456780	S004	陳小安	新北	四維路		31
3	F332213046	S003	張無忌	台北	仁愛路	02-55555555	

🔍 Python 程式 | ch11-1.py

Python 程式是呼叫 read_excel() 方法讀取 Excel 檔案的【員工】工作表後，即可判斷 DataFrame 物件指定欄位是否是空值，如下所示：

```
result = employees[employees["電話"].isnull()]
result = employees[employees["學號"].notna()]
```

上述第 1 行程式碼是呼叫 isnull() 方法判斷是否是空值，第 2 行程式碼是使用 notna() 方法判斷欄位是否不是空值。我們也可以呼叫 sqldf() 方法來執行前述的 2 個 SQL 指令，如下所示：

```
result = sqldf("""SELECT *
                  FROM employees
                  WHERE 電話 IS NULL;
               """)
result = sqldf("""SELECT *
                  FROM employees
                  WHERE 學號 IS NOT NULL;
               """)
```

11-2 ◀ 使用 SQL 指令處理遺漏值

資料清理是將資料轉換和清理成可閱讀的資料，以便進行接著的資料分析。資料清理的主要的工作之一就是處理遺漏值（Missing Data），即這些空值欄位，在 DataFrame 是 NaN。

因為遺漏值的資料並無法進行運算，我們需要針對遺漏值進行處理。基本上，處理遺漏值有兩種方式，如下所示：

- **刪除遺漏值**：如果資料量夠大，請直接刪除遺漏值。
- **補值**：將遺漏值填補成固定值、平均值、中位數和亂數值等。

在這一節的 Excel 範例是使用和第 11-1 節相同的 Excel 檔案 " 員工資料 .xlsx"。

11-2-1　計算遺漏值數

在 Excel 可以使用 COUNTBLANK 函數或 COUNTIF 函數來計算指定欄位的空值數量，如下所示：

■ **方法一**：使用 COUNTBLANK 函數計算 "G2:G10" 範圍的空值數量，其公式如下所示：

```
=COUNTBLANK(G2:G10)
```

■ **方法二**：使用 COUNTIF 函數計算 "G2:G10" 範圍是第 2 個參數空字串的數量，其公式如下所示：

```
=COUNTIF(G2:G10, "")
```

💬 **Power Automate + SQL 指令**　　　｜ `ch11-2-1.txt`

我們準備找出【員工】工作表 " 年齡 " 欄位是空值的數量。ChatGPT 詳細的問題描述（ch11-2-1_gpt.txt），如下所示：

> **Q 提問**
>
> 你是 Access SQL 專家，現在有一個名為 [員工 $] 的資料表，請寫出 SQL 指令敘述，可以計算出年齡欄位是空值的記錄數。

ChatGPT 寫出的 SQL 指令，如下所示：

```
SELECT COUNT(*) AS 空值數
FROM [員工$]
WHERE 年齡 IS NULL;
```

上述 SELECT 指令使用 COUNT() 聚合函數來取得 " 年齡 " 欄位
是空值的記錄數，可以看到空值數是 3 筆記錄，如右圖所示：

#	空值數
0	3

🔍 Python 程式 | ch11-2-1.py

Python 程式是呼叫 read_excel() 方法讀取 Excel 檔案的【員工】工作表後，使用 info()
方法顯示每一個欄位有多少個非 NaN 欄位值，如下所示：

```
print(employees.info())
```

上述程式碼顯示每欄有多少非 NaN 值，因為每一欄都有 9 筆記錄，少於 9 筆就表示有
NaN 值，可以看到 " 學號 "、" 電話 " 和 " 年齡 " 欄位不是 9 筆，分別是 4、7 和 6 筆，
所以各有 5、2 和 3 筆空值，其執行結果如下所示：

```
<class 'pandas.core.frame.DataFrame'>
RangeIndex: 9 entries, 0 to 8
Data columns (total 7 columns):
 #  Column  Non-Null Count  Dtype
---  ------  --------------  -----
 0  身份證字號  9 non-null    object
 1  學號      4 non-null      object
 2  姓名      9 non-null      object
 3  城市      9 non-null      object
 4  街道      9 non-null      object
 5  電話      7 non-null      object
 6  年齡      6 non-null      float64
dtypes: float64(1), object(6)
memory usage: 632.0+ bytes
None
```

如果是針對指定欄位，在 Python 程式碼首先可以使用 isnull() 方法判斷欄位是否是空
值，然後呼叫 sum() 方法計算共有幾筆，如下所示：

```
result = employees["年齡"].isnull().sum()
```

我們也可以呼叫 **sqldf()** 方法來執行前述的 **SQL** 指令，如下所示：

```
result = sqldf("""SELECT COUNT(*) AS 空值數
                  FROM employees
                  WHERE 年齡 IS NULL;
               """)
```

11-2-2 刪除遺漏值的記錄

在實務上，處理遺漏值最簡單方法是將這些記錄都刪除掉，在 Excel 可以使用「篩選」或「排序和篩選」功能來刪除空值的記錄。

💬 **Power Automate + SQL 指令**   `ch11-2-2.txt`

因為 Power Automate 的 OLE DB 並不支援 SQL 語言的 DELETE 指令來刪除記錄資料，所以，我們是修改第 9-4 節的桌面流程，使用 SELECT 指令配合 Excel 動作來刪除符合條件的記錄資料，此時的條件就是使用 IS NULL 運算子來判斷是否是空值，如下所示：

```
SELECT * FROM [員工$]
WHERE 年齡 IS NOT NULL;
```

請先複製 Excel 檔案 " 員工資料 .xlsx" 成為 " 員工資料 _drop.xlsx"，就可以執行此桌面流程，可以看到 Excel 檔案 " 員工資料 _drop.xlsx" 的 " 年齡 " 欄位已經沒有空值，如下圖所示：

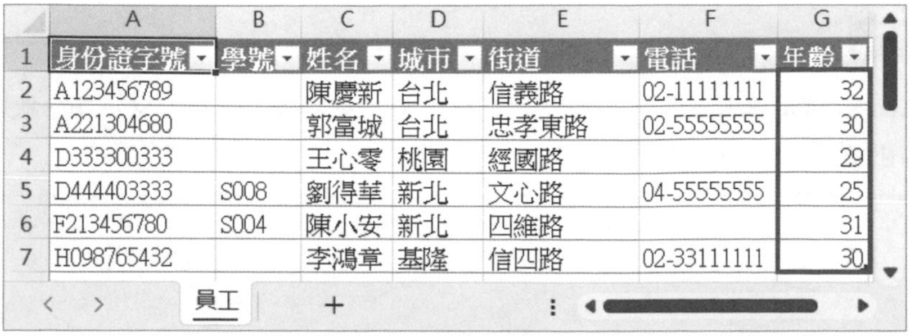

	A	B	C	D	E	F	G
1	身份證字號	學號	姓名	城市	街道	電話	年齡
2	A123456789		陳慶新	台北	信義路	02-11111111	32
3	A221304680		郭富城	台北	忠孝東路	02-55555555	30
4	D333300333		王心零	桃園	經國路		29
5	D444403333	S008	劉得華	新北	文心路	04-55555555	25
6	F213456780	S004	陳小安	新北	四維路		31
7	H098765432		李鴻章	基隆	信四路	02-33111111	30

    <   >   員工   +

🔍 **Python 程式**　　　　　　　　　　　　　　　| ch11-2-2.py

Python 程式是呼叫 read_excel() 方法讀取 Excel 檔案的【員工】工作表後，就可以呼叫 dropna() 方法刪除掉 " 年齡 " 欄位是空值的記錄，如下所示：

```
result = employees.dropna(subset=["年齡"])
print(len(result))
```

上述 dropna() 方法的參數 subset 值是欲刪除的欄位串列，其執行結果是呼叫 len() 函數來計算出記錄數是 6 筆。

▍11-2-3　填補遺漏值

如果不想刪除 NaN 欄位值的記錄，我們可以填補遺漏值成為固定值、平均值或中位數等。在 Excel 可以結合 IF 和 AVERAGE 函數建立的公式來計算出平均值，例如：計算 "G2:G10" 範圍不是空值的平均值，如下所示：

```
=AVERAGE(IF(G2:G10<>"", G2:G10))
```

然後使用「編輯」群組的「尋找與選取」功能來將空值取代成平均值，即可填補遺漏值。

💬 **Power Automate + SQL 指令**　　　　　　　　| ch11-2-3.txt

我們準備將【員工】工作表 " 年齡 " 欄位是空值的儲存格，填入非空值欄位的平均值。ChatGPT 詳細的問題描述（ch11-2-3_gpt.txt），如下所示：

Q 提問

你是 Access SQL 專家，現在有一個名為 [員工 $] 的資料表，請寫出 SQL 指令敘述，可以計算出欄位年齡不是空值的平均值後，將此欄的空值更新成平均值。

ChatGPT 寫出的 SQL 指令，如下所示：

```
UPDATE [員工$]
SET 年齡 = (
    SELECT AVG(年齡)
    FROM [員工$]
    WHERE 年齡 IS NOT NULL
)
WHERE 年齡 IS NULL;
```

上述 UPDATE 指令是使用子查詢來取得更新值，在 SET 子句的 SELECT 子查詢是使用 AVG() 聚合函數來取得 " 年齡 " 欄位不是空值的平均值，UPDATE 指令的 WHERE 條件可以更新空值的 " 年齡 " 欄位值成為平均值。

請注意！上述擁有 SELECT 子查詢的 UPDATE 指令在 Power Automate 需拆成 2 個步驟的動作來分別執行 SQL 指令，如下圖所示：

上述步驟 3 的動作是執行 SELECT 子查詢，可以計算出平均年齡，如下所示：

```
SELECT AVG(年齡)
FROM [員工$]
WHERE 年齡 IS NOT NULL;
```

上述 SQL 指令取得查詢結果 QueryResult 變數的平均值後，在步驟 4 的動作就是執行 UPDATE 指令更新 " 年齡 " 是空值的欄位成為平均值，如下所示：

```
UPDATE [員工$]
SET 年齡 = %QueryResult%
WHERE 年齡 IS NULL;
```

請先複製 Excel 檔案 " 員工資料 .xlsx" 成為 " 員工資料 _fill.xlsx"，就可以執行此桌面流程，可以看到 Excel 檔案 " 員工資料 _fill.xlsx" 的 " 年齡 " 欄位已經沒有空值，原來的空值填入了平均值 29.5，如下圖所示：

	A	B	C	D	E	F	G
1	身份證字號	學號	姓名	城市	街道	電話	年齡
2	A123456789		陳慶新	台北	信義路	02-11111111	32
3	A221304680		郭富城	台北	忠孝東路	02-55555555	30
4	A222222222		楊金欉	桃園	中正路	03-11111111	29.5
5	D333300333		王心零	桃園	經國路		29
6	D444403333	S008	劉得華	新北	文心路	04-55555555	25
7	E444006666		小龍女	新北	中山路	04-55555555	29.5
8	F213456780	S004	陳小安	新北	四維路		31
9	F332213046	S003	張無忌	台北	仁愛路	02-55555555	29.5
10	H098765432		李鴻章	基隆	信四路	02-33111111	30

< > 員工 +

🔎 Python 程式 | ch11-2-3.py

Python 程式是呼叫 read_excel() 方法讀取 Excel 檔案的【員工】工作表後，就可以將 " 年齡 " 欄位值 NaN 都填補成平均數，如下所示：

```python
employees = pd.read_excel("員工資料.xlsx", sheet_name="員工")
employees["年齡"] = employees["年齡"].fillna(
                employees["年齡"].mean())
```

上述 fillna() 方法將 " 年齡 " 欄位的 NaN 欄位值都填入參數 mean() 方法的平均數。

11-3 使用 SQL 指令處理重複資料

Excel 可以使用「資料 > 移除重複項」功能來刪除重複的資料，在下方可以勾選有重複的欄位來移除重複欄位值，如果全選欄位就是移除重複記錄，如右圖所示：

在這一節是使用 Excel 檔案 " 業績資料 .xlsx" 的【業績】工作表為例，在第 2 和第 7 列是重複記錄，如下圖所示：

	A	B	C	D
1	日期	業務	國家	銷售額
2	2019/10/22	Tom	USA	32434
3	2019/10/22	Joe	China	16543
4	2019/10/22	Jack	Canada	1564
5	2019/10/22	John	China	6345
6	2019/10/22	Mary	Japan	5000
7	2019/10/22	Tom	USA	32434
8	2019/10/23	Jinie	Brazil	5243
9	2019/10/23	Jane	USA	5000
10	2019/10/23	John	Canada	2346
11	2019/10/23	Joe	Brazil	6643
12	2019/10/23	Jack	Japan	6465
13	2019/10/23	John	China	6345

業績

11-3-1 刪除重複記錄

在 SELECT 子句可以使用 ALL 語句，即不刪除重複記錄，此為 SELECT 子句的預設值，如下所示：

```
SELECT ALL *
FROM [業績$]
```

上述 ALL 語句可以替換成 DISTINCT 語句來刪除重複記錄。

💬 Power Automate + SQL 指令　　　　　　　　| ch11-3-1.txt

我們準備刪除【業績】工作表的重複記錄。ChatGPT 詳細的問題描述（ch11-3-1_gpt.txt），如下所示：

Q 提問

你是 Access SQL 專家，現在有一個名為 [業績 $] 的資料表，請寫出 SQL 指令敘述，可以刪除資料表的重複記錄儲存成名為 [新業績] 的資料表。

ChatGPT 寫出的 SQL 指令，如下所示：

```
SELECT DISTINCT *
INTO [新業績]
FROM [業績$];
```

上述 SELECT INTO 指令是使用 DISTINCT 語句來新增沒有重複記錄的全新工作表【新業績】。請先複製 Excel 檔案 " 業績資料 .xlsx" 成為 " 業績資料 _row.xlsx"，就可以執行此桌面流程，可以看到 Excel 檔案 " 業績資料 _row.xlsx" 新增的【新業績】工作表，已經刪除原第 2 列的重複記錄，如下圖所示：

	A	B	C	D
1	日期	業務	國家	銷售額
2	2019/10/22	Jack	Canada	1564
3	2019/10/22	Joe	China	16543
4	2019/10/22	John	China	6345
5	2019/10/22	Mary	Japan	5000
6	2019/10/22	Tom	USA	32434
7	2019/10/23	Jack	Japan	6465
8	2019/10/23	Jane	USA	5000
9	2019/10/23	Jinie	Brazil	5243
10	2019/10/23	Joe	Brazil	6643
11	2019/10/23	John	Canada	2346
12	2019/10/23	John	China	6345
13				

< > 業績 新業績 +

🔍 Python 程式 | ch11-3-1.py

Python 程式是呼叫 read_excel() 方法讀取 Excel 檔案的【業績】工作表後，刪除工作表的重複記錄，如下所示：

```
sales = pd.read_excel("業績資料.xlsx", sheet_name="業績")
result = sales.drop_duplicates()
```

上述 drop_duplicates() 方法可以刪除重複記錄（預設保留第 1 筆重複記錄），其執行結果如右所示：

```
         日期    業務    國家   銷售額
0  2019-10-22   Tom     USA  32434
1  2019-10-22   Joe   China  16543
2  2019-10-22  Jack  Canada   1564
3  2019-10-22  John   China   6345
4  2019-10-22  Mary   Japan   5000
6  2019-10-23 Jinie  Brazil   5243
7  2019-10-23  Jane     USA   5000
8  2019-10-23  John  Canada   2346
9  2019-10-23   Joe  Brazil   6643
10 2019-10-23  Jack   Japan   6465
11 2019-10-23  John   China   6345
```

因為 SQLite 的 SQL 語言並不支援 SELECT INTO 指令，不過，可以使用 SELECT 指令加上 DISTINCT 語句來查詢沒有重複記錄的查詢結果，

```
SELECT DISTINCT *
FROM sales;
```

我們可以直接呼叫 sqldf() 方法來執行上述 SQL 指令，如下所示：

```
result = sqldf("""SELECT DISTINCT *
                  FROM sales;
             """)
```

```
              日期    業務    國家   銷售額
0  2019-10-22 00:00:00.000000   Tom     USA  32434
1  2019-10-22 00:00:00.000000   Joe   China  16543
2  2019-10-22 00:00:00.000000  Jack  Canada   1564
3  2019-10-22 00:00:00.000000  John   China   6345
4  2019-10-22 00:00:00.000000  Mary   Japan   5000
5  2019-10-23 00:00:00.000000 Jinie  Brazil   5243
6  2019-10-23 00:00:00.000000  Jane     USA   5000
7  2019-10-23 00:00:00.000000  John  Canada   2346
8  2019-10-23 00:00:00.000000   Joe  Brazil   6643
9  2019-10-23 00:00:00.000000  Jack   Japan   6465
10 2019-10-23 00:00:00.000000  John   China   6345
```

11-3-2 刪除重複的欄位值

SQL 指令的 DISTINCT 語句只能查詢指定欄位沒有重複欄位值的記錄資料，並無法
刪除有重複欄位值的記錄。

💬 Power Automate + SQL 指令 | ch11-3-2.txt

我們準備查詢【業績】工作表的 " 國家 " 欄位沒有重複欄位值。ChatGPT 詳細的問
題描述（ch11-3-2_gpt.txt），如下所示：

> **Q 提問**
>
> 你是 Access SQL 專家，現在有一個名為 [業績 $] 的資料表，請寫出 SQL 指令敘述只查
> 詢國家欄位，如果此欄位有重複欄位值，就只會顯示 1 筆。

ChatGPT 寫出的 SQL 指令，如下所示：

```
SELECT DISTINCT 國家
FROM [業績$];
```

上述 SELECT 指令只查詢單一欄位，因為加上 DISTINCT 語
句，所以查詢結果沒有重複的國家值。請注意！我們只能針對
單一欄位，並無法刪除有重複國家值的整筆記錄，如右圖
所示：

#	國家
0	Brazil
1	Canada
2	China
3	Japan
4	USA

🔍 Python 程式 | ch11-3-2.py

Python 程式是呼叫 read_excel() 方法讀取 Excel 檔案的【業績】工作表後，我們只需在
drop_duplicates() 方法加上欄位名稱，就可以刪除指定欄位的重複記錄，如下所示：

```python
sales = pd.read_excel("業績資料.xlsx", sheet_name="業績")
result = sales.drop_duplicates("國家")
```

上述程式碼刪除 " 國家 " 欄位的重複欄位值（預設保留第 1 筆重複欄位值），其執行結果
如下所示：

```
         日期    業務   國家   銷售額
0 2019-10-22  Tom    USA 32434
1 2019-10-22  Joe   China 16543
2 2019-10-22  Jack Canada  1564
4 2019-10-22  Mary  Japan  5000
6 2019-10-23 Jinie Brazil  5243
```

11-4 ▸ 使用 SQL 指令轉換資料類型和欄位值

一般來說，在資料表的欄位常常有資料類型不符合，例如：英文大小寫、前後空白
字元和電話號碼格式等問題，或是欄位值是分類資料，此時就需要轉換欄位的資料
類型或欄位值。

▍11-4-1 轉換分類資料成為數值資料

當欄位資料是尺寸 XXL、XL、L、M、S、XS，或性別 male、female 和 not
specified 等時，因為這些欄位值並非數值，而是分類資料，在進行資料分析前，我
們需要將這些分類資料轉換成數值資料。

在 Excel 可以使用巢狀 IF 函數的公式來處理分類資料，將尺寸資料轉換成數值，如
下所示：

```
=IF(Size="XXL", 5, IF(Size="XL", 4, IF(Size="L", 3, IF(Size="M", 2, IF(Size="S", 1,
IF(Size="XS", 0, ""))))))
```

在本節是使用 Excel 檔案「資料轉換 \ 鞋價格表 .xlsx」的【尺寸分類】工作表為例，如下圖所示：

	A	B	C
1	性別	尺寸	價格
2	male	XL	800
3	female	M	400
4	not specified	XXL	300
5	male	L	500
6	female	S	700
7	female	XS	850

尺寸分類 +

💬 Power Automate + SQL 指令　　　　│ ch11-4-1.txt

我們準備轉換【尺寸分類】工作表的 " 尺寸 " 欄位成為數值資料。ChatGPT 詳細的問題描述（ch11-4-1_gpt.txt），如下所示：

Q 提問

你是 Access SQL 專家，現在有一個名為 [尺寸分類 $] 的資料表，擁有尺寸欄位，其值是分類資料 XXL、XL、L、M、S、XS，請寫出 SQL 指令敘述更新尺寸欄位值成為對應的數值資料 5、4、3、2、1、0。

ChatGPT 寫出的 SQL 指令，如下所示：

```
UPDATE [尺寸分類$]
SET 尺寸 = IIF(尺寸 = 'XXL', 5,
            IIF(尺寸 = 'XL', 4,
              IIF(尺寸 = 'L', 3,
                IIF(尺寸 = 'M', 2,
                  IIF(尺寸 = 'S', 1,
```

```
                              IIF(尺寸 = 'XS', 0, 尺寸)
                     )
                 )
             )
         )
     );
```

上述 UPDATE 指令是使用 IIF() 函數來轉換分類資料，函數的第 1 個參數是條件，
如下所示：

```
IIF(尺寸 = 'XS', 0, 尺寸)
```

上述 IIF() 函數的條件是 " 尺寸 " 欄位值是 'XS'，當條件成立就回傳 0，否則回傳 "
尺寸 " 欄位值。

在桌面流程首先複製「ch11\ 資料轉換 \」子目錄下的 Excel 檔案 " 鞋價格表 .xlsx"
至「ch11\」目錄，然後執行上述 SQL 指令來更新分類資料，其執行結果是更新
Excel 檔案「ch11\ 鞋價格表 .xlsx」，可以看到 " 尺寸 " 欄位已經更新成數值資料，
如下圖所示：

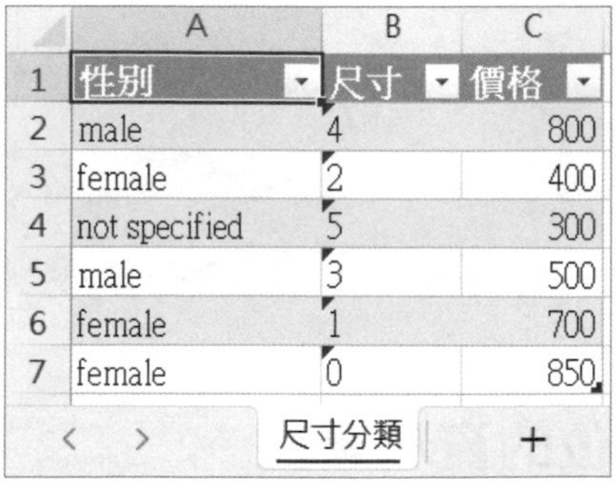

	A	B	C
1	性別	尺寸	價格
2	male	4	800
3	female	2	400
4	not specified	5	300
5	male	3	500
6	female	1	700
7	female	0	850

尺寸分類

🔍 **Python 程式** | ch11-4-1.py

Python 程式在呼叫 read_excel() 方法讀取 Excel 檔案的【尺寸分類】工作表,如下所示:

```
shoes = pd.read_excel("資料轉換\鞋價格表.xlsx",
                      sheet_name="尺寸分類")
```

然後使用 Python 字典建立對應值轉換表來將欄位資料轉換成數值,如下所示:

```
size_mapping = {"XXL": 5,
                "XL": 4,
                "L": 3,
                "M": 2,
                "S": 1,
                "XS": 0}
shoes["尺寸"] = shoes["尺寸"].map(size_mapping)
```

上述程式碼建立尺寸對應值轉換表的 Python 字典後,呼叫 map() 方法將欄位值轉換成對應值,其執行結果如右所示:

```
       性別 尺寸  價格
0      male  4 800
1    female  2 400
2 not specified  5 300
3      male  3 500
4    female  1 700
5    female  0 850
```

11-4-2 轉換欄位的資料類型

Access 的 SQL 語言並不支援 CAST/COVERT 函數來轉換資料類型,我們是使用 VBA 函數 CInt()、CLng()、CStr() 和 CDbl() 將欄位值轉換成整數、長整數、字串和浮點數。

💬 **Power Automate + SQL 指令** | ch11-4-2.txt

在這一節是繼續使用第 11-4-1 節的 Excel 檔案 " 鞋價格表 .xlsx"，目前的 " 尺寸 " 欄位已經成功轉換分類資料成為數值資料，但是其資料類型並沒有一起轉換成整數，我們準備繼續將 " 尺寸 " 欄位轉換成整數類型。ChatGPT 詳細的問題描述（ch11-4-2_gpt.txt），如下所示：

Q 提問

你是 Access SQL 專家，現在有一個名為 [尺寸分類 $] 的資料表，擁有尺寸欄位，請寫出 SQL 指令敘述查詢此資料表的所有欄位，並且將尺寸欄位轉換成整數類型。

ChatGPT 寫出的 SQL 指令，如下所示：

```
SELECT *, CInt(尺寸) AS 轉換後的尺寸
FROM [尺寸分類$];
```

上述 SELECT 子句是使用 Cint() 函數將 " 尺寸 " 欄位的資料類型轉換成整數，其執行結果可以新增 " 轉換後的尺寸 " 欄位，如下圖所示：

#	轉換後的尺寸	性別	尺寸	價格
0	4	male	4	800
1	2	female	2	400
2	5	not specified	5	300
3	3	male	3	500
4	1	female	1	700
5	0	female	0	850

請繼續交談過程，將上述 Access SQL 改為 SQLite SQL 版本。ChatGPT 詳細的問題描述（ch11-4-2a_gpt.txt），如下所示：

Q 提問

請將 SQL 指令改寫成 SQLite 的版本，資料表名稱是 shoes。

ChatGPT 寫出的 SQL 指令，如下所示：

```
SELECT *, CAST(尺寸 AS INTEGER) AS 轉換後的尺寸
FROM shoes;
```

在 SQLite 的 SQL 語言是使用 CAST() 函數來轉換資料類型，可以將參數欄位轉換成 AS 之後的資料類型。

🔎 Python 程式 | ch11-4-2.py

Python 程式是呼叫 read_excel() 方法讀取 Excel 檔案的【尺寸分類】工作表，如下所示：

```
shoes = pd.read_excel("鞋價格表.xlsx",
                      sheet_name="尺寸分類")
shoes["尺寸"] = shoes["尺寸"].astype("string")
print(shoes.info())
```

上述程式碼因為 read_excel() 方法會自動將數值資料轉換成整數，所以，我們首先使用 astype() 方法轉換成參數 "string" 的字串，可以看到【尺寸】欄位是字串，如下所示：

```
<class 'pandas.core.frame.DataFrame'>
RangeIndex: 6 entries, 0 to 5
Data columns (total 3 columns):
 #  Column  Non-Null Count  Dtype
--- ------  --------------  -----
 0  性別     6 non-null      object
 1  尺寸     6 non-null      string
 2  價格     6 non-null      int64
dtypes: int64(1), object(1), string(1)
memory usage: 272.0+ bytes
None
```

然後，使用 copy() 方法複製成 shoes2 後，再次執行 astype() 方法，將字串轉換成整數 "Int64"，如下所示：

```
shoes2 = shoes.copy()
shoes2["尺寸"] = shoes2["尺寸"].astype("Int64")
print(shoes2.info())
```

```
<class 'pandas.core.frame.DataFrame'>
RangeIndex: 6 entries, 0 to 5
Data columns (total 3 columns):
 #   Column  Non-Null Count  Dtype
---  ------  --------------  -----
 0   性別     6 non-null      object
 1   尺寸     6 non-null      Int64
 2   價格     6 non-null      int64
dtypes: Int64(1), int64(1), object(1)
memory usage: 278.0+ bytes
None
```

我們也可以呼叫 sqldf() 方法來執行前述 SQLite 版本的 SQL 指令，如下所示：

```
result = sqldf("""SELECT *, CAST(尺寸 AS INTEGER) AS 轉換後的尺寸
                   FROM shoes;
              """)
```

11-4-3 字串類型欄位的資料處理

如果欄位值是字串類型，就有可能有英文大小寫、前後空白字元和電話號碼格式等問題，我們需要整理字串類型的欄位成為我們希望的資料格式。

Excel 支援字串處理的相關函數，我們也可以選【常用】索引標籤，在「編輯」群組點選「尋找與選取 > 取代」來處理字串取代。

💬 Power Automate + SQL 指令 | ch11-4-3.txt

在這一節是繼續使用第 11-4-1 節的 Excel 檔案 " 鞋價格表 .xlsx"，在 " 性別 " 欄位有不一致的欄位值 "not specified"，而且欄位值是小寫英文字母，首先，我們準備將 "not specified" 取代成 "male"。ChatGPT 詳細的問題描述（ch11-4-3_gpt.txt），如下所示：

你是 Access SQL 專家，現在有一個名為 [尺寸分類 $] 的資料表，擁有性別欄位，請寫出 SQL 指令敘述查詢資料表，並且使用 REPLACE() 內建函數將此欄位值 "not specified" 取代顯示成 "male"。

ChatGPT 寫出的 SQL 指令，如下所示：

```
SELECT *, REPLACE(性別, 'not specified', 'male') AS 修改後的性別
FROM [尺寸分類$];
```

上述 SELECT 子句使用 REPLACE() 函數來取代 " 性別 " 欄位值（SQLite SQL 也支援此函數），可以將第 2 個參數值取代成第 3 個參數值，其執行結果可以新增 " 修改後的性別 " 欄位，如下圖所示：

#	修改後的性別	性別	尺寸	價格
0	male	male	4	800
1	female	female	2	400
2	male	not specified	5	300
3	male	male	3	500
4	female	female	1	700
5	female	female	0	850

請繼續交談過程，我們準備將 " 性別 " 欄位值從小寫英文字母改成大寫英文字母。ChatGPT 詳細的問題描述（ch11-4-3a_gpt.txt），如下所示：

請再寫出一個 SQL 指令敘述查詢此資料表，可以使用內建函數將性別欄位值從小寫英文字母改成大寫英文字母。

ChatGPT 寫出的 SQL 指令，如下所示：

```
SELECT *, UCase(性別) AS 大寫性別
FROM [尺寸分類$];
```

上述 SELECT 子句使用 UCase() 函數來將 " 性別 " 欄位值從小寫英文字母改成大寫英文字母，其執行結果可以新增 " 大寫性別 " 欄位，如下圖所示：

#	大寫性別	性別	尺寸	價格
0	MALE	male	4	800
1	FEMALE	female	2	400
2	NOT SPECIFIED	not specified	5	300
3	MALE	male	3	500
4	FEMALE	female	1	700
5	FEMALE	female	0	850

請繼續交談過程，將上述 Access SQL 改為 SQLite SQL 版本。ChatGPT 詳細的問題描述（ch11-4-3b_gpt.txt），如下所示：

Q 提問

請將 SQL 指令改寫成 SQLite 的版本，資料表名稱是 shoes。

ChatGPT 寫出的 SQL 指令，如下所示：

```
SELECT *, UPPER(性別) AS 大寫性別
FROM shoes;
```

在 SQLite 的 SQL 語言是使用 UPPER() 函數來轉換成大寫英文字母。

🔍 **Python 程式** | ch11-4-3.py

Python 程式在呼叫 read_excel() 方法讀取 Excel 檔案的【尺寸分類】工作表後，呼叫 copy() 方法複製成 shoes2，如下所示：

```python
shoes = pd.read_excel("鞋價格表.xlsx",
                      sheet_name="尺寸分類")
shoes2 = shoes.copy()
```

然後，在 shoes2 的 " 性別 " 欄位呼叫 replace() 方法來取代字串；str.upper() 方法轉換成大寫英文字母，如下所示：

```python
shoes2["性別"] = shoes2["性別"].replace('not specified', 'male')
shoes2["性別"] = shoes2["性別"].str.upper()
```

我們也可以呼叫 sqldf() 方法來執行前述 SQLite 版本的 2 個 SQL 指令，如下所示：

```python
result = sqldf("""SELECT *, REPLACE(性別, 'not specified', 'male')
                        AS 修改後的性別
              FROM shoes;
              """)
result = sqldf("""SELECT *, UPPER(性別) AS 大寫性別
              FROM shoes;
              """)
```

11-5 實作案例：使用 Power Automate + SQL 執行 Excel 資料清理

我們可以使用 SQL 指令來處理 Excel 工作表的遺漏值，首先使用 SELECT 指令找出指定欄位的遺漏值後，再使用 UPDATE 指令將遺漏值填補成平均值。

在這一節我們準備使用精簡版鐵達尼號資料集（Titanic Dataset），Excel 檔案 " 鐵達尼號 .xlsx" 的資料集只有前 100 筆記錄，如下圖所示：

	A	B	C	D	E	F
1	PassengerId	Name	PClass	Age	Sex	Survived
2	1	Allen, Miss Elisabeth Walton	1st	29	female	1
3	2	Allison, Miss Helen Loraine	1st	2	female	0
4	3	Allison, Mr Hudson Joshua Creighton	1st	30	male	0
5	4	Allison, Mrs Hudson JC (Bessie Waldo Daniels)	1st	25	female	0
6	5	Allison, Master Hudson Trevor	1st	0.92	male	1
7	6	Anderson, Mr Harry	1st	47	male	1
8	7	Andrews, Miss Kornelia Theodosia	1st	63	female	1
9	8	Andrews, Mr Thomas, jr	1st	39	male	0
10	9	Appleton, Mrs Edward Dale (Charlotte Lamson)	1st	58	female	1
11	10	Artagaveytia, Mr Ramon	1st	71	male	0
12	11	Astor, Colonel John Jacob	1st	47	male	0
13	12	Astor, Mrs John Jacob (Madeleine Talmadge For	1st	19	female	1
14	13	Aubert, Mrs Leontine Pauline	1st	None	female	1
15	14	Barkworth, Mr Algernon H	1st	None	male	1
16	15	Baumann, Mr John D	1st	None	male	0
17	16	Baxter, Mrs James (Helene DeLaudeniere Chapu	1st	50	female	1

鐵達尼號 +

上述 "Age" 欄位有很多 "None" 字串值的儲存格，這些值不是年齡，雖然並非空白字元，但一樣是資料集中的遺漏值。我們可以使用 SQL 語言的 SELECT 指令配合 COUNT() 聚合函數，來找出共有多少個遺漏值，如下所示：

```
SELECT COUNT(*) AS 遺漏值數 FROM [鐵達尼號$]
WHERE Age = "None";
```

然後，使用 AVG() 聚合函數計算 Age 欄位的平均值，Round() 函數是 SQL 內建四捨五入函數，可以取得整數的平均值，如下所示：

```
SELECT Round(AVG(Age)) AS 平均值 FROM [鐵達尼號$]
WHERE Age <> "None";
```

最後使用 SQL 語言的 UPDATE 指令將遺漏值填補成平均值，即更新 [鐵達尼號 $] 資料表中，"Age" 欄位是 'None' 的記錄，將 "Age" 欄位更新成 Average 變數的平均值，如下所示：

```
UPDATE [鐵達尼號$] SET Age=%Average%
WHERE Age='None';
```

💬 **Power Automate + SQL 指令** | ch11-5.txt

在 Power Automate 桌面流程共有 10 個步驟的動作，前 2 個步驟是複製 Excel 檔案 " 鐵達尼號 .xlsx" 成為 " 鐵達尼號 2.xlsx"，然後在步驟 3~6 使用 SQL 語言的 SELECT 指令來找出和顯示 " 鐵達尼號 2.xlsx" 中 "Age" 欄位的遺漏值數，如下圖所示：

- **3：**【變數 > 設定變數】動作可以新增變數 Excel_File_Path，這是 Excel 檔案的路徑「D:\ExcelSQL\ch11\ 鐵達尼號 2.xlsx」。

- **4：**【資料庫 > 開啟 SQL 連線】動作可以指定連線字串，使用 OLE DB連接 Excel 檔案，如下所示：

```
Provider=Microsoft.ACE.OLEDB.12.0;Data
Source=%Excel_File_Path%;Extended Properties="Excel 12.0
Xml;HDR=YES";
```

- **5：**【資料庫 > 執行 SQL 陳述式】動作可以執行【SQL 陳述式】欄輸入的 SELECT 指令，查詢 "Age" 欄位是 "None" 的記錄數，如右圖所示：

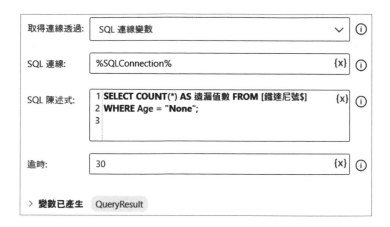

- 6：【訊息方塊 > 顯示訊息】動作可以顯示步驟 4 查詢結果的遺漏值數，因為回傳的是單筆記錄的 DataTable 物件，所以使用索引 0 取得第 1 筆，然後取出 ' 遺漏值數 ' 欄位的值，如下所示：

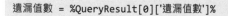

遺漏值數 = %QueryResult[0]['遺漏值數']%

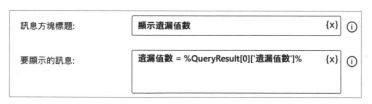

然後在步驟 3~6 使用 SQL 語言的 SELECT 和 UPDATE 指令來處理 " 鐵達尼號 2.xlsx" 中 "Age" 欄位的遺漏值，如下圖所示：

7	執行 SQL 陳述式 在 SQLConnection 上執行 SQL 陳述式 'SELECT Round(AVG(Age)) AS 平均值 FROM [鐵達尼號$] WHERE Age <> "None";'，並將查詢結果儲存至 QueryResult2
8	{x} 設定變數 將值 QueryResult2 [0]['平均值'] 指派給變數 Average
9	執行 SQL 陳述式 在 SQLConnection 上執行 SQL 陳述式 'UPDATE [鐵達尼號$] SET Age=' Average ' WHERE Age='None'; '，並將查詢結果儲存至 QueryResult3
10	關閉 SQL 連線 關閉 SQL 連線 SQLConnection

■ 7：【資料庫 > 執行 SQL 陳述式】動作可以執行【SQL 陳述式】欄輸入的 SELECT 指令，計算 "Age" 欄位不是 "None" 的平均值，如下圖所示：

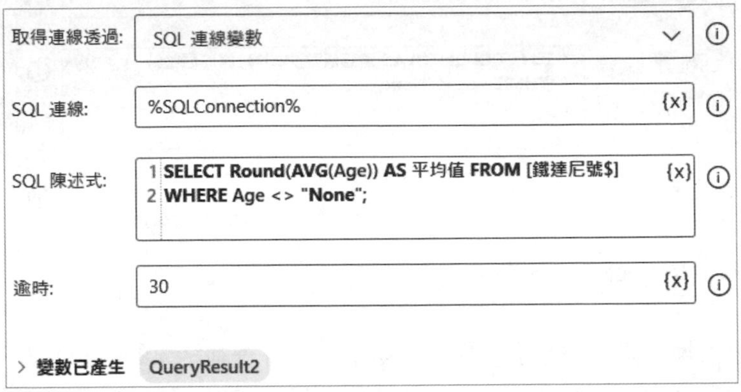

取得連線透過:	SQL 連線變數	∨	ⓘ
SQL 連線:	%SQLConnection%	{x}	ⓘ
SQL 陳述式:	1 **SELECT Round(AVG(Age)) AS 平均值 FROM [鐵達尼號$]** 2 **WHERE Age <> "None";**	{x}	ⓘ
逾時:	30	{x}	ⓘ

⟩ **變數已產生**　QueryResult2

■ 8：【變數 > 設定變數】動作可以新增變數 Average，這就是步驟 6 取得 QueryResult2 變數的平均值，如下所示：

```
%QueryResult2[0]['平均值']%
```

■ 9：【資料庫 > 執行 SQL 陳述式】動作可以執行【SQL 陳述式】欄輸入的 UPDATE 指令，更新 "Age" 欄位值成為 Average 變數值，如下圖所示：

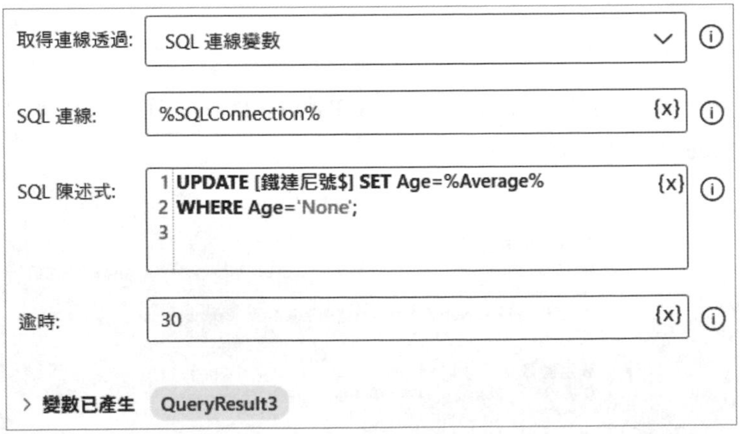

取得連線透過:	SQL 連線變數	∨	ⓘ
SQL 連線:	%SQLConnection%	{x}	ⓘ
SQL 陳述式:	1 **UPDATE [鐵達尼號$] SET Age=%Average%** 2 **WHERE Age='None';** 3	{x}	ⓘ
逾時:	30	{x}	ⓘ

⟩ **變數已產生**　QueryResult3

■ 10：【資料庫 > 關閉 SQL 連線】動作關閉步驟 4 開啟的 SQL 連線。

當執行上述桌面流程，首先是執行 SELECT 指令找出遺漏值數，請按【確定】鈕繼續，如下圖所示：

然後執行 SELECT 指令計算出欄位的平均值後，執行 UPDATE 指令來更新 " 鐵達尼號 2.xlsx" 中 "Age" 欄位的遺漏值，填補成平均值 38，如下圖所示：

	A	B	C	D	E	F
1	PassengerId	Name	PClass	Age	Sex	Survived
2	1	Allen, Miss Elisabeth Walton	1st	29	female	1
3	2	Allison, Miss Helen Loraine	1st	2	female	0
4	3	Allison, Mr Hudson Joshua Creighton	1st	30	male	0
5	4	Allison, Mrs Hudson JC (Bessie Waldo Daniels)	1st	25	female	0
6	5	Allison, Master Hudson Trevor	1st	0.92	male	1
7	6	Anderson, Mr Harry	1st	47	male	1
8	7	Andrews, Miss Kornelia Theodosia	1st	63	female	1
9	8	Andrews, Mr Thomas, jr	1st	39	male	0
10	9	Appleton, Mrs Edward Dale (Charlotte Lamson)	1st	58	female	1
11	10	Artagaveytia, Mr Ramon	1st	71	male	0
12	11	Astor, Colonel John Jacob	1st	47	male	0
13	12	Astor, Mrs John Jacob (Madeleine Talmadge For	1st	19	female	1
14	13	Aubert, Mrs Leontine Pauline	1st	38	female	1
15	14	Barkworth, Mr Algernon H	1st	38	male	1
16	15	Baumann, Mr John D	1st	38	male	0
17	16	Baxter, Mrs James (Helene DeLaudeniere Chapu	1st	50	female	1

鐵達尼號 +

🔍 Python 程式 | ch11-5.py

Python 程式是呼叫 read_excel() 方法讀取 Excel 檔案的【鐵達尼號】工作表，如下所示：

```python
titanic = pd.read_excel("鐵達尼號.xlsx")
result = titanic["Age"].isnull().sum()
print("遺漏值數=", result)
```

上述程式碼因為 Excel 欄位值 None 會自動轉換成 NaN，所以是直接呼叫 isnull().sum() 方法來計算遺漏值數。然後在下方計算 "Age" 欄位的平均值，如下所示：

```
age = round(titanic["Age"].mean())
titanic["Age"] = titanic["Age"].fillna(age)
```

上述程式碼呼叫 fillna() 方法來填補 "Age" 欄位的遺漏值成為 mean() 方法計算出的平均年齡，round() 函數是四捨五入。

我們也可以呼叫 sqldf() 方法來執行前述的 2 個 SQL 指令，可以分別計算出遺漏值數（改用 IS NULL 運算子），和計算出平均年齡，如下所示：

```
result = sqldf("""SELECT COUNT(*) AS 遺漏值數 FROM titanic2
                  WHERE Age IS NULL;
              """)
result = sqldf("""SELECT Round(AVG(Age)) AS 平均值 FROM titanic2
                  WHERE Age <> "None";
              """)
```

CHAPTER

12

使用SQL執行Excel工作表的資料分析與樞紐分析表

12-1 使用 Excel 建立樞紐分析表

樞紐分析表（Pivot Tables）是一種十分重要的商業分析工具，我們可以透過 Excel 樞紐分析表，從原本雜亂無章的表格資料中，快速找出所需的資訊。我們準備直接詢問 ChatGPT 什麼是 Excel 樞紐分析表，其詳細的問題描述（ch12-1_gpt.txt），如下所示：

Q 提問

你是 Excel 專家，請使用繁體中文説明什麼是 Excel 的樞紐分析表？

A 回答

 ChatGPT

當然可以！樞紐分析表是Microsoft Excel中一個功能強大的工具，用於分析和摘要大量數據。以下是有關樞紐分析表的簡單解釋：

樞紐分析表是一個可以幫助你快速分析和總結大量數據的功能。它通常用於大型數據集，特別是當你有多列和多行的數據時。使用樞紐分析表，你可以輕鬆地重新組織和重新排列數據，並從中提取有用的信息。

上述 ChatGPT 的回答說明什麼是 Excel 樞紐分析表，接著列出在 Excel 如何建立樞紐分析表的步驟，如下所示：

創建樞紐分析表的過程包括以下步驟：

1. **選擇數據範圍：** 首先，你需要選擇包含你要分析的數據的範圍。
2. **打開樞紐分析表：** 在Excel中，選擇你的數據範圍，然後轉到「插入」選項卡，選擇「樞紐表」。
3. **指定樞紐分析表的位置：** Excel將要求你指定樞紐分析表所在的位置。你可以將其放在新的工作表中或現有工作表中的特定位置。
4. **拖曳字段：** 將你想要分析的數據字段拖曳到樞紐分析表的相應區域，例如將數字字段拖曳到「值」區域，將類別字段拖曳到「行」或「列」區域。
5. **過濾和排序：** 你可以通過拖曳字段到「過濾」區域來進行數據過濾，並通過點擊字段進行排序。
6. **總結和分析：** Excel將自動根據你的配置總結和分析數據，讓你輕鬆地檢視趨勢、合計和其他摘要信息。

樞紐分析表使得處理大量數據變得更加輕鬆，並且能夠在不使用複雜公式的情況下提供有用的業務洞察。

簡單的說，Excel 樞紐分析表就是取出 Excel 工作表的某些欄位進行分組或稱為分類，然後使用有重複值的欄位作為 X 軸和 Y 軸，即可針對特定的欄位值進行 X 軸和 Y 軸的交叉分析。X 軸就是欄標籤區域；Y 軸是列標籤區域；分析欄位是值區域的欄位加上聚合函數，如下圖所示：

	欄標籤區域
列標籤區域	值區域

在第 9-5 節我們已經使用 Power Automate+SQL 指令彙整資料成為 Excel 檔案 " 文具商品採購清單 .xlsx" 的【全公司】工作表（在最後 2 欄已轉換成數字），現在，我們準備使用此 Excel 工作表來建立樞紐分析表，其內容如右圖所示：

	A	B	C	D	E
1	部門	分類	項目	數量	金額
2	人事部	辦公用品	剪刀	5	275
3	人事部	辦公用品	美工刀	2	90
4	人事部	辦公用品	釘書機	2	96
5	人事部	辦公用品	剪刀	2	110
6	人事部	辦公用品	美工刀	3	135
7	人事部	辦公用品	釘書機	4	192
8	人事部	書寫用品	原子筆(黑)	4	40
9	人事部	書寫用品	原子筆(紅)	6	60
10	人事部	書寫用品	原子筆(藍)	6	60
11	人事部	書寫用品	原子筆(黑)	5	50
12	人事部	書寫用品	原子筆(紅)	5	50
13	人事部	書寫用品	原子筆(藍)	5	50
14	人事部	紙類用品	信封	2	80
15	人事部	紙類用品	筆記本	5	100

〈 　〉　人事部 │ 業務部 │ 研發部 │ 製造部 │ 全公司

💬 統計出各部門文具商品數量的樞紐分析表

我們準備使用 Excel 檔案 " 文具商品採購清單 .xlsx" 來建立樞紐分析表，可以統計出各部門的商品數量，列標籤區域是【部門】欄；欄標籤區域是【分類】和【項目】欄，值區域是【數量】欄的加總。在 Excel 建立樞紐分析表的步驟，如下所示：

Step 1 請啟動 Excel 開啟 " 文具商品採購清單 .xlsx"，選【插入】索引標籤，在「表格」群組執行「樞紐分析表 > 從表格 / 範圍」命令。

Step 2 可以看到綠色虛線自動選取的表格範圍，如果沒有問題，請按【確定】鈕。

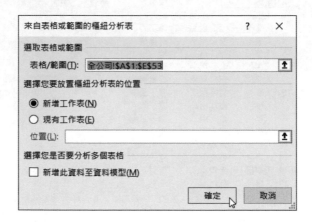

Step 3 可以看到新增名為【工作表 1】的工作表，和右方開啟「樞紐分析表欄位」編輯視窗。

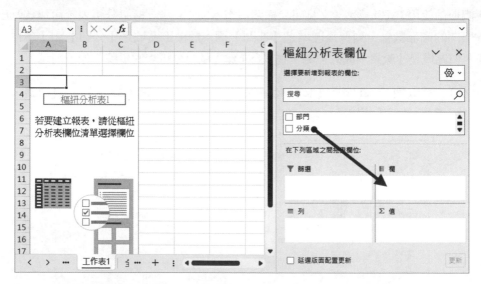

Step 4 請在「樞紐分析表欄位」視窗，勾選【分類】和【項目】欄後，拖拉至右下方的【欄】欄位。

Step 5 然後勾選【部門】欄和拖拉至【列】欄，再勾選【數量】欄加總至【值】欄（若欄位拖拉錯誤，請點選欄位後的向下箭頭，執行【移除欄位】命令來刪除欄位）。

上述值欄位【數量】因為是數字，預設是加總運算，我們可以點選欄位後的向下箭頭後，執行【值欄位設定】命令來更改摘要值方式。

Step 6 馬上就可以看到我們建立的 Excel 樞紐分析表。

	A	B	C	D	E	F	G	H	I	J	K	L	M	N
1														
2														
3	加總 - 數量	欄標籤 ▼												
4		書寫用品			書寫用品 合計	紙類用品			紙類用品 合計	辦公用品			辦公用品 合計	總計
5	列標籤 ▼	原子筆(紅)	原子筆(黑)	原子筆(藍)		便利貼	信封	筆記本		美工刀	釘書機	剪刀		
6	人事部	11	9	11	31	15	7	20	42	5	6	7	18	91
7	研發部	5	5	5	15	3	1	3	7	3	3	3	9	31
8	業務部	5	6	5	16	2	2	5	9	3	3	3	9	34
9	製造部	2	2	2	6	2	2	2	6	2	2	2	6	18
10	總計	23	22	23	68	22	12	30	64	13	14	15	42	174

工作表1　全公司　＋

Step 7 請另存成 Excel 檔案 " 文具商品採購清單樞紐分析表 .xlsx"。

在 Excel 樞紐分析表上，執行【右】鍵快顯功能表的【顯示欄位清單】命令，就可以再次開啟「樞紐分析表欄位」視窗。

💬 各項商品數量總計的樞紐分析表

請再次使用 Excel 檔案 " 文具商品採購清單 .xlsx" 來建立第二個樞紐分析表，這次我們準備顯示各項商品的數量總計，以便以此數量來向廠商下訂單，這個 Excel 樞紐分析表沒有列標籤，欄標籤區域是【分類】和【項目】欄，值區域是【數量】欄的加總，如下圖所示：

請另存成 Excel 檔案 " 文具商品採購清單樞紐分析表 2.xlsx"，如下圖所示：

	A	B	C	D	E	F	G	H	I	J	K	L	M	N
1														
2														
3		欄標籤 ▼												
4		書寫用品			書寫用品 合計	紙類用品			紙類用品 合計	辦公用品			辦公用品 合計	總計
5		原子筆(紅)	原子筆(黑)	原子筆(藍)		便利貼	信封	筆記本		美工刀	釘書機	剪刀		
6	加總 - 數量	23	22	23	68	22	12	30	64	13	14	15	42	174

人事部　業務部　研發部　製造部　工作表1　全公司　＋

💬 統計各項目總金額的樞紐分析表

最後，同樣是使用 Excel 檔案 " 文具商品採購清單 .xlsx" 來建立第三個樞紐分析表，可以統計各項目的總金額，請注意！在樞紐分析表是可以不指定欄標籤區域，在列標籤區域是【分類】和【項目】欄位，值區域是【金額】欄的加總，如下圖所示：

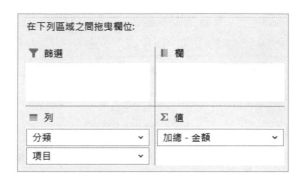

請另存成 Excel 檔案 " 文具商品採購清單樞紐分析表 3.xlsx"，如下圖所示：

💬 在樞紐分析表加上篩選條件

在 Excel 樞紐分析表還可以加上篩選條件來縮小資料範圍,即新增【篩選】欄的欄位來選擇條件。例如:Excel 檔案 " 文具商品採購清單樞紐分析表 .xlsx" 的樞紐分析表是顯示所有部門,請將【部門】欄位作為篩選器,可以讓使用者切換成不同的部門,其建立步驟如下所示:

Step 1 請啟動 Excel 開啟 " 文具商品採購清單樞紐分析表 .xlsx",在樞紐分析表上,執行【右】鍵快顯功能表的【顯示欄位清單】命令,可以顯示「樞紐分析表欄位」視窗。

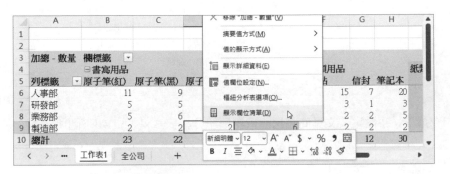

Step 2 將【部門】欄位拖拉至【篩選】欄;【分類】和【項目】欄都拖拉至【列】欄。

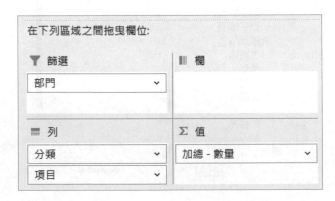

__Step 3__　可以看到樞紐分析表的左上方欄位可以切換部門，以此例是切換至【研發部】。

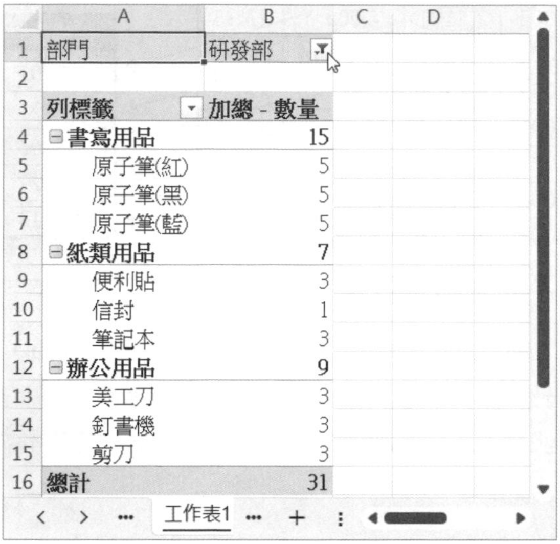

	A	B	C	D
1	部門	研發部		
2				
3	**列標籤**	**加總 - 數量**		
4	⊟ **書寫用品**	15		
5	原子筆(紅)	5		
6	原子筆(黑)	5		
7	原子筆(藍)	5		
8	⊟ **紙類用品**	7		
9	便利貼	3		
10	信封	1		
11	筆記本	3		
12	⊟ **辦公用品**	9		
13	美工刀	3		
14	釘書機	3		
15	剪刀	3		
16	**總計**	31		

< > ⋯ 工作表1 ⋯ + ⋮

__Step 4__　請另存成 Excel 檔案 " 文具商品採購清單樞紐分析表 4.xlsx"。

12-2 使用 SQL 指令執行群組查詢

在 Excel 工作表可以選【資料】索引標籤，然後在「大綱」群組選【小計】來進行聚合函數的運算。SQL 語言是使用 GROUP BY 子句建立 SQL 群組查詢，然後配合聚合函數進行資料分析。

▎12-2-1 GROUP BY 子句

群組對於 Excel 工作表來說，就是以指定欄位值來進行分類（或分組），分類方式是將欄位值中重複值結合起來歸成一類。例如：在【班級】工作表統計每一門課程有多少位學生上課的學生數，" 課程編號 " 欄位是群組欄位，可以將修此課程的學生結合起來，如下圖所示：

班級

教授編號	學號	課程編號	上課時間	教室
I001	S001	CS101	12:00pm	180-M
I002	S003	CS121	8:00am	221-S
I003	S001	CS203	10:00am	221-S
I003	S002	CS203	14:00pm	327-S
I002	S001	CS222	13:00pm	100-M
I002	S002	CS222	13:00pm	100-M
I002	S004	CS222	13:00pm	100-M
I001	S003	CS213	9:00am	622-G
I003	S001	CS213	12:00pm	500-K

課程編號	學生數
CS101	1
CS121	1
CS203	2
CS222	3
CS213	2

上述圖例可以看到 " 課程編號 " 欄位值中重複值已經進行分類，接著只需使用聚合函數統計各分類的記錄數，就可以知道每一門課程有多少位學生修課。在 SQL 語言的 SELECT 指令是使用 GROUP BY 子句指定群組欄位，其基本語法如下所示：

GROUP BY 欄位清單

上述語法的欄位清單就是建立群組的欄位，如果不只一個，請使用「,」逗號分隔。當使用 GROUP BY 進行群組查詢時，Excel 工作表需要滿足一些條件，如下所示：

■ Excel 工作表的欄位擁有重複值，可以結合成群組來進行分組。

■ Excel 工作表的其他欄位可以配合聚合函數進行資料統計，如下表所示：

聚合函數	進行的資料統計
AVG()	計算各群組的平均
SUM()	計算各群組的總和
COUNT()	計算各群組的記錄數

在這一節的 SQL 指令是使用 Excel 檔案 " 選課資料 .xlsx" 的【班級】和【學生】工作表為例,如下圖所示:

💬 Power Automate + SQL 指令　　　　　　　　　| ch12-2-1.txt

首先在【班級】工作表查詢課程編號和計算每一門課程有多少位學生修課。
ChatGPT 詳細的問題描述(ch12-2-1_gpt.txt),如下所示:

> **Q 提問**
>
> 你是 Access SQL 專家,現在有一個名為 [班級 $] 的資料表,請寫出 SQL 指令敘述使用
> 課程編號欄位來群組記錄,可以計算修每一個課程編號的學生數。

ChatGPT 寫出的 SQL 指令,如下所示:

```
SELECT 課程編號, COUNT(*) AS 學生數
FROM [班級$]
GROUP BY 課程編號;
```

上述 SELECT 指令的 GROUP BY 子句使用 " 課程編號 " 欄位建立群組後，即可使用 COUNT() 聚合函數計算每一門課程的群組有多少位學生修課，如右圖所示：

#	課程編號	學生數
0	CS101	3
1	CS111	3
2	CS121	2
3	CS203	4
4	CS213	4
5	CS222	3
6	CS349	2

請繼續交談過程，我們準備使用 SQL 群組查詢在【學生】工作表分別統計男和女性別的學生數。ChatGPT 詳細的問題描述（ch12-2-1a_gpt.txt），如下所示：

Q 提問

現在有一個名為 [學生 $] 的資料表，請寫出 SQL 指令敘述使用性別欄位來群組記錄，可以計算男和女性別的學生數。

ChatGPT 寫出的 SQL 指令，如下所示：

```
SELECT 性別, COUNT(*) AS 學生數
FROM [學生$]
GROUP BY 性別;
```

上述 SELECT 指令的 GROUP BY 子句使用 " 性別 " 欄位建立群組後，即可使用 COUNT() 聚合函數計算男和女的學生數，如右圖所示：

#	性別	學生數
0	女	3
1	男	5

🔍 Python 程式　　　　　　　　　　　　| ch12-2-1.py

Python 程式是呼叫 read_excel() 方法讀取 Excel 檔案的【班級】和【學生】工作表，如下所示：

```
df = pd.read_excel("選課資料.xlsx",
                   sheet_name=["班級", "學生"])
```

```
classes = df["班級"]
students = df["學生"]
```

然後，在 DataFrame 物件 classes 使用 groupby() 方法來群組資料，其參數就是群組欄位，因為 Python 程式碼太長，所以將程式碼拆成二行，並且在第 1 行的最後使用「\」反斜線符號來連接這 2 行程式碼，表示這 2 行程式碼是同一行程式碼，如下所示：

```
result = classes.groupby("課程編號").size() \
                .reset_index(name="學生數")
```

上述程式碼使用 " 課程編號 " 欄位來群組記錄後，呼叫 size() 方法進行計數（即 COUNT() 聚合函數），請注意！當使用 groupby() 方法就會讓原始列索引消失，新的列索引是分組欄位，我們可以使用 reset_index() 方法來重設列索引，name 參數就是指定 size() 方法欄的欄索引名稱。

同理，我們可以在 DataFrame 物件 students 使用 groupby() 方法來群組資料，其參數就是群組欄位，如下所示：

```
result = students.groupby("性別").size() \
                 .reset_index(name="學生數")
```

我們也可以呼叫 sqldf() 方法來執行前述的 2 個 SQL 指令，如下所示：

```
result = sqldf("""SELECT 課程編號, COUNT(*) AS 學生數
                  FROM classes
                  GROUP BY 課程編號;
              """)
result = sqldf("""SELECT 性別, COUNT(*) AS 學生數
                  FROM students
                  GROUP BY 性別;
              """)
```

12-2-2 HAVING 子句

對於 GROUP BY 子句群組的記錄資料，我們可以再使用 HAVING 子句加上搜尋條件，來進一步縮小查詢範圍，其基本語法如下所示：

```
HAVING 搜尋條件
```

HAVING 子句和 WHERE 子句的差異，如下所示：

- HAVING 子句可以使用聚合函數，WHERE 子句不可以。

- 在 HAVING 子句條件所參考的欄位一定屬於 SELECT 子句的欄位清單；WHERE 子句可以參考 FORM 子句資料表來源的所有欄位。

💬 Power Automate + SQL 指令　　　　　　　　| ch12-2-2.txt

首先在【班級】工作表找出學生 'S002' 上課的課程數。ChatGPT 詳細的問題描述（ch12-2-2_gpt.txt），如下所示：

Q 提問

你是 Access SQL 專家，現在有一個名為 [班級 $] 的資料表，請寫出 SQL 指令敘述使用學號欄位來群組記錄，可以找出學號所修課程數超過 2 門課程。

ChatGPT 寫出的 SQL 指令，如下所示：

```
SELECT 學號, COUNT(*) AS 修課數
FROM [班級$]
GROUP BY 學號
HAVING COUNT(*) > 2;
```

上述 SELECT 指令的 GROUP BY 子句是使用 " 學號 "
欄位建立群組，HAVING 子句的條件是所修課程數超過
2 門課程，如右圖所示：

#	學號	修課數
0	S001	5
1	S002	3
2	S003	4
3	S005	3
4	S006	3

請繼續交談過程，我們準備使用 SQL 群組查詢在【班級】工作表找出教授編號是
'I003'，而且其教授的課程有超過 2 位學生修課的課程清單。ChatGPT 詳細的問題描
述（ch12-2-2a_gpt.txt），如下所示：

Q 提問

請寫出 SQL 指令敘述使用課程編號欄位來群組記錄，可以找出教授編號 = 'I003'，而且
他教的課程大於等於 2 位學生修課的課程清單。

ChatGPT 寫出的 SQL 指令，如下所示：

```
SELECT 課程編號, COUNT(學號) AS 學生數
FROM [班級$]
WHERE 教授編號 = 'I003'
GROUP BY 課程編號
HAVING COUNT(學號) >= 2;
```

上述 SELECT 指令首先使用 WHERE 子句建立搜尋條件
後，再使用 GROUP BY 子句以 " 課程編號 " 欄位建立群
組，HAVING 子句是使用聚合函數來建立條件，可以搜
尋大於等於 2 位學生修課的課程清單，如右圖所示：

#	課程編號	學生數
0	CS203	4
1	CS213	2

🔍 Python 程式　　　　　　　　　　　　　　　　　　　| ch12-2-2.py

Python 程式是呼叫 read_excel() 方法讀取 Excel 檔案的【班級】工作表，如下所示：

```
classes = pd.read_excel("選課資料.xlsx", sheet_name="班級")
```

然後，在 DataFrame 物件 classes 使用 groupby() 方法來群組資料，其參數就是群組欄位，最後的「\」反斜線符號是連接 2 行程式碼，表示這 2 行程式碼是同一行程式碼，如下所示：

```
result = classes.groupby("學號").size() \
                .reset_index(name="修課數")
```

上述程式碼使用 " 學號 " 欄位來群組記錄後，呼叫 size() 方法進行計數（即 COUNT() 聚合函數），然後使用 reset_index() 方法來重設索引，name 參數值就是 size 方法的欄索引名稱。因為有 HAVING 子句，所以我們需要再篩選一次，如下所示：

```
result = result[result["修課數"] > 2]
```

同理，我們可以在 DataFrame 物件 classes 先篩選 " 教授編號 "，然後使用 groupby() 方法來群組資料，其參數是群組欄位 " 課程編號 "，如下所示：

```
result = classes[classes["教授編號"] == 'I003'] \
         .groupby("課程編號").size().reset_index(name="學生數")
result = result[result["學生數"] >= 2]
```

我們也可以呼叫 sqldf() 方法來執行前述的 2 個 SQL 指令，如下所示：

```
result = sqldf("""SELECT 學號, COUNT(*) AS 修課數
                  FROM classes
                  GROUP BY 學號
                  HAVING COUNT(*) > 2;
               """)
result = sqldf("""SELECT 課程編號, COUNT(學號) AS 學生數
                  FROM classes
                  WHERE 教授編號 = 'I003'
```

```
                    GROUP BY 課程編號
                    HAVING COUNT(學號) >= 2;
            """)
```

12-3 使用 SQL 指令建立樞紐分析表

因為 Power Automate 在 Excel 工作表使用的是 Access 的 SQL 語言，所以支援 TRANSFORM 指令來建立樞紐分析表，其語法如下所示：

```
TRANSFORM 聚合函數(值欄位)
SELECT 列標籤欄位
FROM 資料表名稱
GROUP BY 列標籤欄位
PIVOT 欄標籤欄位;
```

上述語法就是對應第 12-1 節樞紐分析表的圖例，如下圖所示：

上述 X 軸是欄標籤區域；Y 軸是列標籤區域；分析欄位是值區域的欄位，在這一節我們準備分別使用 SQL 指令和 Python 的 pivot_table() 方法來建立第 12-1 節的三個 Excel 樞紐分析表。

請注意！ Access 的 SQL 語言並不支援 SQL Server 的 PIVOT 指令來建立樞紐分析表，但是支援 TRANSFORM 指令；SQLite 的 SQL 語言 PIVOT 和 TRANSFORM 兩個指令都不支援。

12-3-1 統計出各部門文具商品數量的樞紐分析表

Access 的 SQL 語言可以使用 TRANSFORM 指令建立統計出各部門文具商品數量的樞紐分析表。

💬 **Power Automate + SQL 指令** ┃ ch12-3-1.txt

我們準備使用第 12-1 節的 Excel 檔案 " 文具商品採購清單 .xlsx" 來建立第 12-1 節的第一個 Excel 樞紐分析表，可以統計出各部門文具商品數量。ChatGPT 詳細的問題描述（ch12-3-1_gpt.txt），如下所示：

> **Q 提問**
>
> 你是 Access SQL 專家和使用台灣的列和欄，現在有一個名為 [全公司 $] 的資料表，請寫出 SQL 指令敘述建立樞紐分析表，在樞紐分析表的列標籤是部門欄；欄標籤是分類和項目欄，值區域是數量欄的加總。

ChatGPT 寫出的 SQL 指令，如下所示：

```
TRANSFORM SUM(數量) AS 合計金額
SELECT 部門
FROM [全公司$]
GROUP BY 部門
PIVOT 分類 & "-" & 項目;
```

請注意！上述 PIVOT 的欄標籤欄位只能是單一欄位，如果是多欄位，請使用字串連接建立成單一欄位，以此例是連接 " 分類 " 和 " 項目 " 欄位，如下所示：

```
分類 & "-" & 項目
```

其執行結果可以建立統計出各部門文具商品數量的樞紐分析表，如下圖所示：

#	部門	書寫用品-原子筆(紅)	書寫用品-原子筆(藍)	書寫用品-原子筆(黑)	紙類用品-便利貼	紙類用品-信封
0	人事部	11	11	9	15	7
1	業務部	5	5	6	2	2
2	研發部	5	5	5	3	1
3	製造部	2	2	2	2	2

🔎 Python 程式 | ch12-3-1.py

Python 程式是呼叫 read_excel() 方法讀取 Excel 檔案的【全公司】工作表，如下所示：

```
df = pd.read_excel("文具商品採購清單.xlsx",
                   sheet_name="全公司")
```

然後，在 DataFrame 物件 df 呼叫 pivot_table() 方法來建立樞紐分析表，如下所示：

```
pivot_products = df.pivot_table(index="部門",
                                columns=["分類","項目"],
                                values="數量",
                                aggfunc="sum")
```

上述 pivot_table() 方法的 index 參數是列標籤區域欄位，columns 參數是欄標籤區域欄位，values 參數是值區域欄位，aggfunc 聚合函數是加總 sum。

然後，就可以呼叫 to_excel() 方法將樞紐分析表匯出成 Excel 檔案，如下所示：

```
print(pivot_products)
pivot_products.to_excel("文具商品採購清單樞紐分析表_py.xlsx")
```

Python 程式的執行結果可以建立 Excel 檔案 " 文具商品採購清單樞紐分析表 _py.xlsx"，其內容就是我們建立的樞紐分析表，如下圖所示：

分類	書寫用品			紙類用品			辦公用品		
項目	原子筆(紅)	原子筆(藍)	原子筆(黑)	便利貼	信封	筆記本	剪刀	美工刀	釘書機
部門									
人事部	11	11	9	15	7	20	7	5	6
業務部	5	5	6	2	2	5	3	3	3
研發部	5	5	5	3	1	3	3	3	3
製造部	2	2	2	2	2	2	2	2	2

Sheet1 +

12-3-2 各項商品數量總計的樞紐分析表

在第 12-3-1 節的樞紐分析表可以統計出各部門的商品數量,如果需要向廠商下訂單,我們需要各項商品數量總計的樞紐分析表。

💬 Power Automate + SQL 指令　　　　　　　　　| ch12-3-2.txt

我們準備使用第 12-1 節的 Excel 檔案 " 文具商品採購清單 .xlsx" 來建立第 12-1 節的第二個 Excel 樞紐分析表,可以計算出各項商品數量總計。ChatGPT 詳細的問題描述(ch12-3-2_gpt.txt),如下所示:

> **Q 提問**
>
> 你是 Access SQL 專家和使用台灣的列和欄,現在有一個名為 [全公司 $] 的資料表,請寫出 SQL 指令敘述建立樞紐分析表,在樞紐分析表的列標籤是固定值 " 數量 ";欄標籤是分類和項目欄,值區域是數量欄的加總。

ChatGPT 寫出的 SQL 指令,如下所示:

```
TRANSFORM SUM(數量) AS 合計
SELECT "數量" AS [分類-項目]
FROM [全公司$]
GROUP BY "數量"
PIVOT 分類 & "-" & 項目;
```

上述欄標籤和值區域和第 12-3-1 節相同，因為沒有列標籤，所以自行使用 SELECT 指令建立欄位值是 " 數量 " 的一筆記錄，簡單的說，此欄位值就是自訂列標籤，筆者已經將別名改為 [分類 - 項目]（因為有特殊符號「-」，所以用方括號括起），其執行結果如下圖所示：

#	分類-項目	書寫用品-原子筆(紅)	書寫用品-原子筆(藍)	書寫用品-原子筆(黑)	紙類用品-便利貼	紙類用品-信封	紙類用品-筆記本
0	數量	23	23	22	22	12	30

🔎 **Python 程式** | ch12-3-2.py

Python 程式是呼叫 read_excel() 方法讀取 Excel 檔案的【全公司】工作表後，在 DataFrame 物件 df 呼叫 pivot_table() 方法來建立樞紐分析表，如下所示：

```
pivot_products = df.pivot_table(columns=["分類","項目"],
                                values="數量",
                                aggfunc="sum")
```

Python 程式的執行結果可以建立 Excel 檔案 " 文具商品採購清單樞紐分析表 2_py.xlsx"，其內容就是我們建立的樞紐分析表，如下圖所示：

12-3-3　統計各項目總金額的樞紐分析表

在樞紐分析表可以不指定欄標籤區域，改在列標籤區域指定多個欄位，可以幫助我們統計出各項目的總金額。

💬 Power Automate + SQL 指令 | ch12-3-3.txt

我們準備使用第 12-1 節的 Excel 檔案 " 文具商品採購清單 .xlsx" 來建立第 12-1 節的第三個 Excel 樞紐分析表，可以統計各項目總金額，因為沒有欄標籤，所以直接使用 GROUP BY 群組查詢來建立樞紐分析表。ChatGPT 詳細的問題描述（ch12-3-3_gpt.txt），如下所示：

Q 提問

你是 Access SQL 專家，現在有一個名為 [全公司 $] 的資料表，請寫出使用 SQL 群組查詢建立的樞紐分析表，群組欄位是分類和項目，可以計算金額欄的加總。

ChatGPT 寫出的 SQL 指令，如下所示：

```
SELECT 分類, 項目, SUM(金額) AS 合計金額
FROM [全公司$]
GROUP BY 分類, 項目;
```

上述樞紐分析表因為沒有欄標籤，所以 SELECT 指令是使用 GROUP BY 群組查詢來建立樞紐分析表，其執行結果如下圖所示：

#	分類	項目	合計金額
0	書寫用品	原子筆(紅)	230
1	書寫用品	原子筆(藍)	230
2	書寫用品	原子筆(黑)	220
3	紙類用品	便利貼	660
4	紙類用品	信封	480
5	紙類用品	筆記本	600
6	辦公用品	剪刀	825
7	辦公用品	美工刀	585
8	辦公用品	釘書機	672

🔍 Python 程式　　　　　　　　　　　　　　| ch12-3-3.py

Python 程式是呼叫 read_excel() 方法讀取 Excel 檔案的【全公司】工作表後，在
DataFrame 物件 df 呼叫 pivot_table() 方法來建立樞紐分析表，如下所示：

```python
pivot_products = df.pivot_table(index=["分類","項目"],
                                values="金額",
                                aggfunc="sum")
pivot_products.rename(columns={"金額":"合計金額"},
                      inplace=True)
```

上述 pivot_table() 方法的 index 參數是 2 個欄位的串列，因為 SQL 指令的 " 金額 " 欄位有指
定別名 " 合計金額 "，所以呼叫 rename() 方法來更名欄索引，columns 參數的值是 Python
字典，舊名是鍵；新名是值，inplace=True 是直接更改 DataFrame 物件 pivot_products。

Python 程式 的 執 行 結 果 可 以 建 立 Excel 檔 案 " 文 具 商 品 採 購 清 單 樞 紐 分 析 表 3_
py.xlsx"，其內容就是我們建立的樞紐分析表，如下圖所示：

	A	B	C	D	E
1	**分類**	**項目**	**合計金額**		
2	書寫用品	原子筆(紅)	230		
3		原子筆(藍)	230		
4		原子筆(黑)	220		
5	紙類用品	便利貼	660		
6		信封	480		
7		筆記本	600		
8	辦公用品	剪刀	825		
9		美工刀	585		
10		釘書機	672		

Sheet1

因為 SQLite 的 SQL 語言支援 GROUP BY 群組查詢，所以，我們可以呼叫 sqldf() 方法
來執行前述的 SQL 指令，如下所示：

```python
result = sqldf("""SELECT 分類, 項目, SUM(金額) AS 合計金額
                  FROM df
                  GROUP BY 分類, 項目;
               """)
```

12-4 實作案例：Power Automate + SQL 群組查詢建立樞紐分析表

在第 12-3-1 和 12-3-2 節是使用 TRANSFORM 指令建立樞紐分析表，第 12-3-3 節因為沒有欄標籤，所以是直接使用群組查詢來建立樞紐分析表。

事實上，除了使用 TRANSFORM 指令建立樞紐分析表，我們也可以改用 SQL 群組查詢配合 IIF() 函數來建立樞紐分析表，SQLite 的 SQL 語言是使用 CASE WHEN 指令。

在這一節我們準備改用 SQL 群組查詢來建立第 12-3-1 節的樞紐分析表，可以統計出各部門文具商品數量。

 重點

使用 Access SQL 群組查詢 + IIF() 函數建立樞紐分析表

因為 Power Automate 的 Access SQL 並不支援 SQL Server、MySQL 和 SQLite 的 CASE WHEN 指令，所以是使用 IIF() 函數取代 CASE WHEN 指令來建立計算指定欄位值的聚合函數，如下所示：

```
SELECT
    部門,
    SUM(IIF(分類='書寫用品' AND
            項目='原子筆(紅)', 數量, 0))
        AS 書寫用品_原子筆紅,
    SUM(IIF(分類='書寫用品' AND
            項目='原子筆(藍)', 數量, 0))
        AS 書寫用品_原子筆藍,
    SUM(IIF(分類='書寫用品' AND
            項目='原子筆(黑)', 數量, 0))
        AS 書寫用品_原子筆黑,
    SUM(IIF(分類='紙類用品' AND
            項目='便利貼', 數量, 0))
        AS 紙類用品_便利貼,
    SUM(IIF(分類='紙類用品' AND
```

項目='信封', 數量, 0))
AS 紙類用品_信封,
SUM(IIF(分類='紙類用品' AND
項目='筆記本', 數量, 0))
AS 紙類用品_筆記本,
SUM(IIF(分類='辦公用品' AND
項目='剪刀', 數量, 0))
AS 辦公用品_剪刀,
SUM(IIF(分類='辦公用品' AND
項目='美工刀', 數量, 0))
AS 辦公用品_美工刀,
SUM(IIF(分類='辦公用品' AND
項目='釘書機', 數量, 0))
AS 釘書機
FROM [全公司$]
GROUP BY 部門;

上述 **SELECT** 指令在使用 **GROUP BY** 子句群組 " 項目 " 欄位後,每一個分類和項目的 " 數量 " 欄位加總都是使用 **IIF()** 函數來取出此分類和項目的 " 數量 " 欄位值,函數的第 1 個參數是條件,條件可以是單一條件,如果有多個條件,請使用邏輯運算子來連接,如下所示:

```
IIF(分類='書寫用品' AND 項目='原子筆(紅)', 數量, 0)
```

上述 **IIF()** 函數的條件有 2 個,第 1 個條件的 " 分類 " 欄位值是 ' 書寫用品 ',「且」第 2 個條件的 " 項目 " 欄位值是 ' 原子筆 (紅)',當條件成立就回傳此分類和項目的 " 數量 " 欄位,不成立回傳 0,最後使用 **SUM()** 聚合函數來計算出此項目的數量總和。

💬 **Power Automate + SQL 指令** | ch12-4.txt

在【ch12-4】桌面流程共有 12 個步驟的動作,前 4 個步驟是執行前述 SQL 群組查詢 + IIF() 函數的 SQL 群組查詢,如下圖所示:

上述步驟 2 是使用 OLE DB 建立 Excel 檔案「D:\ExcelSQL\ch12\ 文具商品採購清單 .xlsx」的 SQL 連線，然後在步驟 3 執行前述 SQL 群組查詢取得 QueryResult 變數的查詢結果，最後在步驟 4 關閉 SQL 連線。

在步驟 5~12 建立 Excel 工作表的標題列後，將 SQL 查詢結果寫入 Excel 工作表，如下圖所示：

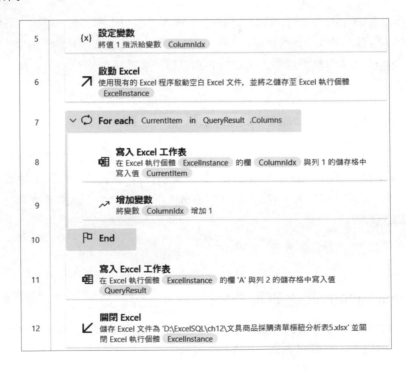

上述步驟 6 在啟動 Excel 和開啟空白 Excel 活頁簿後，使用步驟 7~10 的 For each 迴圈寫入 Excel 工作表的標題列，即 QueryResult.Columns 屬性值，然後在步驟 11 從 A 欄的第 2 列開始寫入資料表物件 QueryResult 變數的查詢結果，最後的步驟 12 另存成 " 文具商品採購清單樞紐分析表 5.xlsx" 後才關閉 Excel。

上述桌面流程的執行結果，可以建立 Excel 檔案 " 文具商品採購清單樞紐分析表 5.xlsx"，其內容如下圖所示：

	A	B	C	D	E	F	G	H	I	J
1	部門	書寫用品	書寫用品	書寫用品	紙類用品	紙類用品	紙類用品	辦公用品	辦公用品	釘書機
2	人事部	11	11	9	15	7	20	7	5	6
3	業務部	5	5	6	2	2	5	3	3	3
4	研發部	5	5	5	3	1	3	3	3	3
5	製造部	2	2	2	2	2	2	2	2	2

〈 　〉　　工作表1　　　+

💡 **重點**

使用 SQLite SQL 群組查詢 + CASE WHEN 建立樞紐分析表

因為 SQLite 支援 CASE WHEN 指令，我們可以使用 CASE WHEN 改寫前述 IIF() 函數的 SQL 指令成為 SQLite 版本，如下所示：

```
SELECT
    部門,
    SUM(CASE WHEN 分類='書寫用品' AND 項目='原子筆(紅)'
        THEN 數量 END) AS 書寫用品_原子筆紅,
    SUM(CASE WHEN 分類='書寫用品' AND 項目='原子筆(藍)'
        THEN 數量 END) AS 書寫用品_原子筆藍,
    SUM(CASE WHEN 分類='書寫用品' AND 項目='原子筆(黑)'
        THEN 數量 END) AS 書寫用品_原子筆黑,
    SUM(CASE WHEN 分類='紙類用品' AND 項目='便利貼'
        THEN 數量 END) AS 紙類用品_便利貼,
    SUM(CASE WHEN 分類='紙類用品' AND 項目='信封'
        THEN 數量 END) AS 紙類用品_信封,
```

```
        SUM(CASE WHEN 分類='紙類用品' AND 項目='筆記本'
            THEN 數量 END) AS 紙類用品_筆記本,
        SUM(CASE WHEN 分類='辦公用品' AND 項目='剪刀'
            THEN 數量 END) AS 辦公用品_剪刀,
        SUM(CASE WHEN 分類='辦公用品' AND 項目='美工刀'
            THEN 數量 END) AS 辦公用品_美工刀,
        SUM(CASE WHEN 分類='辦公用品' AND 項目='釘書機'
            THEN 數量 END) AS 釘書機
FROM products
GROUP BY 部門;
```

上述 SQL 指令已經將 IIF() 函數改成 CASE WHEN 指令，CASE WHEN 是一種條件判斷，可以在查詢中根據指定條件來進行不同處理，其基本語法如下所示：

```
CASE
    WHEN 條件1 THEN 結果1
    WHEN 條件2 THEN 結果2
    ...
    WHEN 條件N THEN 結果N
    ELSE 預設結果
END
```

上述每一個 WHEN 子句是一個條件，條件成立，就回傳 THEN 子句之後的結果，例如：前述 SQL 指令的 CASE WHEN 指令，如下所示：

```
CASE WHEN 分類='書寫用品' AND 項目='原子筆(紅)'
    THEN 數量
END
```

上述 WHEN 條件如果成立，就回傳 " 數量 " 欄位，所以 SUM() 聚合函數就是 SUM(數量)。

🔎 Python 程式　　　　　　　　　　　　　　　　　| ch12-4.py

Python 程式是呼叫 read_excel() 方法讀取 Excel 檔案的【全公司】工作表，如下所示：

```
products = pd.read_excel("文具商品採購清單.xlsx",
                   sheet_name="全公司")
```

然後，我們可以呼叫 sqldf() 方法來執行前述的 SQL 指令，如下所示：

```
result = sqldf("""
SELECT
    部門,
    SUM(CASE WHEN 分類='書寫用品' AND 項目='原子筆(紅)'
        THEN 數量 END) AS 書寫用品_原子筆紅,
    SUM(CASE WHEN 分類='書寫用品' AND 項目='原子筆(藍)'
        THEN 數量 END) AS 書寫用品_原子筆藍,
    SUM(CASE WHEN 分類='書寫用品' AND 項目='原子筆(黑)'
        THEN 數量 END) AS 書寫用品_原子筆黑,
    SUM(CASE WHEN 分類='紙類用品' AND 項目='便利貼'
        THEN 數量 END) AS 紙類用品_便利貼,
    SUM(CASE WHEN 分類='紙類用品' AND 項目='信封'
        THEN 數量 END) AS 紙類用品_信封,
    SUM(CASE WHEN 分類='紙類用品' AND 項目='筆記本'
        THEN 數量 END) AS 紙類用品_筆記本,
    SUM(CASE WHEN 分類='辦公用品' AND 項目='剪刀'
        THEN 數量 END) AS 辦公用品_剪刀,
    SUM(CASE WHEN 分類='辦公用品' AND 項目='美工刀'
        THEN 數量 END) AS 辦公用品_美工刀,
    SUM(CASE WHEN 分類='辦公用品' AND 項目='釘書機'
        THEN 數量 END) AS 釘書機
FROM products
GROUP BY 部門;
""")
```

在下方呼叫 to_excel() 方法將樞紐分析表匯出成 Excel 檔案,如下所示:

```
result.to_excel("文具商品採購清單樞紐分析表6.xlsx")
```

Python 程式的執行結果可以建立 Excel 檔案 " 文具商品採購清單樞紐分析表 6.xlsx",其內容就是我們建立的樞紐分析表,如下圖所示:

	A	B	C	D	E	F	G	H	I	J	K
1		部門	用品_原	用品_原	用品_原	用品_便	用品_信	用品_信	用品_筆	用品_美	釘書機
2	0	人事部	11	11	9	15	7	20	7	5	6
3	1	業務部	5	5	6	2	2	5	3	3	3
4	2	研發部	5	5	5	3	1	3	3	3	3
5	3	製造部	2	2	2	2	2	2	2	2	2

Sheet1 +

APPENDIX

A

Python 開發環境與註冊使用 ChatGPT

A-1 Python 開發環境：Thonny

程式語言的「開發環境」（Development Environment）是一組工具程式用來建立、編譯和維護程式語言建立的程式。目前的高階語言大都擁有整合開發環境，可以在同一工具編輯、編譯和執行指定語言的程式。

雖然使用單純的文字編輯器就可以輸入 Python 程式碼，但是對於初學者來說，建議使用「IDE」（Integrated Development Environment）整合開發環境，可以幫助初學者編輯、執行和除錯 Python 程式。

A-1-1 安裝 Thonny 開發環境

Thonny 是愛沙尼亞 Tartu 大學開發，一套完全針對「初學者」開發的免費 Python 整合開發環境，其主要特點如下所示：

- Thonny 同時支援 Python 和 MicroPython 語言。

- Thonny 支援自動程式碼完成和括號提示，可以幫助初學者輸入正確的 Python 程式碼。

- Thonny 使用即時高亮度提示程式碼錯誤，並且提供協助說明和程式碼除錯，可以讓我們一步一步執行程式碼來進行程式除錯。

Thonny 跨平台支援 Windows、MacOS 和 Linux 作業系統，可以在 Thonny 官方網站免費下載最新版本（Thonny 本身就是使用 Python 所開發）。

💬 方法一：在官網自行下載和安裝 Thonny

Thonny 可以在官方網站免費下載，其 URL 網址如下所示：

URL https://thonny.org/

請點選【Windows】超連結下載最新版的 Thonny 安裝程式，就可以在 Windows 電腦執行下載的安裝程式來安裝 Thonny。

💬 方法二：下載安裝本書客製化 WinPython 可攜式套件

為了方便老師教學和讀者自學，本書提供有客製化 WinPython 套件的 Python 開發環境，已經安裝好 Thonny 整合開發環境，只需解壓縮，即可建立好本書的 Python 開發環境。

請啟動瀏覽器進入 https://fchart.github.io/ 網站的首頁，可以在左下方看到【下載 fChartThonny6 套件】按鈕，點選此按鈕，可以下載 7-Zip 格式的自解壓縮檔，其下載檔名是：fChartThonny6.exe，如右圖所示：

在成功下載套件後,請執行 7-Zip 自解壓縮檔,在【Extract to:】欄位輸入解壓縮的硬碟,例如:「C:\」或「D:\」等,按【Extract】鈕,即可解壓縮安裝 WinPython 套件的 Python 開發環境,如下圖所示:

當成功解壓縮後,預設建立名為「\fChartThonny6」目錄。請開啟「\fChartThonny6」目錄捲動至最後,雙擊【startfChartMenu.exe】執行 fChart 主選單,如下圖所示:

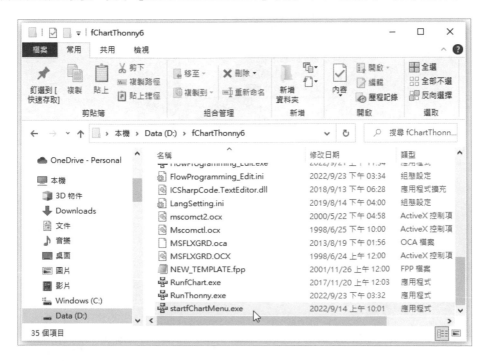

可以看到訊息視窗顯示已經成功在工作列啟動主選單,請按【確定】鈕。

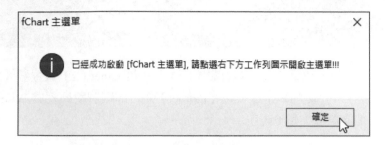

然後,在右下方 Windows 工作列可以看到 fChart 圖示,點選圖示,可以看到主選單來啟動 fChart 和 Python 相關工具,請執行【Thonny Python IDE】命令來啟動 Thonny 開發工具,如下圖所示:

可以看到 Thonny 開發環境的使用介面，如下圖所示：

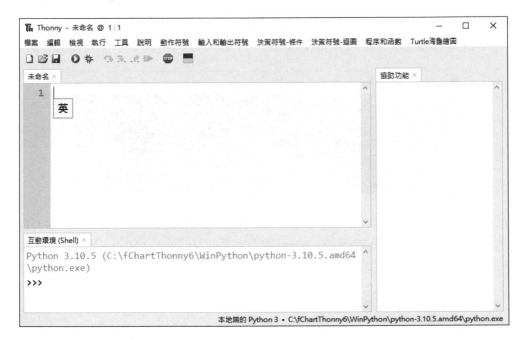

上述開發介面的上方是功能表（在【說明】後是外掛程式新增的功能表選單），在功能表下方是工具列，然後是 Thonny 的主開發介面。

在主開發介面分成三大部分，在右邊的「協助功能」視窗顯示協助說明（執行「檢視 > 協助功能」命令可切換顯示）。左邊分成上 / 下兩部分，上方是程式碼編輯器的標籤頁；下方是「互動環境 (Shell)」視窗，可以看到 Python 版本 3.10.5，結束 Thonny 請執行「檔案 > 結束」命令。

▌A-1-2　在 Python 開發環境安裝套件

套件管理（Package Manager）就是管理 Python 程式開發所需的套件，可以安裝新套件、檢視安裝的套件清單或移除不需要的套件，Python 預設套件管理工具是 pip，這是一個命令列工具來管理套件。

💬 使用 pip 安裝 Python 套件

pip 是命令列工具需要在命令提示字元視窗執行，在 WinPython 是執行 fChart 主選單的【Python 命令提示字元 (CLI)】命令，如下圖所示：

上述視窗就是命令列 CLI 視窗，請在提示字元「>」後輸入所需的命令列指令，如果是 Python 開發環境尚未安裝的 Python 套件，例如：pywin32 套件，我們可以輸入命令列指令來進行安裝，如下所示：

```
pip install pywin32 Enter
```

上述 install 參數是安裝（uninstall 參數是解除安裝），可以安裝之後名為 pywin32 的套件。如果需要指定安裝的版本（避免版本不相容問題），請使用「==」指定安裝的版本號碼，如下所示：

```
pip install pywin32==306 Enter
```

💬 使用 pip 檢視已經安裝的 Python 套件清單

我們可以使用 pip list 指令來檢視已安裝的 Python 套件清單，如下所示：

```
pip list Enter
```

A-2 註冊使用 ChatGPT

最近 AI 界的大事就是 2022 年底 OpenAI 推出的 ChatGPT，其橫空出世的強大聊天功能，迅速攻佔所有的網路聲量，探討其可能應用成為目前最熱門的討論主題。

我們準備直接詢問 ChatGPT，讓他自己回答什麼是 ChatGPT，其詳細的問題描述（appa-2_gpt.txt），如下所示：

Q 提問

請使用繁體中文說明什麼是 ChatGPT ？

A 回答

> **ChatGPT**
>
> **ChatGPT**是由**OpenAI**開發的一種大型語言模型，基於**GPT-3.5**架構。它是一種人工智慧技術，能夠理解和生成自然語言文本。**ChatGPT**是"對話生成"的縮寫，表明它的主要用途是進行對話和回答問題。
>
> 這個模型是通過訓練來學習龐大的文本數據集，以便理解語言的語法、語義和上下文。它可以用於各種自然語言處理任務，包括對話、問答、文章生成等。
>
> **ChatGPT**的運作方式是通過接收一段文本輸入，然後生成相應的文本輸出。它能夠理解上下文，進行推理，並生成具有邏輯和合理性的回答。這使得它在提供有關各種主題的信息、回答問題或進行對話時具有廣泛的應用價值。
>
> 總的來說，**ChatGPT**代表著自然語言處理領域中一種先進的語言生成技術，應用範疇廣泛，能夠處理多種語境下的文字交流。

上述答案的 ChatGPT 是使用人工智慧訓練出的大型語言模型，稱為 GPT 模型，區分為第 3、3.5 和第 4 代。這是一個使用在自然語言處理的語言模型，可以與人類進行自然語言的溝通，為什麼說是一個大型語言模型，因為 GPT-3 模型的參數量就高達 1750 億（可類比人類大腦的神經元連接數），OpenAI 公司使用了高達 45TG 的龐大網路文字資料來訓練出這個大型語言模型。

簡單的說，ChatGPT 就是一個目前人工智慧技術的產物，可以使用自然語言與我們進行對話，回答我們所提出的任何問題。

💬 註冊 OpenAI 帳戶

ChatGPT 網頁版目前只需註冊 Personal 版的 OpenAI 帳戶，就可以免費使用，也可升級成付費的 Plus 版，其註冊步驟如下所示：

Step 1 請 啟 動 瀏 覽 器 進 入 https://chat.openai.com/auth/login 的 ChatGPT 登 入 首頁，點選【Sign up】註冊 OpenAI 帳戶。

Step 2 我們可以輸入電子郵件地址，或點選下方【Continue with Google】，直接使用 Google 帳戶來進行註冊。

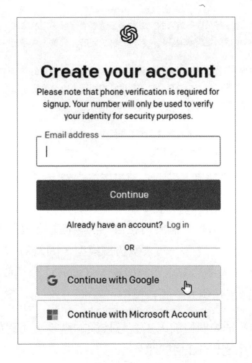

Step 3 請輸入你的手機電話號碼後,按【Send code】鈕取得認證碼。

Step 4 等到收到手機簡訊後,請記下認證碼,然後在下方欄位輸入簡訊取得的 6 位認證碼。

Step 5 選擇使用 OpenAI 的主要用途,請自行選擇。

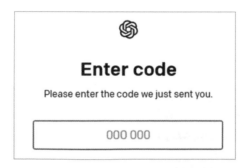

Step 6 因為筆者是選擇進行 AI 研究，所以出現下列畫面詢問是否需要支援，請按【Continue to account】鈕。

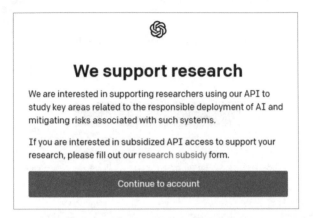

Step 7 在成功註冊後，即可進入 OpenAI 帳戶的歡迎頁面，預設是免費的 Personal版。

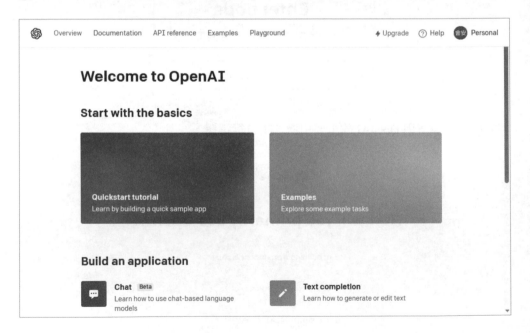

💬 使用 ChatGPT

在成功註冊後，我們只需使用 OpenAI 帳戶登入 ChatGPT，就可以馬上在 ChatGPT 網頁介面開始 AI 聊天，如下所示：

URL https://chat.openai.com/auth/login

上述網頁介面分成左右兩大部分，其簡單說明如下所示：

■ **左邊是選單**：點選上方【New chat】可以新增聊天記錄，選單的最下方可以升級 Plus，點選使用者，即可設定 ChatGPT 或登出帳戶。在【New chat】下方會顯示曾經進行過的 ChatGPT 聊天交談記錄清單，選聊天記錄後的 3 個點，可以分享、更名和刪除交談記錄，如下圖所示：

- **右邊是聊天介面**：我們是在下方欄位輸入聊天訊息（多行訊息的換行請按 Shift + Enter 鍵），在輸入訊息後，點選欄位後方圖示或按 Enter 鍵，即可開始與 ChatGPT 進行聊天。

在實務上，除了使用 OpenAI 的 ChatGPT 網頁版介面外，微軟 Copilot with Bing Chat 也一樣可以與 ChatGPT 進行聊天，如下圖所示：

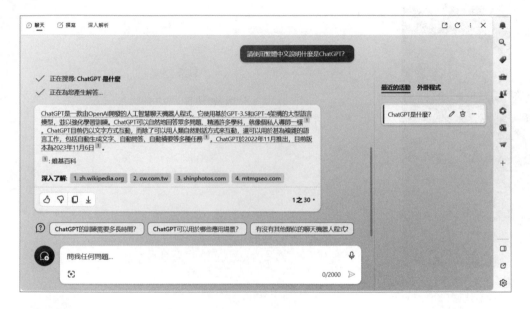

在本書截稿前，OpenAI Personal 版是使用 GPT-3.5 模型；Plus 版可選用 GPT-4 模型，Bing Chat 是使用 GPT-4 模型。

Note

Note

Note

Note

Note

讀者回函

讀 者 回 函

感謝您購買本公司出版的書,您的意見對我們非常重要!由於您寶貴的建議,我們才得以不斷地推陳出新,繼續出版更實用、精緻的圖書。因此,請填妥下列資料(也可直接貼上名片),寄回本公司(免貼郵票),您將不定期收到最新的圖書資料!

購買書號: 書名:

姓　　名:＿＿＿＿＿＿＿＿＿＿＿＿＿＿＿＿＿＿＿＿＿＿

職　　業:□上班族　　□教師　　□學生　　□工程師　　□其它

學　　歷:□研究所　　□大學　　□專科　　□高中職　　□其它

年　　齡:□10~20　　□20~30　　□30~40　　□40~50　　□50~

單　　位:＿＿＿＿＿＿＿＿＿＿＿＿＿　部門科系:＿＿＿＿＿＿＿＿＿

職　　稱:＿＿＿＿＿＿＿＿＿＿＿＿＿　聯絡電話:＿＿＿＿＿＿＿＿＿

電子郵件:＿＿＿＿＿＿＿＿＿＿＿＿＿＿＿＿＿＿＿＿＿＿＿

通訊住址:□□□＿＿＿＿＿＿＿＿＿＿＿＿＿＿＿＿＿＿＿＿

＿＿＿＿＿＿＿＿＿＿＿＿＿＿＿＿＿＿＿＿＿＿＿＿＿＿＿

您從何處購買此書:

□書局＿＿＿＿＿　□電腦店＿＿＿＿＿　□展覽＿＿＿＿＿　□其他＿＿＿＿＿

您覺得本書的品質:

內容方面:　□很好　　　　□好　　　　　□尚可　　　　□差

排版方面:　□很好　　　　□好　　　　　□尚可　　　　□差

印刷方面:　□很好　　　　□好　　　　　□尚可　　　　□差

紙張方面:　□很好　　　　□好　　　　　□尚可　　　　□差

您最喜歡本書的地方:＿＿＿＿＿＿＿＿＿＿＿＿＿＿＿＿＿＿＿＿

您最不喜歡本書的地方:＿＿＿＿＿＿＿＿＿＿＿＿＿＿＿＿＿＿＿

假如請您對本書評分,您會給(0~100分):＿＿＿＿＿＿ 分

您最希望我們出版那些電腦書籍:

請將您對本書的意見告訴我們:

您有寫作的點子嗎?□無　　□有　　專長領域:＿＿＿＿＿＿

歡迎您加入博碩文化的行列哦!

✂請沿虛線剪下寄回本公司

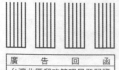

廣　告　回　函
台灣北區郵政管理局登記證
北 台 字 第 4 6 4 7 號
印 刷 品 · 免 貼 郵 票

221

博碩文化股份有限公司　產品部

台灣新北市汐止區新台五路一段112號10樓A棟

博碩文化

博碩文化